ものと人間の文化史
145

秋の七草

有岡利幸

法政大学出版局

目　次

第二章　ハギ（萩）　日本の秋の野を代表する花　63

第八章　キキョウ（桔梗）好まれる美しい桔梗色　249

まえがき

アジア大陸の東側に花綵《はなづな》のように列島を形づくって連なっているわが国は、海流の影響をうけるため、温暖な気候と雨量にめぐまれ、たくさんの種類の植物が生育している。その数多くの島に、いつのころからか分からないが、人間が住み着き、日々の生活をはじめるようになった。人々は日々の食料や保温燃料の採取をおこなうなど、生活場所の周辺の植生に人手が加えられるようになり、しだいに自然のままの植生から、人間が生活しやすい植生へと変化をもたらした。それが里山の発生である。

縄文時代の代表的な遺跡として知られる青森県の三内丸山遺跡や、福井県の鳥浜貝塚などの周辺では、里山化した森林があったことはすでに知られている。

弥生時代になり水田稲作技術をもった人びとが渡来し、各地で水田稲作が営まれるようになり、多くの人々が定住するにつれ、里山は拡大していった。水田稲作の発展にともなって、クニがうまれ、政治、権力の象徴として宮殿が造営されるようになると、人間の森林におよぼす影響は、ひろい地域へと広がっていった。

里山では、燃料や住居などの資材を得るための樹木が生えているところと、水田の肥料や家畜の飼料とするなどのための青草の生えている草原状のところが、まだらのように入り組んだ植生となっていた。たとえ樹木が生育していても、それは一旦破壊された森林が、ふたたびクライマックスへと向かうための準備段階である二次林である。二次林には陽性の樹種が多いので、林のなかは明るい。

陽光がふんだんに射し込む草原や二次林は、そんな条件を好む植物の生育地となっていき、春から夏、さらに秋へと、季節が移り変わっていくにつれ、色とりどりに美しい花を咲かせ、里山を訪れる人たちを楽しませてくれた。

万葉の時代にはいると、人びとはそんな花の美しさを、さらにそれらの花に寄せて自分の想いを述べるための歌を詠みはじめた。『万葉集』には、馬酔木《あしび》、紫陽花《あじさい》、楝《おうち》、菖蒲草《あやめぐさ》、岩躑躅《いわつつじ》、卯花《うのはな》、思草《おもいぐさ》、杜若《かきつばた》、桜《さくら》、菫《すみれ》、露草《つゆくさ》、撫子《なでしこ》、合歓《ねむ》、萩《はぎ》、姫百合《ひめゆり》、藤《ふじ》などなど、春から秋にかけて、たくさんの花を歌にしている。

『万葉集』巻一に、天智天皇が内大臣藤原朝臣に詔《みことのり》して春山の万花の艶、秋山の千葉の彩を競わされたとき、額田王が歌をもって「秋山の　木葉《このは》を見ては　もみぢをば　取りてぞしのふ　青きをば　置きてぞ嘆く　そこし恨めし　秋山吾《われ》は」と、秋山の風情に凱歌をあげたように、秋の季節の、山や野の花々や、木々の葉の彩りを愛《め》でいつくしんできた。

その秋にはどんな草花が好まれるのかということを、山上憶良は私はこんな花がいいとばかりに、「萩、尾花、葛花、撫子の花、女郎花、藤袴、朝がほの花」と七種の花を歌にしたのである。言魂《ことだま》ともいわれる和歌の言葉で詠まれたことにより、これが秋の七草として後世に定着していったのである。

本書は、はじめに秋の七草を総括する第一章をかかげ、以下憶良の歌の順序にしたがって、一種につき一章を設けて、それぞれの植物について述べた。

第一章では、秋の七草のはじまりから叙述し、憶良が選んだ七種の花は『万葉集』全体の収められた花の種類からみて、秋の花の代表とするのが適当なのかについて検討した。

秋の七草と一括してよばれながらも、咲く時期が少しずつずれていることも関係して、七種の花をひとまとめにして祭祀に用いられないこともわかった。また近年、秋の七草が各地でみられなくなった原因についても触れ、結局は里山という秋の七草の生育地を、人びとが見捨てて、手をいれなくなったことが最大の原因だとつきとめられた。

さらに、昭和初期に当時の著名人七人が新聞の求めに応じて、各人一つずつ好みの秋の花を選定した。現在、「新・秋の七草」とよばれているが、これについてもそれぞれの花の特徴などについて触れた。

第二章以下第八章までは、秋の七草の個々の植物の、植物としての特徴、古来からの和歌や文学など人びととの文化的なかかわり方、方言や昔話や民間の風習、花ばかりでなくその植物全体を、衣食住あるいは薬用などにどう利用してきたのかについて触れた。要するに、秋の野に花を開く七種の植物と、日本人がふるくからどう関わってきたのかということを、可能な限り調べてみた。

秋の七草という伝統は、これからも日本人の生活の中で生き続けていくことであろうことは、十分に想像できる。

しかし環境破壊が話題として大きくとりあげられる昨今であり、自然界と直結してきた伝統的植物ともいうべき秋の七草の生育地は、危機に瀕している現状にある。「秋の七草」という伝統的植物が失われるようなことになれば、日本人の精神もかなり荒れ果てたものにならざるをえないであろう。私たちが生活するところの周辺あちこちに、秋の七草がみられる自然の風情を残していくかぎり、日本文化の精神は生きてゆけると思う。

第一章　秋の七草　吉数七で選ぶ秋野の草花

秋の七草のはじまり

秋の七草は、『万葉集』巻八の秋雑歌《あきのぞうか》に収められている山上憶良の歌二首からはじまる。

山上臣憶良、秋の野の花を詠める歌二首

秋の野に咲きたる花を指折《ゆびお》りてかき数《かぞ》ふれば七種《ななくさ》の花〔其の一〕（一五三七）

萩の花尾花《をばな》葛花《くずはな》なでしこの花女郎花《をみなへし》また藤袴《ふぢばかま》　朝がほの花〔其の二〕（一五三八）

憶良のこの歌には、その一・その二との注記がされている。歌としては珍しい。注記は『日本書紀』の孝徳天皇紀の歌謡や『万葉集』では巻一六にも例があるが、これらの歌は唱和、または贈答、問答等を示すためにつけられたものである。憶良のこの歌の場合は、題詞《だいのことば》に漢詩の影響をうけた「詠める歌」の書き方があるので、漢詩の例にならったものだ、と解釈されている。

この歌のなかで憶良は、秋という季節に野に咲いている花を指折り数えてみると、七種類あると、その

咲き乱れるハギの花を賞でる公家のすがた。数ある秋の野の花のうちハギを含め７種類のものを、憶良は限定的にとらえた（『東海道名所図会』巻二）

一の歌でまずいう。そしてそれは、萩の花、尾花、葛の花、撫子の花、女郎花、また藤袴、朝がほの花である、と言い切っている。この七種の花を憶良は、其の二の歌で五七七、五七七の形式にまとめている。

憶良が詠ったこの七草は、いずれも秋に花を咲かせるものではあるが、憶良はこの七草の花がとりわけて美しいといってるわけではない。単純にいえば秋の野辺には、七種類もの花を咲かせる草があるといっているだけである。実際にはここにいう七草以外にも、竜胆《りんどう》、紫苑《しおん》、野紺菊《のこんぎく》、吾木香《われもこう》、水引《みずひき》、彼岸花《ひがんばな》など、美しい花を咲かせる草はたくさんあるのだが、この七種にこだわったのは、後世七夕《たなばた》の節会《せちえ》（乞巧奠《きっこうてん》）、いわゆる七夕祭に供える花を詠ったものだといわれている。

中西進はその著『山上憶良』（河出書房新社、一九七三年）に収められた「七夕の歌」において、『万葉集』巻八の秋雑歌《あきのぞうか》に収められた「山上臣憶良の七夕の歌十二首」（一五一八〜一五二九）を掲げ、秋の野の歌二首は七夕十二首に連続し湯原王・市原王の七夕歌に引きつがれていくことが確認できるので、何らかの意味で七夕と関連性のある一連の歌と考えるべきものだ、としている。

なお、湯原王（一五四四・一五四五）と市原王（一五四六）の歌には、それぞれ歌の題に「七夕の歌」と記されており、『万葉集』の七夕の歌の範囲が憶良の詠った一五一八番から市原王の一五四六番までの二九首だとわかるのである。

憶良が七草として七という数字にこだわったのは、「七」が古くから陰陽学《おんみょうがく》で喜ばれた数であるからである。七という数字は、諸橋轍次の『大漢和辞典』（大修館書店、一九五五年）によると、天地人四時の始まり、あるいは陽数の意味を表しているとする。七月七日は、少陽の数の重なった日で、古来からこの日を中国では霊日《れいじつ》としてきている。したがって、七月七日の七夕《たなばた》で星をまつるために七種の秋の草花を供えたというのも、理解することができる。

また斎藤正二は『植物と日本文化』（八坂書房、二〇〇二年）のなかで、山上憶良が秋に咲く花をわざわざ「七」という数に限ったことは、中国の律令的思考「七教、七経、七順、七賢、七徳、七去、七声、七音、七星などの名数が知られていたことによるか、もしくは仏教的思考（七仏、七堂、七宝、七難などの名数が知られていた）によるか、いずれにしても大陸文化の影響のあらわれであることは確実である」と述べている。そしてこれを決めたときは、ちゃんとした理由がわかっていたはずであるが、まもなくわからなくなったまま、七草という呼び方だけが固まり、以後にひきつがれたとしている。

『万葉集』では七夕歌と一体で歌唱

七夕《たなばた》は五節句の一つとされ、天の川の両岸にある牽牛《けんぎゅう》星と織女《しょくじょ》星とが年に一度相会《あい》するという七月七日の夜、星を祭る年中行事である。中国から伝来した乞巧奠《きっこうてん》の風習と、わが国の神を待つ「たなばたつめ」（棚機《たなはた》つ女《め》、つまり機《はた》を織る女のこと）の信仰が習合したものであろうとされている。

なお五節句とは、人日《じんじつ》（一月七日）、上巳《じょうし》（三月三日）、端午《たんご》（五月五日）、七夕《たなばた》（七月七日）、重陽《ちょうよう》（九月九日）の式日のことをいう。また節《せち》とは、気候の変わり目にあたる祝日のことをいうのである。

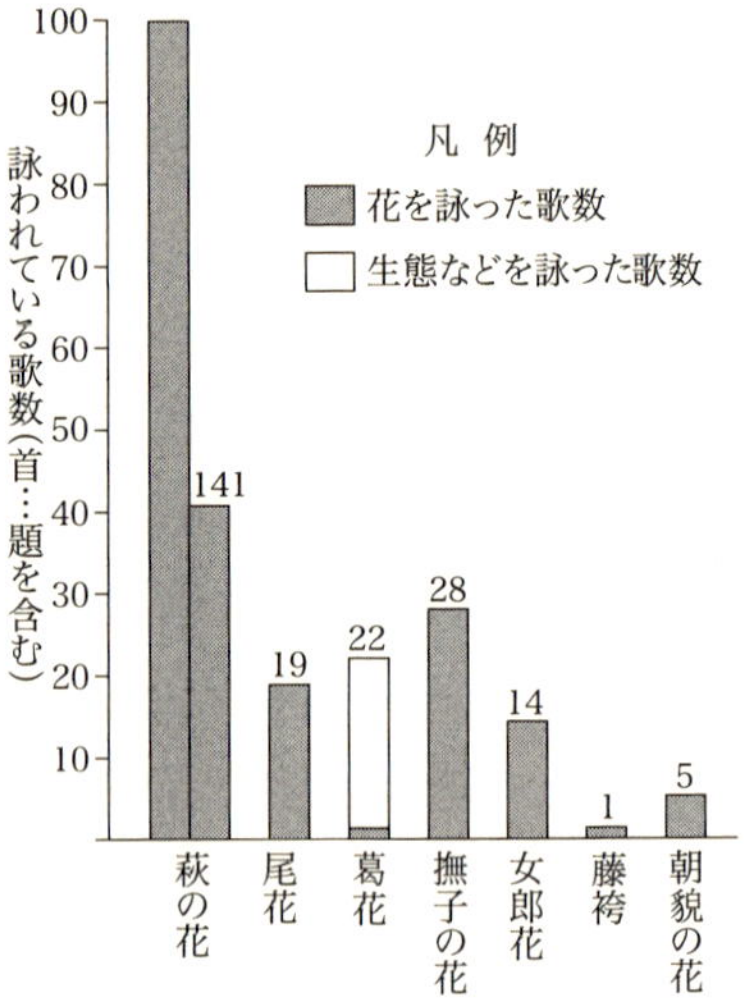

『万葉集』にみる秋の七草の歌数

中西進は前に触れた著書の中で、七夕にはずっと以前から香を供え供具をととのえ秋の野の花様々を手向《たむ》けてきていたが、「何とも定まりのなかった供花を七に定めた知恵は、憶良のこの二首から出ているのではないかと思われる」とし、さらに「この歌はきわめて独創的な歌」だと言っている。

さらに、「七種の花」という「七種」は当の憶良作と思われる『万葉集』巻五の「男子《おのこ》名は古日に恋ふる歌三首」との詞書きのある長歌に「世の人の　尊み願ふ　七種《ななくさ》の　宝も我は　何せむに（以下略）（九〇四）」に登場するのみであるとし、「この世の人が尊み願う七種の宝とは唐土において云々される七宝《しちほう》であって、それを七夕に応用し、秋の野の花に置き換えて云ったところに、この歌が喝采を受けた理由があり、長く持てはやされる結果を生んだのではなかったか」と述べている。余談だが、七宝《しちほう》とは、金、銀、瑠璃《るり》、硨磲《しゃこ》、瑪瑙《めのう》、琥珀《こはく》、珊瑚《さんご》のことをいう。

中西進はさらに、「秋の野の歌は官人の間に吟誦され伝えられた歌で、他の七夕歌と一体となって歌唱されたものだ」といっている。

『万葉集』巻八の秋雑歌にある一連の七夕歌の中には、秋草の歌が収録されているので、整理してみるとつぎのようになる。なお七夕歌は前に触れたように、一五一八番の「憶良の七夕の歌一二首」ではじまるのだが、憶良の詠った一二首では秋草は詠われていない。

萩　一五三〇　作者不詳　太宰の諸大夫並びに官人等、筑前国蘆城《あしき》の駅家《うまや》に宴《うたげ》せる歌。
　　一五三二・一五三三　笠朝臣金村、伊香《いか》山にて作れる。
　　一五三四　石川朝臣老夫《おきな》の歌。
　　一五三六　縁達師《えにたちし》の歌。
　　一五四一・一五四二　太宰帥大伴卿（大伴旅人）の歌。
　　一五四七　藤原朝臣八束《やつか》の歌。
　　一五四八　大伴坂上郎女の晩き萩の歌。
　　一五五〇　湯原王の鳴鹿《しか》の歌。
女郎花《おみなえし》　一五三〇　作者不詳。太宰の諸大夫並びに官人等、筑前国蘆城《あしき》の駅家《うまや》に宴《うたげ》せる歌。
　　一五三四　石川朝臣老夫《おきな》の歌。
尾花《おばな》　一五三二・一五三三　笠朝臣金村、伊香《いか》山にて作れる。
浅茅《あさぢ》　一五四〇　天皇の御製の歌。
撫子《なでしこ》　一五五〇　湯原王の鳴鹿《しか》の歌。

以上のように、ハギ、オミナエシ、尾花、浅茅、ナデシコの五種類の花が詠まれており、それぞれの歌を詠んだ人はここに掲げたように官の人ばかりである。憶良は秋の花を七種といっているが、『万葉集』の七夕歌にはこの四種が詠われているだけで、浅茅は含まれていない。浅茅とは、草丈の短い茅《ちがや》のことで、『万葉集』で天皇はこの草が秋になって色づいてきたと、詠っているのである。つまり、イネ科の草木の植物体が色づきはじめたことを詠った歌であり、花の美しさを表現したものではない。

憶良が詠んだ秋の七草の中にあるクズ、フジバカマ、朝貌《あさがほ》は登場していないが、これについて中西進は「つまりこの三種以外のものは憶良周辺の官人好みをそのまま反映したものであって、他の三種がそうでないということになる。まさしく藤袴は『万葉集』中ここに詠まれるのみで、憶良のまったく個人的な嗜好によるものである」と述べている。つまり、憶良は当時の文人が愛好するハギ、オミナエシ、尾花、ナデシコという秋に咲く草花四種に、自分好みのクズと、フジバカマおよび朝皃という三種を加えて七草と決めたと、中西進は主張するのである。

なお『万葉集』の中では、クズは二二首、フジバカマは一首、朝皃は五首がそれぞれ詠まれている。フジバカマの一首は、前にふれたように憶良の秋の七草のもの一つだけである。

江戸時代の七夕と秋の七草

賀茂真淵（一六九七〜一七六九）は、江戸時代の中期の契沖《けいちゅう》からはじまり、それ以来樹立されようとしていた国学の大成を、終生の目的としていた国学者であり、歌人でもあった。七夕の夜のことを歌った歌が『賀茂翁家集』巻之二（続群書類聚完成会）に収められている。ほとんど平かなで記されているので、読みやすくするため、適宜漢字を補った。

七日の夜、県居《あがたい》の翁《おきな》が戯歌《ざれうた》

七月《ふみつき》の　七日の夜らは　七とりの　机をたてて　七種の　物奉り　つくはねの　新桑《にいぐわ》まゆの　初引を
七針貫《ぬ》き垂れ　天《あめ》にます織女《たなばたづめ》の　五百機《いおはた》たて　その夫《せ》の君が　七重かり　八重かる布《きぬ》を　織りも
堪《あ》へ　縫《ぬ》ひも堪《あ》へなも　織る技に　肖《あえ》てもがも　縫《ぬ》ふ手に　肖《あえ》てもがもと　春日《かすが》なる　高圓《たかまど》野べに
にほふちふ　七くさの花の　花かずら　今する子らの　愛《みめ》づ児の　しかぞ設《まけ》する　愛《みめ》づ児の　かくぞ
言挙《ことあげ》する　感欣《うむか》しみ　吾《われ》も思ひて　真白なる　七束鬚《ななつかひげ》を　掻《かき》なでて　を琴をあそび　歌に吟《よ》ひ　童遊《わらわあそ》
びも　ぬばたまの　かぐろき髪の　垂髫《おわなり》に　なりてしもがも　あえなもあえなも

国学者の賀茂真淵も七月七日の七夕の夜、机をたてて、七種類のくさぐさの物をお供えして祭ったというのである。そして大和国奈良にある高圓《たかまど》の野辺に咲いているという、七種《ななくさ》の花でつくった花かづらを、わが愛する子供らがしていることが喜ばしく、吾は真っ白になった七束《ななつか》もある長いひげをかきなでている、という意味である。束《つか》とは、手を握ったときの四本の指の幅ほどの長さのことをいう。いわば、七づくしの歌となっている。

高圓の野辺の七種《ななくさ》と総括して詠っているのだが、それだけで秋の七草のことが人びとには理解できたのである。旧暦とはいえ、七夕の時期には、七種の花を全部そろえることは一苦労であったろうが、できる限り集めて七夕を祭ったのであろう。

江戸時代中期の国学者で歌人の村田《むらた》春海《はるみ》が、七夕に手向けた歌が『江戸名所花暦』（岡山鳥著、長谷川雪旦画、一八二七年刊）巻之三・秋之部に収録されているので、それを掲げるが、草の名は筆者が補った。

萩　　たなばたに今宵やかさん秋萩の花ずり衣色あせぬ間に

尾花　天の河かはべのをばなかたよりになびくもほしの心をやとる
葛　たなばたの袂《たもと》おぼへて秋風のふきうらがへす庭のくず原
撫子　たなばたの袖のにしきもかくこそと見るめもあやににほふなでしこ
藤袴　今宵しもたなばたの手にあへよとて誰がたちぬへる藤ばかまもぞ
女郎花　棚機《たなばた》のおもかげみせて沢水にすがたをうつすをみなへしかな
朝顔　ほし合《あい》のなごりをそれとしのべとや露にしほれし朝がほの花

一応七つの植物が七夕の歌として捧げられているが、最後の朝顔の花が現在七草とされているキキョウ（桔梗）とは異なっている。現在も朝顔とされている牽牛子《けんごし》ともいわれた蔓性の草花で、朝方だけ花が開いているものが歌に詠まれている。

秋の七草は七夕を祭るときのお供えにされるだけでなく、今は亡き人を偲ぶ縁《よすが》ともされていたことが、前にふれた賀茂真淵が詠む「倭文子《しずこ》をかなしめる歌」にみることができる。前の通り漢字を補った。

倭文子をかなしめる歌

父のみの　父にもあらず　母そばの　母ならなくに　なく子なす　吾を慕ひて　慈しみ　思ひつる児は　初秋の　露に匂へる　真萩原　衣擦るとや　招くなる　尾花訪ふとや　鹿子じもの　独りいでたち　うらぶれて　野辺に去《いに》きと　聞きしより　日にけにまてど　偏《うった》へに　こともきこへず　父ならぬ　吾とや問はぬ　母ならぬ　身とてやうとき　恋ひしきものを　初風の　吹裏かえす　秋の野の　葛のうら葉の　うらぶれて　いにしその子は　萩見《はぎ》にと（以下略）

子を亡くした親の悲しみが秋の七草を通して詠われている。七草のうちハギ、尾花、クズという三種が詠われているだけであるが、それだけに真淵の痛切な悲しみが胸をうつのである。

憶良選定の七草は妥当

ついでながら前掲の中西が憶良好みとした三種の草花が『万葉集』に収録されている歌の数をみると、クズでは二二首、フジバカマでは一首、朝顔では五首となっている。これ以外の秋に咲く花をみると、葵《あおい》一首、白朮《おけら》四種、うはぎ（ヨメナのこと）二首、思草《おもいぐさ》一首、韓藍《からあい》四首、玉箒《たまははき》四首、萱草《わすれぐさ》五首、荻《おぎ》三首の八種類である。

八種の花の中から仮りに選定するとしても、アオイ（アオイ科の大型の花をつける草本で、アジア大陸の温帯に広く生える）とカラアイ（ケイトウの別名で熱帯アジア原産）は渡来種であるから除外されよう。オギは尾花とほとんど同じ形態であり、思草はススキの根株に寄生するナンバンギセルのことで、七夕にお供えするには草丈が短かすぎるのでこれも選外になろう。残るは白朮《おけら》、うはぎ（ヨメナ）、玉箒《たまははき》、萱草《わすれぐさ》の四種であるが、玉箒とはコウヤボウキのことで、掃除用の庭箒《にわぼうき》が作られる植物なので、用途からいって七夕花には不向きだといえよう。

オケラ（白朮）は山野に自生するキク科の多年草で、秋に白色か淡紅色の頭花を開くが、周囲はトゲでつつまれている。ヨメナは山野や道ばたに自生するキク科の多年草で、初秋に淡紫色の頭花を開く。なかなか風情があるが、なんとなく淋しさを感じさせる。萱草《わすれぐさ》は、カンゾウといわれる中国原産のユリ科の多年草で、夏にユリに似た橙赤色の花を一日だけ開く。

このように秋の野の花をしぼりこんでいくと、中西が七種のうち三種は憶良の好む花を選定したといっても、それはそれで妥当なものではなかったかと筆者は考える。

山上憶良は秋の野に咲く七種類の植物の花を七草の花とよんでいるが、七種類すべてが草ではない。今日の分け方でいえば、ハギとクズの二つは樹木である。ハギは形態的には草によく似ているが、年々年輪をつくりながら生長していく。また、クズは形態が蔓性で、他の樹木などに巻き付いて伸びていくか、あるいは地面を這いながら四周に広がっていくので草と間違えやすいが、幹(茎)を切断すれば樹木の特徴である年輪をはっきりとみることができる。春の七草はすべて草であるが、秋の七草は現代の基準でいう樹木が含まれているという特徴をもっているのである。

『倭訓栞』(谷川士清著、一七七七〜)前編「なゝくさ」には、「なゝくさ、七夕の七草といふ。萩、尾花、葛、常夏《とこなつ》、女郎花、藤袴、朝顔也といへり。いづれも七夕の歌によみ合わせり。秋の七種ともいふ」とある。

『枕草子』の時代には「秋の七草」という云い方は未だ馴染みがなかったものとみえ、「草の花は、撫子」の段には、つぎのように述べられている。

草の花は撫子《なでしこ》。唐のはさらなり。大和のもいとめでたし。女郎花《おみなえし》、桔梗《ききょう》、朝顔、刈萱《かるかや》、菊、壺すみれ。竜胆《りんどう》は、枝さしなどもむつかしけれど、異花《ことはな》どものみな霜枯れたるに、いと花やかなる色あひにてさし出でたる、いとをかし。(中略)秋の野のおしなべたるをかしさは、薄《すすき》こそあれ。穂先の蘇枋《すほう》のいと濃きが、朝露に濡れてうちなびきたるは、さばかりのものやある。

ここでは憶良のいう秋の七草のうちナデシコ、オミナエシ、キキョウ、ススキと四種を書き上げているが、七草というくくり方はしていない。七草のうちでこの段に登場しないのはクズとハギとフジバカマであるが、クズとハギは別の段に述べられている。しかしフジバカマはどこにも触れられていない。

秋の七草の異名と歌

平安時代末期あたりからつくられた絵巻物には、秋の七草が数多く描かれている。また日本画独特の花鳥画にも、秋の七草を描いたものが多い。北村四郎は花鳥画の名品六七八件について調べたところ、尾花（ススキのこと）五四件、ハギ四一件、オミナエシ二七件、フジバカマ二五件、キキョウ二五件、ナデシコ一三件、クズ一〇件であったと、『園芸植物大辞典2』（小学館、一九八九年）の萩の項で記している。なお、朝顔も二六件であったと記しているが、現代でいう朝顔なのか、別のものなのかは不明である。

元禄三年（一六九〇）の「板俳書当流はなひ大全」に載せられた草木の異名ならびに引歌を、『椎の実筆』（『随筆百花苑』第一一巻、中央公論社）が収録しているので、秋の七草にかかわるものを引用する。

形見草　ナデシコ　わが思ひうつりし花の咲ならバ形ミ草とは何をいハまし
かたミ草花とやいはん石竹のなき世の人の跡を残せり

初見草　ハギ　けふやがて露も色有初ミ草昨日の夏の萩と思へバ

庭見草　ハギ　庭ミ草はや花咲か此野にもともしの鹿をからぬ計に

諸染草　ハギ　花咲バつれなき人も草色にめでつゝ今やとふ覧

露恐草　ススキ　我宿の庭になしらん露ろ草竹よる計風や吹らん

次浪草　尾花　水ハなし風にこそ立浪（草）ハたゞしき波を折に

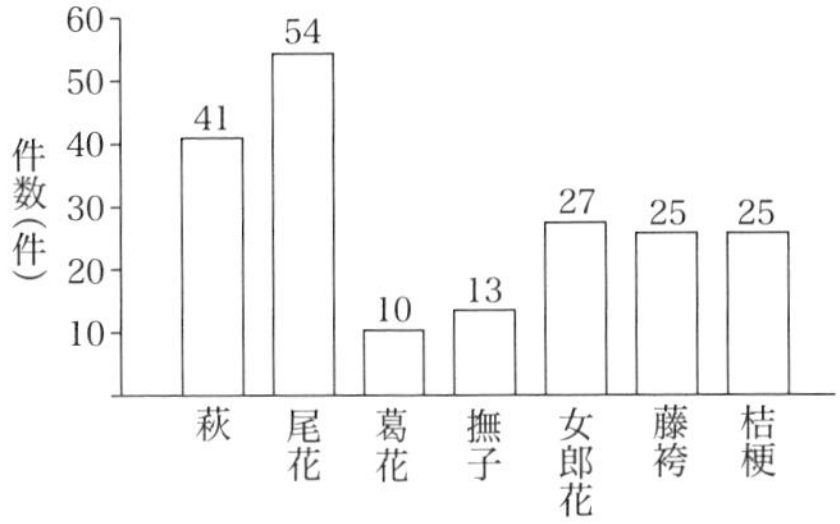

花鳥画名品（678件）に描かれた秋の七草の件数
（北村四郎調べ『園芸植物大辞典2』）

任せて

松無草　クズ　春ミれば花紫の松な草露だに玉とこそミれ

夕陰草　朝顔　名にハたゞ朝の花の咲ならバ夕陰草と何をいハまし

思草　オミナエシ　誰が折るさがのゝ原の思草我なきならバ花ハなく共

以上のように異名は九つあったが、植物は六つで、フジバカマがないのである。それに朝顔が、秋の七草に同定されているキキョウなのかどうかは少し怪しい。なお、松無草は、本当は蔦《つた》の異名であるが、つる性植物なので、クズと間違えて用いられている。

秋の七草と祭祀の関わり

山上憶良が詠んだ秋の七草は、三代山登《やまと》松齢《しょうれい》が作曲し、山勢《やませ》三代家元の初代山勢《やませ》松韻《しょういん》が校閲した山田流箏曲「秋の七草」にほとんど取り入れられている。

秋の野に、咲きたる花は何々ぞ、
己《おの》が指折り数へ見よ。
錦を装ふ萩が花、尾花《おばな》、葛花《くずばな》、女郎花《おみなえし》、
誰《た》が脱ぎ掛けし藤袴《ふじばかま》、
親の情の撫子《なでしこ》に、露を命の朝顔の花。
この七草の花はしも、昔の人の賞《め》で初《そ》めて、
秋野の花のうるはしき、その名は今に高圓《たかまど》や、
野辺に匂へる秋の七草。

すらすらっと秋の七草のことが唄われるのであるが、終わりちかくの朝顔の花が気になる。憶良が詠った七草のうちの朝顔とは、現在ではキキョウとされることにほとんど異論はないのであるが、ここでは「露を命の……」と唄われる。つまり朝露のあるときは、花として咲き誇っているという意味である。

キキョウは朝露のおりる時はもちろんのこと、朝露がなくなっても決して萎《しぼ》むことなく凛と咲いている。したがって、「露が命」というのであるから、朝露がなくなれば萎んでしまう花、つまり牽牛子《けんごし》、朝顔のことをさしていると考えられる。このように、『万葉集』の「朝貌《あさがお》」は誤解されて唄われるのである。

平凡社の『世界大百科事典』(昭和三九年＝一九六四年版)の秋の七草の項の解説によれば、秋の七草は春の七草に対比される。春の七草は、一月七日に七種の菜《な》を入れて粥《かゆ》としてたいてたべ、長寿と幸福を祈る。これに対し秋の七草は、見てたのしむものであり、習俗の方でも七種の花をいっしょに神にささげるというような行事は少なく、一つ一つの植物が別々の神の祭祀に関係をもっているという。

「ハギは、江戸時代八月一五日に元服を行う風習があり、そのとき月見といって宮城野のハギの枝に団子をさして食べる風があった。尾花はススキのことで、関東地方では団子を名月に供えるとき、花瓶にさして供えている。また村々の秋祭にススキの花をささげる風は各地にみられる。クズはマメ科の花、その根から葛粉《くずこ》をとる。ナデシコは常夏《とこなつ》ともいう。はやり正月(不幸の多い年は夏にもう一度正月をする風があった)にこの花を飾って祝うことがあった。オミナエシは鑑賞が主であり、中・東部日本では名月に供える風がある。フジバカマも鑑賞が主である。香気があるので便所に吊るすところもある。朝顔についてはムクゲ、ヒルガオ、または今日でいうアサガオに当たるという諸説もあるが、キキョウ説が最も有力である。キキョウは盆花の一つで、ミゾハギ、オミナエシなどとともに盆の仏を迎えるために盆棚に飾った」と述べている。

石上堅は『日本民俗語大辞典』（桜楓社、一九八三年）の「ななくさ」の項で、「春の七草と同様、呪術的意味があるはずだが、明らかではない。単なる鑑賞用ではあるまい。手招き風の揺れを持つものは、招魂の花であり、白じろと散り敷くものは、豊作の予祝となり、またその花色は、それぞれの予祝を示し、運命を左右するものとなっている」と解説している。

お盆や猿田彦祭にお供えされる秋の七草

玉田永教著の『年中故事』（『民間風俗年中行事』所載、国書刊行会、一九一六年）巻之十に、猿田彦祭に秋の七草を供えることが記されている。

> 一　猿田彦祭　七日
>
> 正月七日は（春の）七草を以て祭る。今日は秋の七草とて供へ祭る。
>
> 朝貌　萩　尾花　撫子　女郎花　蕨《わらび》　葛花《くずばな》
>
> 茄子《なす》　瓜　小豆　桃　柿　素麺《そうめん》　莧草
>
> 七は金の数にして、秋は金也、七日の日成れば是《この》神を祭る、御鼻の長さは七アタ、御背長さ七尋《ななひろ》とあり、是神天孫降臨の時導き給ふ、道祖神といふ、幸神《さいのかみ》といふ、今七月廿四日に地蔵祭とて、大坂はわけて賑わし、（中略）摂州大坂久太郎町、塩町、西横堀は之を祭る、外の町々とは事かわり、忌竹《いみだけ》・注連《しめ》を以て祭をなす、称すべし。

アタとは上代の長さの単位であり、手のひらの下端から中指の先端までの長さをいう。尋《ひろ》もまた長さの単位で、両手をひろげたときの両手先の間の長さをいい、縄や水深をはかるときの単位として用いられており、一尋の長さは五尺（約一・五メートル）または六尺（約一・八メートル）とされている。アタの長さは決められたものはなかったようであり、筆者では一アタは約一七センチとなる。これをもとに計算すると、猿田彦太神の鼻の高さは一一九センチ、背の高さは一尋五尺とすると一〇・五メートルという大巨人になる。

それはさておき、お盆の季節に里山や住居にちかい川辺の土手などに咲いている秋の七草も、お盆のとき墓などにお供えされる花である。奈良県の吉野に住んでいた歌人の前登志夫は、つぎのようにお盆のお墓に花を供えることを述べている。

ツクツクホウシが鳴いた。

うら盆なのだ。

むかしは谷間の青竹を数本伐《き》ってきて、お墓の花立てを作った。森の湧井《わくい》で汲んできたつめたい真水を注ぎ、花を挿す。槇のこずえや、夏萩や、桔梗や、藤袴など。槇のほかに花のないときには、庭先の赤と白のさるすべりの花房を添えることもある。女郎花を作っている村人が、どっさり分けてくださるが、あの花の強烈な匂いをわたしは好まない。

でも道のほとりの無縁仏に供えてある、淡い黄の女郎花の風情は、楚々《そそ》として夏の終わりにふさわしい。そういえば、吾木香《われもこう》なども、半ばは、崩れた斜面の土に埋もれているような地蔵菩薩に供えられているのをみて、その花の魅力を知ることもある。（二〇〇六年八月一九日『朝日新聞』・「菴のけぶり」）

ここに見られるように、秋の七草とはいいながら、七種類を全部まとめて供えられるわけではない。供えられるものは、ハギ、キキョウ、フジバカマ、オミナエシのように、茎が長くなる種類のものが用いられるのである。ここにはクズの花がないが、この花が咲く時期にはお盆はとっくのむかしに終わっているし、それに蔓性なので花立てに生けることも難しいからである。

武蔵野の秋の七草

『遊歴雑記』（一八一四〜二九年刊）の著者の十方庵敬順《じっぽうあんけいじゅん》は文化一二年（一八一五）八月、同志三名とつれだって、武州豊島郡徳丸が原（東京都板橋区徳丸）で、思う存分に煎茶《せんちゃ》を楽しもうと出掛けている。蓮沼村の名主三右衛門が途中から同行し、下男にゴザのようなもの二、三枚、手桶《ておけ》、柄杓《ひしゃく》、たばこ盆、酒、肴、茶碗、盃の類まで籠に入れて担わせて徳丸が原に到着した。この原は渺茫《びょうぼう》として、南北の広さおよそ六〇町（約六・五キロ）、東西の広さ五〇町（約五・四キロ）で人家は遠く離れ、上野《こうずけ》・信濃（群馬・長野県）両国の山々は波濤のように、うねり連なっているのがみえる。ことさら前後左右は限りをしらない曠野《こうや》で、かの古歌に、

むさしのを霧のはれまに見わたせば行末とをきこゝちこそすれ

と詠まれている。「いま目の前にとりわけ秋の野の草々が真っ盛りで、桔梗《ききょう》、刈萱《かるかや》、野萩《のはぎ》、女郎花《おみなへし》、水引草、野菊の類まで、誰ひとり折り取る者がいないので、こころのままに咲きひらいた風情はまた有ることとは思われない。近ごろ、道具屋の喜平太が頭を丸めて本所に寓居《ぐうきょ》し、百花園菊塢《きくう》と号し、秋の七草をわざわざ求めて植えならべているのでさえも、優にやさしく面白く思える。ましてや、自然のまま平原に咲きみだれる様は、天が造られた風色で、実に奇々妙々なものである」と武蔵野の原野に咲き乱れる秋の七草の風情を巧みに描写している。

江戸時代後期の狂歌師で戯作者の太田南畝（蜀山人）は、「半日閑話」（『蜀山人全集』所載）に友人から贈られた秋の野の新七種を書き留めている。友人というのは、前の十方庵敬順がいうところの百花園菊塢《きくう》

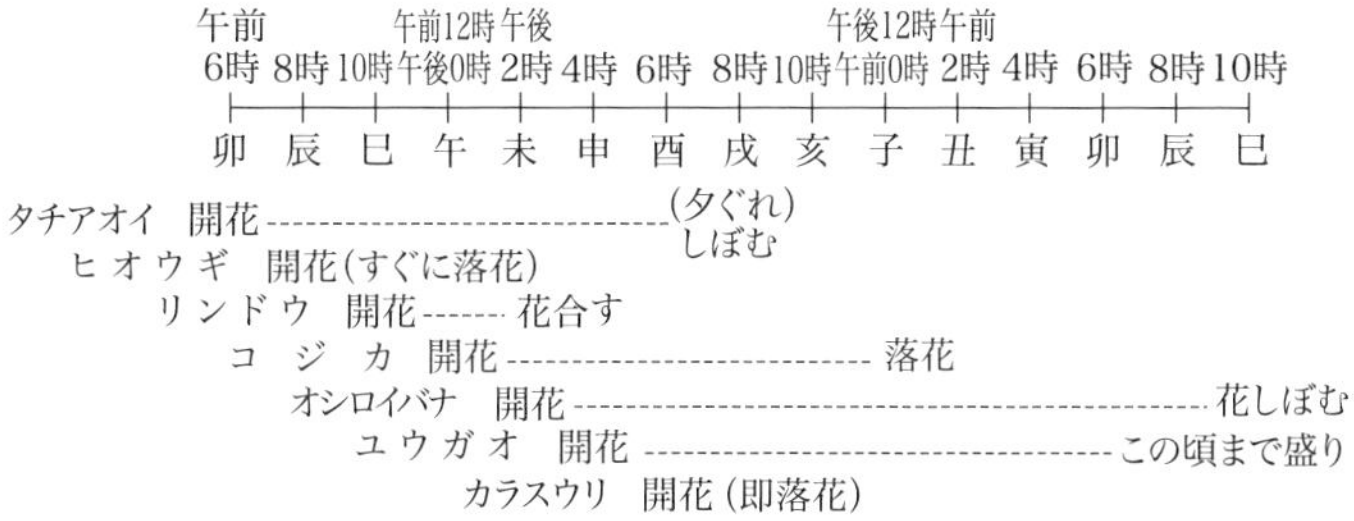

菊塢による「新・秋の七草」の開花時刻と咲いている時間

のことである。

墨田川菊塢《きくう》のもとより、花団扇《はなうちわ》といふものを送れり。表に七種の草花あり。

千草の中に、其の時によりてひもとく、くさぐさの花を朝より暮まで書き数ふれバ、是《これ》も又七種なれば憶良の歌にならひて　菊塢

ねりの花こしゆふがほおしろいの花たまづさハひあふぎへかくりんだうの花

臣憶良に秋野新七種

黄蜀葵《ねりきのはな》　卯《う》の刻《こく》に花開き、暮にしぼむ。

射干《ひあふぎ》　辰《たつ》の刻に花開き、其の内に花盡き落つ。

竜胆《りんだう》　巳《み》の刻に花開き、未の刻に花合す。

耳子花《ごしくわ》　午《うま》の刻に花開き、子の刻に花落つ。

火炭母草《おしろい》　未《ひつじ》の刻に花開き、翌日巳の刻に花しぼむ。

壺盧《ゆふがほ》　申《さる》の刻花咲く、

覃按（ふかく按ずるに）、夕顔は申《さる》時に花咲きて、明くる旦《あさ》の辰の時頃まで盛るなり。

玉爪《たまづさ》　酉《とり》の刻に花開き、開けバ即ち散る。

墨田川花農大梅屋菊塢造

江戸墨田川のほとりで梅屋敷を営んでいた菊塢《きくう》が、自分が栽培してい

る草花を観察した開花時間のちがいにあわせて、七種のものを選んだものである。黄蜀葵《ねりきのはな》とはトロロオアイのことで、火炭母草《おしろい》とはオシロイバナ、玉爪《たまづさ》とはカラスウリのことである。したがって、新秋の七草を現在の標準和名でいうと、トロロオアイ、ヒオウギ、リンドウ、ゴジカ、オシロイバナ、ユウガオ、カラスウリの七種となる。

文化一〇年（一八一三）に秋の七草をみようと、太田南畝翁は誰やらと向島へ渡ろうとしたとき、その人が酔っていたので岸に落ちてしまった。翁はとりあえず、

吉原を打出みんとむかふ島わたらぬ先にすとゝんと落

との狂歌を呼んだことが『椎の実筆』に載せられている。

江戸の百花園と秋の七草

文化二年（一八〇五）菊塢《きくう》は、梅の培養生育に適した江戸向島の地に一町歩（三〇〇〇坪＝約一万平方メートル）ほどの土地を購入して梅を植え、花の時は花を賞し、実が熟するときは実を売っての生活をはじめた。最初は梅一〇〇株ほどを植えたのであるが、わずか一〇年ほどで「新梅屋敷」とよばれ、江戸第一の奇観の場所となった。

開園後十数年を経た文政（一八一八〜一八三〇）年中から、百花園といわれはじめた。梅園から発足したのであるが、梅だけでなく、四季を通じて人びとの目をよろこばせる春や秋の七草をはじめ、由緒ある植物、それも主として草本類数百種を植え込んで、それこそ百花繚乱と咲き始めていたからである。

江戸の民営花園の発達は、享和（一八〇一〜一八〇四）から文化・文政期にかけて最高潮に達していた。江戸時代も半ばをすぎた宝暦（一七五一〜一七六三）の頃から江戸の都市機能は人口の大集積に対応する

ため最高に達し、上方文化の変形といわれた初期文化とは全く異質の、真の江戸文化が成長し、市民意識の中に洗練された一種独特の風潮が生まれたと、前島康彦は『向島百花園』（東京公園文庫一七、一九八一年）の中で分析している。

菊塢は当時第一流の太田蜀山人、酒井抱一、加藤千蔭といった文人墨客の知恵を借り、『万葉集』に詠われた植物、あるいは宮城野萩、玉川の山吹といった名所の花を植えた。さらに春の七草、秋の七草も植え、文人趣味の花園をつくりあげた。

秋の七草など、数々の花咲く草木が栽培された江戸・向島の百花園（『新訂東都歳時記』ちくま学芸文庫より）

またボタン、シャクヤク、キク、アサガオ、カキツバタなどの名品もとりそろえて培養したため、春夏秋冬一日として花のないときはなく、東西南北より客が一人も来ないということはないほどの繁盛をするに至った。坂田篁蔭は『野辺の白露』（江戸後期、成立年不詳）で、つぎのように記している。

又草も、宮城野萩、筑波萩を初めとし、諸国名所の種を移して、路の筋も自《おのずか》らなる野路の躰《てい》にし、萩・薄・桔梗・尾花しどろもどろに打乱れたるさま、彼の文人墨客の物すきには、麗しく作りたてたる花園より一入《ひとしお》雅致ありとて、風流めかして花見んと来る人、入りかはり立かはりいと繁盛せり。

また天保一二年（一八四一）に世に出た為永春水の人情

本『春色梅美婦禰《うめびぶね》』にも百花園の七草の記事がでている。

新の字を付けにし梅の花園も、はや三十年の春秋をすぎて、最初の庵主の名を、昔の事と菊塢が庭、今も変らぬ俤《おもかげ》の、残るもゆかし秋の野に、猶詠《なが》めある七草の、盛りを見にとて昨夜から、夜通し遊ぶ舟の中、終夜《よもすがら》引かせ四ツ手の網に、かかりし魚の噂して、まだ調わぬ料理をば、承知で入りし平岩の新座敷。

菊塢は風趣にとんだ花園の創設に成功したのであるが、それだけでなく、和漢の学もいつしか身につけ、百花園や、園内の特定の植物、あるいは近くの隅田川に関係のある書物をいくつも著している。『梅屋花品』（江戸後期、成立年不詳）、『秋野七草考』（一八一二年）、『春野七種考』（一八一四年）、『隅田川名所絵図』（江戸後期、成立年不詳）などである。

『秋野七草考』一冊は、文化九年（一八一二）に刊行されたもので、百花園名物の秋の七草について和漢の諸書や詩歌を引用し考証したもので、菊塢の自画がある。『春野七種考』一冊は、文化一一年（一八一四）に刊行され、『秋野七草考』と対になるものである。春秋七草（種）考は、初代菊塢の代表的な著作物で、平成の今日でも珍重されているが、ほとんど手にはいらない。

なお百花園は、向島百花園として史跡及び名勝に指定され、東京都が所有する都市公園となっている。特殊な公園で、庭園的なものではあるが、通常みられる伝統庭園とはちがった庶民性の高い風雅でかつ洒落た花苑となっている。

祝言には忌まれた秋の七草

太田南畝は「月見のことば」（『四方のあか』、一八〇二年刊に所収）で、「ならびが岡の何がしも、萬《よろず》の事は月こそとはいひしが、今夜《こよい》ぞ秋のもなかなれば、照る月次《つきなみ》の会はさらなり。和歌こそこの国の風俗にして、生きとし生けるもの、いづれか之れを詠まざるべかめれど、この比《ごろ》にいたりては、ざれたる詞《ことば》、あだなる姿をのみもてあそべば、女郎花《おみなえし》たはれたるふりをなん、花薄《はなすすき》ほほ笑みあへける。それこの月をみるにつけて、その品もまた様々なりや」と述べている。

さらに南畝の「蜀山人自筆百首狂歌」（一八一八年刊）の秋二十歌には、つぎのように「斯《かく》ばかりめでたくみゆる世の中をうらやましくやのぞく月影」という月の歌とともに、秋の七草が詠われている。

しら川のお関所ならばなが櫃《ひつ》のなかあらためてみやぎの萩
女郎花口もさがのにたつた今僧正《そうじょう》さんが落ちなんした
花すすきはうき千里の武蔵野はまねかずとても民のとどまる
知らずこころ誰をか恨《うら》む朝顔はただるりこんのうるほへる露
もみぢちる萩やすすきの本舞台まず今日《こんにち》はこれぎりのうた

詠まれている秋の七草は、ハギ、オミナエシ、ススキ、キキョウ（朝顔）の四種で、クズ花、フジバカマ、ナデシコの三種は詠まれていない。なお、以上のほか秋二十首の歌に詠まれている秋の植物は、オギ、モミジ、キク、タケ（茸）、クリ、カキの五種であった。

小川由一の『紀伊植物誌1』（紀伊植物誌刊行会、一九七二年）によれば、和歌山県熊野川町小口地区における月見は旧暦九月一五日で、室内のお供え物は子芋（サトイモのこと）と団子で、花はススキとハギである。室外では、長い竹の竿の先にハギとススキを結び付け、その下に二本の箸を十字型に交差してしばり、その先ざきにサトイモの丸い子芋を芽つきのまま突き刺してたてる。一見、風力計の上端にハギとススキをとりつけたような格好である。翌日、これをとりはずして、花は捨てるが、箸と子芋は保存しておく。

十五夜の月に花を献ずることはこのように行われていたのであるが、七夕の日の花の献上は、室町時代の応永の末年ごろに貴族の間に行われていたことが、後崇光院（伏見宮貞成親王のこと）の日記である『看聞御記』（一四一六～四八の日記）で知られる。室町時代の応永二五年（一四一八）七月七日の条には「抑《そもそも》七夕法楽の草花を召集む」とあり、七夕の日に伏見宮家の座敷をかざり、日ごろ出入りの宮廷関係者や僧侶が種々の花器に花を入れて献上したものを並べていたことが記されている。それらが機縁となって、後世の生け花へと進化していくのである。

室町幕府で東山時代といわれる時期に、書院をかざる花の様式が、威儀や礼法尊重の時代風潮のなかで成立している。そのころの重要な史料として寛永年間（一六二四～四四）に木活字本となった花道の伝書『仙伝抄』と池坊専応の口伝書である『専応口伝』（一五四二年成る）がある。そこにはたて花が、節句、元服、出陣、移徒《わたまし》（転居のこと）、結婚、出家得度《とくど》、仏事などの特別の行事と深くむすびついており、いわゆる縁起をかついださまざまな禁忌（タブーのこと）が記されている。

その一つとして、「平生は立つといへども、祝言には忌むもの」とされている花に、つぎのように秋の七草の一部が含まれているのである。

しをん、さるとりいばら、いとすすき、いたどり、ばせを、ききやう、をみなへし、はぎ、つばき、つつじ、河原なでしこ、しのぶ、ふじばかま、いぬ桜、あし、法せん花、しやび、から竹、柳（以下省略）

これら三八種の草木があがっている。ここに列挙したものは、『仙伝書』に挙げられているもので、『専応口伝』に列挙されているものとは少し異なっている。それにしても、イトススキ、キキョウ、オミナエシ、ハギ、カワラナデシコ、フジバカマという七草のうち六種までが祝言の席に飾ることは忌まれていたのである。現代においては少しも忌まれることなく、花材として愛用されているキキョウ、ツバキ、カワラナデシコ、イヌタデなどの花が、祝言という特別の祝いの場合とはいえ、忌む花とされているところに、当時の花に対する考え方を注目してみるべきであろう。

元禄期の流行歌と秋の七草

室町時代末期から江戸時代の元禄期にかけて、人びとに広く愛好された流行歌謡を集大成し、元禄一六年（一七〇三）に刊行された『松の葉』第二巻は長歌《ながうた》が収めてある。その四八番目に、松岡検校《けんぎょう》と藤嶋勾当《こうとう》が作った「秋草」の歌がある。

四十八　秋草

秋は常さへ物淋しきに、思ひにつれて乱るる心、露も涙も争ひかねて、恋の路の野辺踏み分け難き、草の色にも染む身は辛い、ちらと見そめし、えいさんさ、女郎花《おみなえし》ゆゑ、つたなき心が、のんさて、真《ま》事《こと》に、はや思ひ草、身は朝顔の浅ましながら、せめて靡《なび》かん事もありやと、紅葉《もみじ》襲《がさね》のその薄様《うすよう》に、書いてや贈らん文見草（荻の異称）、人目忍ぶの我が涙には、乾く間もなき尾花が袖も、引かば靡きやれ、さりとては、葛の恨みの数積り来て、何時かは君をまた宮城野の、萩の下葉の露にしっぽと濡れて、何ともなう、荻吹く風の便りをも、聞くやと待ちし恋心、乱れ乱るる難波の蘆《あし》の、契《ちぎ》りは辛い、浪の夜々さんさ、身を尽くし思ふはくださうな

恋の歌を秋の花に託したもので、秋の七草では、オミナエシ、オバナ、クズ、ハギという四種が歌われている。なかなか七種がそろって同じところに使われないように、歌の場合でも全部が一つの歌として歌

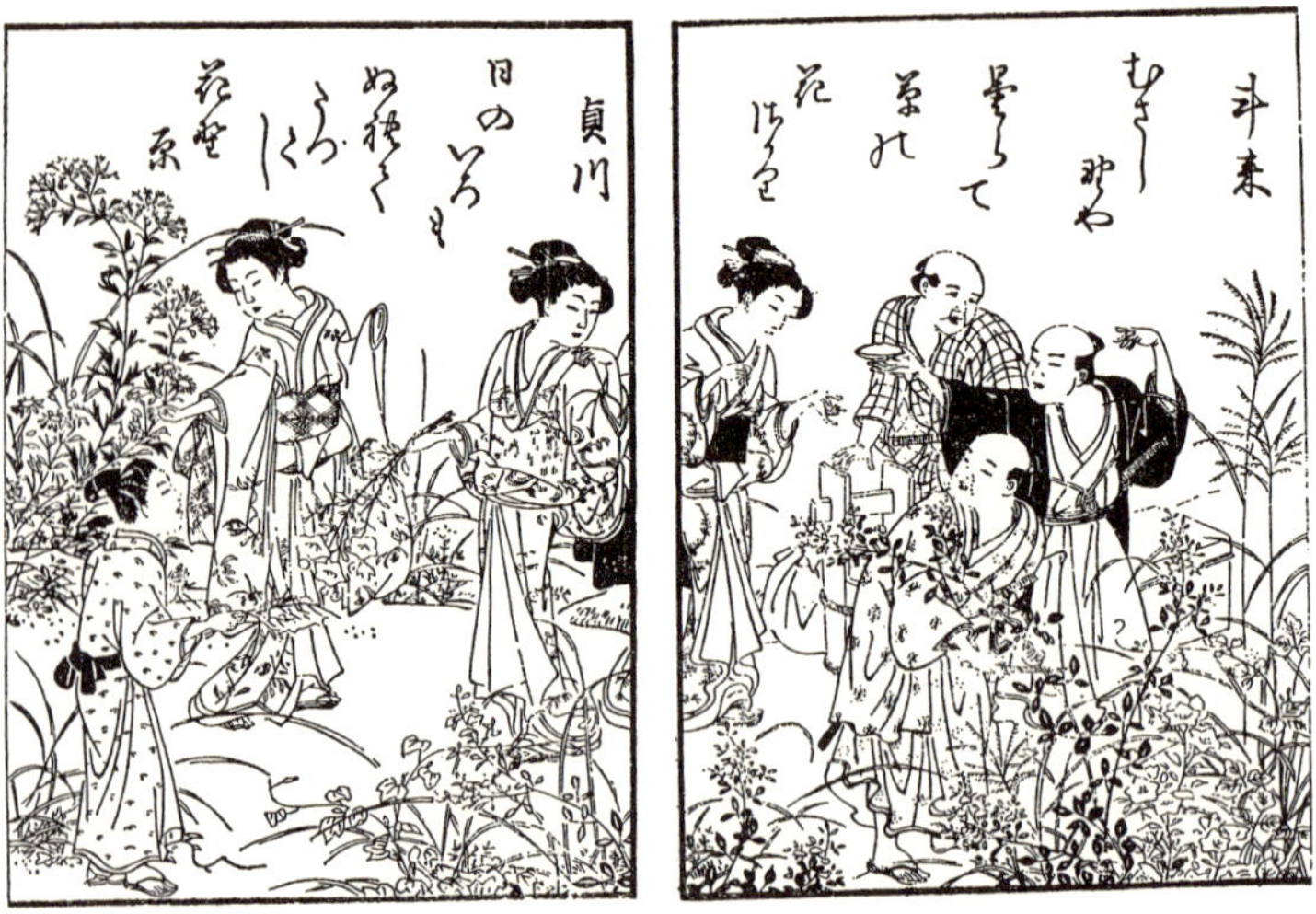

秋の七草を観賞する江戸期の人びと。ハギ、オバナ、オミナエシを見ることができる（『絵本世都濃登起』朝倉治彦編『日本名所風俗図会』別巻風俗の巻、角川書店、1988年より）

われることはないようである。それにしても、ここに取り上げられた七草の内の四種は、女にたとえられたオミナエシ、細長い葉が尾をひくオバナ、葉の裏をみせるクズ、秋露にぬれるハギと、それぞれ特徴が生かされている。

この長歌で歌われている秋草は、秋の七草のほかは思ひ草（ふつうナンバンギセルの古名とされるが、リンドウ、ツユクサ、オミナエシなどの古名ともいう）、朝顔、文見草《ふみみぐさ》（荻の異称）、アシという四種である。

同書第三巻の端歌《はうた》には廿一恋風として、「恋草の類ならば、葛は恨みの思ひ草、秋の夜なれば猶短夜と、逢ふ夜の空を嘆いた、何ゆゑに、身を恋風と尾花そよそよ袖の香」と歌われるが、この歌もクズとオバナという二つのみである。

同書第四巻は吾妻浄瑠璃で最初に収められた浅黄《あさぎ》帷子《かたびら》は、奈良の初瀬から京都の清水寺までの道行《みちゆき》を語ったものであり、その一部を引用する。

ほのぼのと夜明烏《あけがらす》も云はば聞け、気の毒な山越えかねしに、巡礼が情《なさけ》にて、鬼一口《おにひとくち》を免れて、正清《まさきよ》一人御共《おんとも》にて、辿《たど》り辿りと道芝の、裾は露やら涙やら、時しも秋の夕間暮《ゆうまぐれ》、千々《ちぢ》の草葉も紅葉して、錦かとみる谷蔭に、木樵《きこり》はあじか（アシやワラなどで作ったザルに似た運搬具）家土産《いえづと》に、花は何々藤袴、桔梗、苅萱、地楡《われもこう》、門田《かどた》の稲葉刈り初めて、竹の丸屋《まろや》の賤《しず》の女《め》が（以下略）

女《め》波男《なみお》波《なみ》のあるものを、佐太《さだ》枚方《ひらかた》を後になし、葛葉の森に色鳥《いろとり》の、塒《ねぐら》求むる優しさよ、男山には女郎花、荻の葉《は》風《かぜ》のたよと、振らで靡くは野暮らしや（以下略）

秋の七草は、樵《きこり》が山仕事をおわってわが家に帰る道すがら、土産にするため折り採った草花として、珍しくもフジバカマとキキョウが出ている。葛葉《くずは》は大阪府枚方市にある地名であるが、ここでは植物の葛の葉っぱとして歌われている。男山とは、京都府八幡市に石清水八幡宮が鎮座されている山のことであり、そのふもとには、オミナエシの章で述べるが、哀れな恋物語で河に身をなげた女からオミナエシが生えてきたことが伝えられている。

牛の飼料とされる秋の七草

秋の七草には、毒草は含まれていない。それだから、すべて山草と一緒に刈り取られて牛馬の飼料とされてきた。朝方刈り取ってきた生の、秋の七草がふくまれた野草は牛馬に与えられた。中でもクズやハギはマメ科の植物で、栄養価も高く、牛の大好物である。ススキは牛が好んで食べるし、堅い茎の部分は厩《うまや》の敷草にされた。厩の敷草は、牛が糞や尿を出すのですぐに汚れる。汚れたらその上に新しい敷草を置いてやる。それを牛がまた踏み固める。こうして、厩の敷草が高く積み重なり、牛の糞尿をたっぷりと含んだ厩肥《きゅうひ》ができあがる。それを取り出して積み重ねてさらに完熟させ、田畑の肥料としたのである。厩肥は田畑の土を豊かにし、作物がよく生育し、たくさんの作物の収穫が得られるのであった。

須藤護の「南部牛のふるさと」（雑誌『あるくみるきく』一七八号、近畿日本ツーリスト、一九八一年）は、岩手県下閉伊郡の北上山地の牛の放牧地帯をたずねたルポである。須藤は山形村二又の馬場憲也から聞いた、牛の飼料について記している。すこし長くなるが引用させていただく。


牛の飼料はだいたい干し草、稗殻《ひえがら》、麦、豆などを切りまぜたものが主で、一頭の親牛にこれを一〇キログラムずつ朝夕の二回に分けて与える。厳冬期には食欲増進のため、これをヤダ釜という大釜で煮て、味噌を混ぜて与えたりもする。この一日二回のほか、昼に大根、カブ、イモを細かく切ったものを三〜四キログラムぐらい与えることもある。

でも最近は、干し草ばかりでなくデントコーン（飼料用トウモロコシ）や飼料用牧草を、野菜や干し草に混ぜて与えることも多くなっている。

干し草にする野草は、萩や葛を主とする草と、茅類を主とする草だ。葛、萩は牛の好物で栄養価も高い。また茅類は厩の敷草にも用いる。いずれも秋の農作業の合間に刈り取り、束にして刈った山の斜面に立てて乾燥させ、雪の降る前に貯蔵する。僕が訪れた頃は乾燥の時期にあたり、山の斜面のいたるところに何十何百という干し草の群を発見して、見事な景観に驚いたものだった。

南部牛は、舎飼《しゃがい》の間にこの干し草を一頭で、葛、萩類五〇〇把（約五〇キログラム）、茅類一二〇〇把（約一二〇〇キログラム）を食うという。またその労力は収納日数も含めて約二二日間ほどになる。一頭の牛が一冬でこれほどの量の干し草を食べるのだから、それを刈り取る手間も大変であり、さらにはそれだけの量の干し草が得られる広大な山野が必要となるのだ。


須藤は、該当地の山野の利用について調べている。あまり木の生えていない草原状の山地をこの地方では野場《のば》といい、春に山焼きをして草地をつくってきた。里に近いところには、秣場《まぐさば》あるいは刈場といわれる冬期に牛に食べさせる干し草をつくる場所があった。それ以外に、薪炭用材や家を建てる用材、柵や橋の用材を切り出すために樹木を生育させる山林があった。ある地区での山林原野は約三七〇〇ヘクタールあり、野場が七一パーセント、山林が二五パーセント、秣場が四パーセントとなっていた。

地域によって異なることは当然であるが、岩手県下の北上山地では、牛を飼育するため広大な草原状の山地が広がっていた。そこは、人が常に手入れをするので、秋の七草のように日当たりを好む植物の繁殖地となっていた。須藤氏のルポには、ハギ、クズ、ススキ（カヤ）、という三種だけであるが、オミナエシ、ナデシコ、キキョウ、フジバカマも当然生育していたであろうが群生していないので、牛の飼料として数量的に把握できるほどのものはなかったのであろう。

小学校の教科書にみる秋の七草

明治七年（一八七四）八月の文部省刊『小学綴字書』は、第八に「くず　葛」を、第二十六に「はぎ萩」を掲げている。

明治七年八月改正の、師範学校編纂・文部省刊行の『小学読本　巻一』は、田中義廉編輯・那珂通高校正のもので、第五において

瞿麦《くばく》と、桔梗《ききょう》の花あり、

○小児は、桔梗の花を採り、娘は瞿麦の花を手に持てり、

○瞿麦の花は多く紅色なり、

○桔梗の花は、紺色なり、瞿麦は、多種なれども、概《おおむね》夏に、花開くなり、

と、瞿麦《くばく》つまりナデシコと、キキョウのことを学ばせている。

明治八年三月文部省編纂の『小学読本　巻之一』（榊原芳野編次）は、第廿一において「七草に二様あり、秋の七草は花にして、萩、尾花、葛花、撫子、女郎花、蘭、朝顔をいふ」と記している。

明治二六年（一八九三）九月出版、集英堂発行（学海指針社編）の『帝国読本　巻之四』は、第三課秋で、秋の七草のいくつかについて触れている。

第三課　秋

今ハ秋ノナカバヲスギタリ。カドノ柳、庭ノ桐ノ葉モ、オチチリテ、涼シキ風、ハダヘニ・コヽロヨク、野べニハ、萩・桔梗・女郎花ナド・サキミダレテ、ウルハシキコト、イハン方ナシ。コトニ、カハユラシキハ、薄（ススキ）ノホノ・ワヅカニ、出デタルト、撫子ノ草ノカゲニ、ヤサシク・サキタルトナリ。虫ノ声々マタ面白シ。

明治三六年（一九〇三）四月、小学校令が改正され、小学校の教科書は文部省において著作権を有するものに限られることとなった。国語教科書も国定として速やかに刊行することになり、翌三七年度より使われる小学読本が急いで編集された。その第一期にあたる文部省著作で、明治三六年八月に発行された『尋常小学読本　五』は、「第十九　秋の野原」において、秋の七草のハギやキキョウなどについて述べている。花の名前は、仮名で記されているので、わかりやすく漢字を補った。

第十九　秋の野原

ある日曜日に、おまつは、姉のおすずと、野原へあそびに、行きました。

野原には、いろいろの花がさきそろっていて、たいそー、きれいでございました。

「ねえさん。きれいでございますね、はぎ（萩）もさいています。ききょー（桔梗）もさいています。

あれ、あそこには、赤い花ときいろい花とがさいています。あれはなんといふ花でございますか」

「あの赤いのはなでしこ（撫子）といふ花です。きいろいのはをみなへし（女郎花）といふ花です。ここは、昼も、こんなに、いろいろな花がさいていて、きれいなところですが、夜も、いろいろな虫がないて、たいそー、おもしろいところです」

姉妹の話で秋の七草の、ハギ、キキョウ、ナデシコ、オミナエシという四種の花が咲いている様子が分かるように、述べられている。そして昼間は、秋の花を見て楽しむことができるが、夜にはさらに虫の音を聞くことができるとしている。かつての農村部における里山と接したあたりの風景を、この文章の中から感じ取ることができる。

明治三九年（一九〇六）一月に発行された教育音楽講習会編纂の音楽教科書『新編　教育唱歌集』の第八集には、「七草」の題で、秋の七草の全部をつぎのように歌わせている。

七　草

一　姿やさしき秋萩、すすき。
色香なつかし、撫子《なでしこ》、桔梗《ききょう》、
庭もせにみちて、おきたる露も
錦にかがやくそのうつくしさ。

二　たがぬぎおきしその藤袴《ふじばかま》。
露まで黄色にさく女郎花《おみなへし》。

ひろがる葉かげにさく葛《くず》の花。

かぞへあぐれば、これぞ七草《ななくさ》。

明治四三年（一九一〇）から使用された第二期国定国語教科書の『尋常小学読本　巻八』の第十一は、「花ごよみ」とのタイトルで、年のはじめに咲くフクジュソウ（福寿草）から、ビワの花咲く年の暮までの一年間の季節の推移を花で詠った詩となっている。秋に関わる部分だけを抜き出して掲げる。

月見のころも近づけば、
萩《はぎ》のうねりにやどる玉、
ききやう・かるかや・をみなえし、
秋の花草多けれど、
中にも君の千代八千代、
祝ふや菊の花の宴。

ここでは秋の七草のうち、ハギ、キキョウ、カヤ（ススキ）、オミナエシという四つの花が詠われている。クズの花、フジバカマ、ナデシコの三種が抜けている。なかなか七種がいっしょに記される機会は少ないのである。

秋の七草ということばも俳句の季語であるが、これで詠まれた句の数は少ない。

子の摘める秋七草の茎短か　星野立子
門外の秋の七草苑に見ず　瀧春一
幌馬車の秋七草に触れゆけり　竹川貴代
歌にして秋の七草指止まる　川崎和美

秋の七草の生育地は共通

昭和四〇年代のおわりのころ、詩人の山室静は、中秋の名月の日（九月一三日）に名月へ供えるススキを取りに行った話を、「すすき」（『春の夜の夢』皆美社、一九八〇年）と題したエッセーに書いている。小学一年生の息子が学校から帰ると、名月のお月見にお供えするススキを取りにでかけたが、まもなく一本もないと、しょんぼりして帰ってきた。山村は「薄なんかいくらでもある筈なのに」と思って、書斎からのび上がるようにして向かいの丘を眺めた。

「その丘はつい先年まで、屋根を葺くカヤ（ススキのこと）を取るため、畑にもしないでぼうぼうと薄の生えるのにまかせた茅山であった。三、四年前から持ち主が、薄を刈りにこなくなっていたが、畑にもされていないので、まだススキはたくさんあると山村は思っていた。そのとき気づいてみると、丘は一面にクズその他の草に覆われて、ススキはほとんど一本も見当たらなかった」というのである。

山室が記しているように、かつての里近くにある低い山や丘陵地には、ススキがあの獰猛とも言えるほどの繁殖力で、ススキ原をつくり、わが物顔で繁茂していた。その場所はまた、ススキとおなじように秋の七草に数えられるオミナエシやキキョウのほか、アズマギク、ムラサキグサ、タチフウロ、マツムシソウ、カキランなど、多くの野の花が美しく咲いていたのである。

秋の七草と、ススキの生育地がかさなっているいることを、沼田真は「ススキ」（『植物の生活誌』平凡社、一九八〇年）と題した文章のなかで、つぎのように述べている。

秋の七草といえば、萩、尾花、葛、撫子、女郎花、藤袴、桔梗（桔梗のかわりに朝顔とすることもある）であるが、すべてはススキ草原に結合した植物で、ススキの原がいかに庶民に密着した自然であったかがわかる。この中のハギ（一番ふつうなのはヤマハギだが、その他これに近いもので、エゾヤマハ

現在の山田の両脇の山地は樹木が繁茂している。しかし、以前は採草地や薪炭林で明るく、ハギやオミナエシ、キキョウ、オバナなどの生育地となっていた。

ギ、マルバハギ、ビッチュウヤマハギ、ツクシハギなどが、ススキとの関係ではおなじ生態的地位をしめる）の開花もススキと似ている。

沼田真がいうように、秋の七草の生育地はほぼ共通したものであり、七草は草原性の性質をもつ植物であった。それだからお月見のときなどには、里の近くの山へ行けばいくらでも取ってくることができたのである。『万葉集』で山上憶良が秋の野の花を数えれば七つあるといったのも、日ごろよく観察できる里山に生えている植物の花だったからである。

失われた秋の七草の生育地

昭和三〇年（一九五五）代なかばごろから、農山村では燃料革命、肥料革命、農業の機械化が急速に進行した。燃料革命は家庭燃料のプロパンガス化で、これにより里山の薪炭用材としていた松林や雑木林の樹木が伐採されなくなり、放置されるようになって植生は自然の推移に委ねられた。あるいはまた皆伐されて、スギやヒノキ、アカマツ、カラマツといった用材として利用できる針葉樹ばかりの林が造成された。

肥料革命は、化学肥料がふんだんに供給されるようになり、緑肥や堆肥とされていた若い草木を刈り取り田畑に施す必要がなくなり、里山の草刈場も植生の自然の推移に委ねられた。農業の機械化によって農耕用として飼育していた牛馬の飼料としての草の需要がなくなり、飼料用の草刈場も放置された。この間の事情については、拙著『里山Ⅱ』（法政大学出版局、ものと人間の文化史118―Ⅱ）の第七章「見捨てられた里山」で詳しく述べている。

要するに手入れをおこなわず放置し自然の摂理のままに委ねていると、植物の生育条件のよいわが国では、その地方における植生が繁茂し、ヤブ状態となり、地表にとどく陽光は少なくなり、草原性の日当り良好地を好む植物は生育できなくなるのである。

また農山村では家屋の屋根材がトタンや瓦、スレートなどに替わってしまったので、茅（萱）の需要がなくなり、茅場を存続させる必要性が失われた。その場所には高度経済成長期に、都会の人に負けない収入を得ようとして、スギやヒノキが植林されていった。また都会の近くにある里山はゴルフ場として開発されたり、年々増え続ける都市人口の住宅用地とされ、都市そのものとなった里山も少なくない。

わが国は気温も高く相当量の雨量もあり、植物の生育に適しており、草原が自然植生であるという地域はきわめてわずかである。現在みられる大小の草原のほとんどは、ゴルフ場、牧場、スキー場、茅場などで、現在も人によって管理が続けられている場所である。

ハギ、ススキ、オミナエシ、ナデシコ、キキョウなどの秋の七草は、刈られたり、山焼きされるなどにより、草丈の低い植生の明るい草原だけに生育できる植物で、ヤブ状態の陽光がほとんど射し込んでこないところには生育できない。七草が共通して生育するススキ草原や里山の植生は、植物群落が裸地から森林へとうつり変わっていく植生遷移とよばれる変遷のなかでの途中相である。

里山やススキ草原は、人間が定期的に伐採や山焼きなどをおこない植生を攪乱することで、その植生を維持してきた。このような植物群落の維持には、人為的な植生攪乱が必要なのである。しかし、常に攪乱している田畑の周囲の、日当たりのよい場所であっても、近年秋の七草がみられなくなった原因は、いまだ突き止められていない。いや、誰も突き止めようと調べる人もいないのが実情である。

正岡子規の『病床六尺』(岩波文庫、一九二七年)九十九は「おくられものくさぐさ」と題されて、史料大観、やまべ(川魚のヤマメのこと)、仮面などとともに草花の盆栽が一つあり、「秋くさの、七くさ八くさ、一はちに、あつめてうえぬ、きちこうは、まづさきいでつ、をみなへしいまだ」と、秋の七草を貰ったことを述べている。この時期の子規は、「半年もすれば梅の花が咲いて来る。果たして病人の眼中に梅の花が咲くであろうか」と、自分自身が疑問を持つほどの病状であった。

新選された秋の七草

昭和一〇年(一九三五)秋、与謝野晶子などの提唱によって『日々新聞』(『毎日新聞』の前身)が新・秋の七草を募集し、ガンライコウ(雁来紅)(ハゲイトウ=葉鶏頭のこと)、シュウカイドウ(秋海棠)、マンジュシャゲ(曼珠沙華)(ヒガンバナ=彼岸花のこと)、キク(菊)、オシロイバナ(白粉花)、イヌタデ(犬蓼)、コスモス(秋桜)の七種を選定した。七人の名家が、それぞれ秋の花を一つづつ持ち寄って七種としたものである。

これについて佐藤春夫は、「秋花七種」と題したエッセーを昭和一〇年一一月一日発行の『文藝春秋』

（一三巻一一号）に発表している。そのエッセーの中から、新七草を選んだ人を掲げ、それぞれ感想を記している ので、整理して紹介する。

長谷川時雨女史は雁来紅を挙げた。「雁来紅の錦繍色鮮やかに燃ゆるが如き豊富な野趣のうちに故もなきさびしさを内にひそめたのは、さすがに秋にふさわしい華麗で、女史のこれを捨てぬも宜《むべ》なるを覚える」と佐藤春夫はいう。

斎藤茂吉は曼珠沙華を選んだ。「曼珠沙華については、花の名前につく華の字がふさわしいのもその花の形態を思い出すからだろう。俗称のなかでは関西人一般がひろくこの花を「かがり」と詠んでいるのは、おもしろい呼び方だと思う。日本人のうちでは比較的、妖艶濃厚な趣味を理解する関西人が、この花をあまり卑しめなかったのも偶然でないかもしれない。先年パヴロヴァ夫人が来朝して踊ってみせたとき、この花籠を贈られたのを喜んで、舞台へ捧げもって出たことがあったと聞いた。喜ぶのも道理、はなはだ見事であった」という。

秋の彼岸のころ、濃厚で妖艶な花を咲かせるヒガンバナ。新・秋の七草の一つとして昭和初期に選ばれた。

菊地寛はコスモスを選んだ。「コスモスの我らが背丈よりも高いのが杜《もり》のように簇《むらが》ったのが嵐に吹き倒され、素直に折れたあたりにまた新しい根を生じて弓なりに起き直って、花を多く咲き誇っているのなどは、一段とあはれの深いものである。秋桜とふさわしい文字まで与えられて、今日では異国の花とも見えず、辺鄙《へんぴ》の農家の垣根にもありふれるほどに早くも風土に化して、そのしおらしい、いじらしいところが、生まれながら大和島根の花らしいのが、むしろ不思議なばかりである。」

与謝野晶子女史は白粉花を選んだ。「オシロイバナの沈静で内気らしいうちにも盛りの久しくまた逞しく、節くれ立った赤い茎の奔放なまでの野趣など、可憐ながらに味の複雑な花、与謝野さんが気に入るのも分かるような気がする。」

牧野富太郎博士は菊を選んだ。「牧野博士の菊は、はじめ少々平凡な気がしないでもなかったが、こうゆうところに平凡なやつを落とさないのこそ重厚な心がけ、さすがはその道の学者だけに花に対する趣味までが客観的になっていると考えた。」

高浜虚子は赤まんま（イヌタデ）を選んだ。「野趣の横溢した、赤のまんまが虚子によって一枚加えた。さすがに俳人の自然に対する（同時に新聞人の人間に対する）眼界の広いのにますます満悦である。」

永井荷風は秋海棠《しゅうかいどう》を選んだ。「さては冷艶愛すべく嫣然《えんぜん》一笑した秋海棠……荷風先生が往年こころあって庭に植えられた断腸花《だんちょうか》の幽愁を帯びて、媚態の卑俗ならぬものが選に洩れなかったのもうれしい。」

以上のように選ばれた花と、その選者に対する感想を佐藤春夫は述べている。佐藤春夫はコスモス（秋桜）を支持し、マンジュシャゲ（曼珠沙華）も落として欲しくないように考えていたことも記している。

新・秋の七草はすべて外来種

佐藤春夫は、新・七草ができたことについて、「世界的な趣味を示しながらも、根底にはやはり日本的なものになったのは当然のことながら、大いに我が意を得たところである。無理に日本がらないで、隠微の間に本当の日本が現れたのを喜ぶのである。中国をも西洋をも消化しつくした上に、その基調において一味《いちまい》自ら、あるいは幽雅、あるいは哀艶なうちに無邪気に意気のさかんな美しいものなら、なるべく多く理解して摂取しようとしている趣のあるのが新七草たる所以《ゆえん》である」と全体的な感想を述べるのである。

ついでに、昭和一〇年（一九三五）に『日々新聞』によってえらばれた新・秋の七草に選定された、ガンライコウ（雁来紅）（ハゲイトウ＝葉鶏頭のこと）、シュウカイドウ（秋海棠）、マンジュシャゲ（曼珠沙華）（ヒガンバナ＝彼岸花のこと）、キク（菊）、オシロイバナ（白粉花）、イヌタデ（犬蓼）、コスモス（秋桜）という個々の植物ついて概説しよう。このように書き上げてみて気づくのは、七種にえらばれた秋の花のうち六種（ハゲイトウ、シュウカイドウ、ヒガンバナ、キク、オシロイバナ、コスモス）が外来種である。日本産のものはただ一種（イヌタデ）だと、はじめ考えたが、「春の七草」の原産地を調べる必要があり、植物学者前川文夫の「史前帰化植物について」（『植物分類・地理』植物分類地理学会誌、一九四三年）という論文を手に入れて見たところ、イヌタデは有史以前にイネ（稲）に随伴して渡来してきた植物とされていた。その結果、昭和初期の新・秋の七草はすべて外来種であることがわかった。

新・秋の七草の原産地とその種類。中国原産が半分を占める。

山上憶良が『万葉集』で選んだ秋の野の七種の草花においてすでに藤《ふじ》袴《ばかま》が、外来種でありながら選ばれている。昭和初期に至ると、それが完全に逆転し、国内原産種は全くなくなったのである。

外来種の原産地を掲げると、ハゲイトウは熱帯アジア、シュウカイドウは中国、ヒガンバナは中国（からの渡来説もある）、キクは中国、オシロイバナは南米、イヌタデは中国、コスモスはメキシコがそれぞれ原産となっている。花の美しさ、香りの良さが日本人の好みにあって、それぞれ改良の手が加えられ、原産地とは異なった形態のものが生育し、栽培されている。イヌタデ（赤まんま）のみは花として栽培されることはなく野生状態で生育している。それにしても、日本という国は外来種がよく適応できる風土をもっているのであろう。それとともに、外国文化をとりいれて、咀嚼し、自分のものとしてしまう日本文化のもつ原点みたいなものを、昭和初期にえらばれた新・秋の七草のなかにみることができる。

さらに云うならば、憶良が云ったいわゆる旧の秋の七草は、渡来種も一部含められてはいるものの、すべて野に自生している植物ばかりであった。昭和初期に選定された新・秋の七草は、野生状態のイヌタデとほとんど自生状態のヒガンバナを除いて、他の五種はいずれも日本人が花を観賞することを目的として栽培している植物である。しかし、ヒガンバナも渡来種であり、救荒食としての栽培が目的で、日本人によって球根を植えられたものである。ほとんど栽培種ばかりとなった新・秋の七草は、選定した人々がほとんど自然との関わりをもっていなかったことによるものだといってもよいだろう。

葉が特に美しいハゲイトウ

ハゲイトウを選んだ長谷川時雨女史は、この花を雁来紅《がんらいこう》とよんだのであるが、現在では雁来紅という云い方も、書き方もしない。どんな植物のことをいっているのか、まったく分からない人がほとんどである。私も『広辞苑』をひいてみて、ハゲイトウ（葉鶏頭）の漢名だとわかった。

ハゲイトウの漢名である雁来紅とは、秋の彼岸のころにかぎになり、あるいは棹《さお》になったりして、何組も渡ってくる雁《かり》の群れがよく見られる時期に、葉の色が冴えてくるので雁来紅と書かれてきたのであるが、現在ではその雁の飛ぶすがたを見ることも少なくなってきた。

ハゲイトウとは、ケイトウに似ていて茎の頂の部分にある葉が特に美しいものという意味であるが、花冠が鶏のとさかのようになっているケイトウではない。ハゲイトウはヒユ科ヒユ属であり、ケイトウは同じヒユ科であるがケイトウ属となっている。ハゲイトウは熱帯アジアが原産で、古い時代に鑑賞用として渡ってきた一年生の草本である。茎は直立し、高さ一・五メートルくらいになる。よく育てば高さ二メートルにもなり、子供たちが見上げるほどの立派なものに生長する。葉は八月になると色づきはじめ、秋になると鮮やかな紅や黄色となるが、形や色はさまざまである。三色葉のハゲイトウはよくみかけられるが、四色葉のものも、黄と緑、紅と紫紅色などの二色葉もあり、ひじょうに美しい。葉っぱの細い細葉の種類もある。雁が渡ってくるころ、深い紅色となる。

ハゲイトウの花は肉冠のかたちにはつかず、葉腋に密集してつき、茎の頂は着色した葉の集まりである。葉が色づいてくるのは、花が葉腋にできたしるしであり、それは日長が短くなったことを示している。ハゲイトウは短日植物で、だいたい日照一二時間以下で花がつく。

したがって、温室などで冬の間にハゲイトウの種子をまけば、春の彼岸における日照は　二時間なので、それ以前の日々は一二時間より短く、温度さえ高ければ草丈がみじかく、苗のままで花ができ葉が色づいてくる。春さきなのに、ときならぬ秋の風情をたのしむことができる。

葉鶏頭こぞりて天を焦がすかに　　星野よしみ
もてあます時間の中の葉鶏頭　　木の下茶々
掌に父母の血が透く葉鶏頭　　土井湧輔
葉鶏頭箒は常に傾けり　　好井由江

シュウカイドウはベゴニアの一種

シュウカイドウ（秋海棠）は残暑のきびしい立秋のころから、枝先にピンク色の可憐な花を、すこし垂れぎみに開いて、夏枯れの庭にいち早く秋の訪れを告げてくれる花である。この植物は、真夏の強い日差しや、乾燥を苦手とする。陰湿な感じはなく、独特な葉形や草姿であり、つつましく艶麗さを秘めているため、以前から庭の下草や切り花として愛されてきた。木陰や泉水、手洗鉢《ちょうずばち》、古井戸のまわりによく植えられている。

シュウカイドウは、シュウカイドウ科シュウカイドウ属の多年生草本であり、この仲間は現在のところ属の学名のベゴニアとして知られている。そしてこの仲間はオーストラリアを除く全世界の熱帯、亜熱帯に広く分布し、その種の数は現在のところ約二〇〇〇種といわれている。シュウカイドウには、「八月春」、「相思草」や、永井荷風が選定した「断腸花」という別名もある。

永井荷風は大正五年（一九一六）、大久保余丁町の庭に六畳の庵を結び、これを断腸亭と名づけた。翌年の春、近所の植木屋からシュウカイドウの芽ばえを移し植えたことが、「断腸花」（随筆集『冬の蠅』永井荘吉発行、一九三五年所収）というエッセーに記されている。その荷風に次の句がある。

　心ありて庭に栽《う》えけり断腸花　　荷風

シュウカイドウ属は、ふつう①根茎性ベゴニア、②木立性ベゴニア、③球根性ベゴニア、という三つに分類されており、シュウカイドウは③の球根性であるが、園芸的にはそのなかの「その他の球根性ベゴニア」の中の一つとしてあつかわれている。

シュウカイドウは地下茎が塊根状で年を越し、翌年これから発芽、発根して生育するのだが、毎年新しい塊根をつくり、新旧の塊根が交替する。草丈は五〇〜六〇センチ、茎は直立し、全体的に多汁質である。

八月ごろ茎頂または葉腋から一〇センチ前後の花茎をだし、数回二股に分岐し、その先に八〜一〇個の花をすこし垂れるようにつけ、順次開いていく。雌雄同株がふつうで、雄花穂と雌花穂とは別々につける。雄花は鮮やかなピンク色で、花梗《かこう》は紅色を呈する。雌花も美しい淡紅色である。

わが国への伝来は、『日本博物学年表』（白井光太郎著、温古堂、一八九一年）には、「寛永一八年（一六四一）」と渡来年が明記されている。貝原益軒は『花譜』（一六九四年）のなかで、「秋海棠　六月中よりさきそめ　秋にいたりて盛なり　其花艶なり　尤玩賞すべし　この花いにしへ日本になし　正保の比《ころ》はじめてもろこしより長崎へきたる」と記している。

そして、その栽培法について「宿根《ふるね》より三四月の頃、苗を生ず。根は芋のごとく小にしてまるし。また子《み》をまくべし。二三年をよしとす。陰地を好む。北の屋がけ、かきねによろし。或《あるいは》盆にうふべし。子《み》をうへて糞をかくれば、当年に花咲。宿根《ふるね》より生ずるは茎大なり。うふるに毎本相さること一尺ばかりなるべし」と、日当たりよりも日陰を好む性質であることを記している。

江戸時代は元禄期に出版された江戸の染井の園芸家・伊藤伊兵衛三之丞はその著『花壇地錦抄』（一六九五年）の草花・秋の部で「瓔珞草《ようらくぐさ》（秋）初　花形かざりのようらくの如く色あかし　しうかいどう共云」と記し、シュウカイドウについて触れているのであるが、瓔珞草の別名のような扱いをなしている。

シュウカイドウは植物自体がわが国に生育している種々の草花とは異なった形態をもち、花が艶麗で、情趣に富み、しかも栽培しやすいので、人びとに愛されてきた。

幸田露伴の『讕言』（『幸田露伴全集』三二、岩波書店、一九七九年）の中の一節がシュウカイドウを評価した傑作として知られている。

秋海棠は丈の矮《ひく》に似ず、葉のおうようにて花のしほらしきものなり、たとえば貴きさはにはあらぬ女の思ひのほかに心ざま寛《ゆる》やかに、我はと思ひあがりたるさまなく、人に越へたる美しさを具へたらんが如し。北に向いたる小さき書斎の窓の下などに、この花の咲きて、緑の苔の厚う閉じたる地を覆ひたるいかにも物さびて住む人の人柄もすずしげに思ひなさる。

シュウカイドウは、また和歌に俳句に数多くとりあげられている。

秋雨の雨間静けき古庭に露に映え咲く秋海棠　香取秀真
厠戸の手洗水をうちかくる秋海棠は濡れぬ日もなし　正岡子規
うなだれて花恋ふ花よ秋海棠　水巴
物陰に何はぢてや秋海棠　香都良
雨ながら朝日まばゆし秋海棠　秋桜子

ヒガンバナとマンジュシャゲ

マンジュシャゲはヒガンバナ（彼岸花）の俗称で、ヒガンバナ科の多年草で地下に球根がある。堤防、路傍、墓地などの人気《ひとけ》のあるところに多く生える。標準和名のヒガンバナ（彼岸花）は、秋の彼岸ごろに花が咲くことからつけられたもので、マンジュシャゲ（曼珠沙華）は赤花をあらわす梵語《ぼんご》（古代インドの文語であるサンスクリットのこと）からきている。牧野富太郎博士は、「しかしそのもとは葉が出ない内にまず花を咲かせる意味で、先ず咲き、または真っ先が仏教との関係で上記の文字があてられたのであろうか」と述べている。

この植物は冬季に葉を繁らせる種類である。秋季の葉がまだ出ないうちに、鱗茎から三〇センチ内外の茎を出し、その先に有柄の赤色の美しい花を数個、輪状に開く。種子はできない。花の後、深緑色の葉を多く群生する。葉は翌年三月ごろ枯れる。花が美しいわりには、鑑賞用としてはあまり好まれない。

ヒガンバナはその名のとおり、おどろくばかり確実に彼岸時期に開花する。たとえば桜や梅、チューリップやスイセンなどは、天候や気温などの影響をうけて、開花がすこし早まったり遅れたりすることは、経験的によく知られているところである。しかしヒガンバナは、開花期までの気候が猛暑であろうと、冷夏であろうと、多雨年でも寡《か》雨《う》年でも、京都地方では秋の彼岸の中日（秋分の日）には、量の多少はあるものの必ず花を咲かせる。まさに彼岸花の名をはずかしめない。でもその開花の生理機構は、詳らかにされていない。ところが、平成一九年には、その正確であるはずのヒガンバナの開花期が狂った。私が住む大阪府枚方市では一〇月上旬には、まだツボミであった。咲きそろったのは一〇月七日〜八日あたりだった。二〇日くらい遅れた開花である。余談だが、ヒガンバナと同じ時季の秋の彼岸あたりに確実に咲く花にキンモクセイがあるが、こちらも一〇月一〇日過ぎが満開となっていた。昨今の気象変動、ことに気候の温暖化が植物の開花時期に影響をおよぼしている実例といえよう。

ヒガンバナも開花前線をつくる花で、関東以西では彼岸のころ開花するとされる。そして朝日新聞社の『季寄せ——草木花』（一九七九年）の「秋・上」にはヒガンバナの花前線が図示され、「北の地方から咲きはじめ、開花前線の南下は速く、わずか一ヵ月たらずで東北から九州へとかけ抜ける」と記されている。

ヒガンバナはアルカロイド系のリコリン、ガランタミンという有毒成分を球根にもつ有毒植物である。リコリンの主な中毒症状は、嘔吐、下痢、脱水ショックなどになる。ガランタミンも同じく、めまい、嘔吐、下痢などを引き起こす。他方、ヒガンバナがもつ成分は、現在でも製剤原料として使われており、貴重な薬用植物となっている。薬効としては、鎮痛、血圧降下、去痰などが知られている。

しかし、何も食べるものがなくなった飢饉のときなどはこの鱗茎をさらして澱粉をとり、食用にした。

それはヒガンバナの毒の成分が水溶性で、水にとけやすく、水にさらすと毒成分が流出してしまうからである。ヒガンバナの球根には、良質の澱粉が約二〇パーセントも含まれている。けれども毒抜き作業が不十分なため、死亡した例も数多い。

ヒガンバナは一種の有用植物で、地方には俗名がおおく、九〇〇もの方言がある。けれども方言のなかには、シビトバナ（死人花）、テンガイバナ（天蓋花）ユウレイバナ（幽霊花）、ステゴバナ（捨子花）、ジゴクバナ（地獄花）などとも呼ばれ、彼岸の墓参りのときの燃えるような赤く毒々しいものを感じさせることもあってか、地域によっては多くの人に嫌われている。ことに家の屋敷内に植えることを嫌われることが多い。それはヒガンバナが毒をもつからではなく、墓参りの彼岸の時期に真っ赤な花をひらき、死人花、地獄花という名前で呼ばれることが嫌われる理由である。

日本文化のふるさとともいうべき奈良県明日香村は、ヒガンバナの群生地として知られ、黄色に熟れた稲穂と、田の畔を真っ赤に彩ったヒガンバナのコントラストがみごとで、この花が咲く時期には大勢の観光客でにぎわう。農道にはカメラを担いだ撮影会の人たちが、ひっきりなしに行き来している。

地域の俗名は別にして、よくみれば美しい花である。それだからヒガンバナという名前を学名にかくして、園芸店では園芸植物としてリコルスという名で売られている。リコルスとは、ヒガンバナの属名である。俗名が属名にかわっただけで、人びとはだまされてヒガンバナ属の球根を買わされているのである。ヒガンバナは花の赤色がよく知られているが、白い花を咲かせるものもあり、品種改良もすすんで明るいピンク、クリーム、薄紫、黄色などのものも出回るようになった。

弁柄《べんがら》の毒々しさよ曼珠沙華　　許六

曼珠沙華咲ける限りの暮色澄む　　内藤吐天

まんじゅさげ月なき夜も蘂ひろぐ　桂信子

キク（菊）は日本の国花の一つ

キクは桜花とともに日本の二大国花として、よく知られている花である。とくに皇室との縁が深い。キクは中国からの渡来植物とされているが、その原産地はどこなのか詳らかではなく、キクそのものの原種は発見されていない。現在最も受け入れられている説は、北村四郎博士のシマカンギク（島寒菊）とチョウセンノギク（朝鮮野菊）との分布が重なる中国中部で交雑し成立した、という説である。なお、シマカンギクとは、わが国の近畿地方以西から中国大陸に分布する黄花の野生菊である。

キクは、キク科キク属の鉢植えなど鑑賞用として栽培される多年草である。標準和名のキクは漢名である菊の音読みをそのまま用いている。中国で園芸的に発達した品種が、奈良時代に渡来したといわれる。茎は高さ一メートルくらいで、やや木質となる。葉は有柄で互生する。花は頭花で、九月～一一月に咲き、短日性植物である。園芸品種が多数ある。切り花用として、温室で周年栽培されている。

中国・晋時代の詩人陶淵明（三六五～四二七）の詩「飲酒」には、「菊は東籬《とうり》の下《もと》に還《かえ》る（中略）秋菊《しゅうぎく》の佳色《かしょく》有り、露にうるおいて英《はな》をとる」という詩句がある。陶淵明はキクがよほど好きだったものとみえ、「帰去来辞」という詩にも、故山に帰って酒を楽しみキクを愛すと詠んでいる。

丹羽鼎三博士によれば、わが国においてキクが鑑賞されはじめたのは天平のころ（七二九～七四八）で、中国から入ってきた。『万葉集』にはキクの和歌は一つもないが、平安時代初期に編まれたわが国最初の漢詩集『懐風藻』には、菊酒、菊風、菊蒲などと、菊のつく語のある漢詩が幾編かある。『延喜式』（平安初期に編修された律令の施行細則）三十七、典薬の「諸国進年雑薬」の条には、「黄菊花」がみえ、薬用と

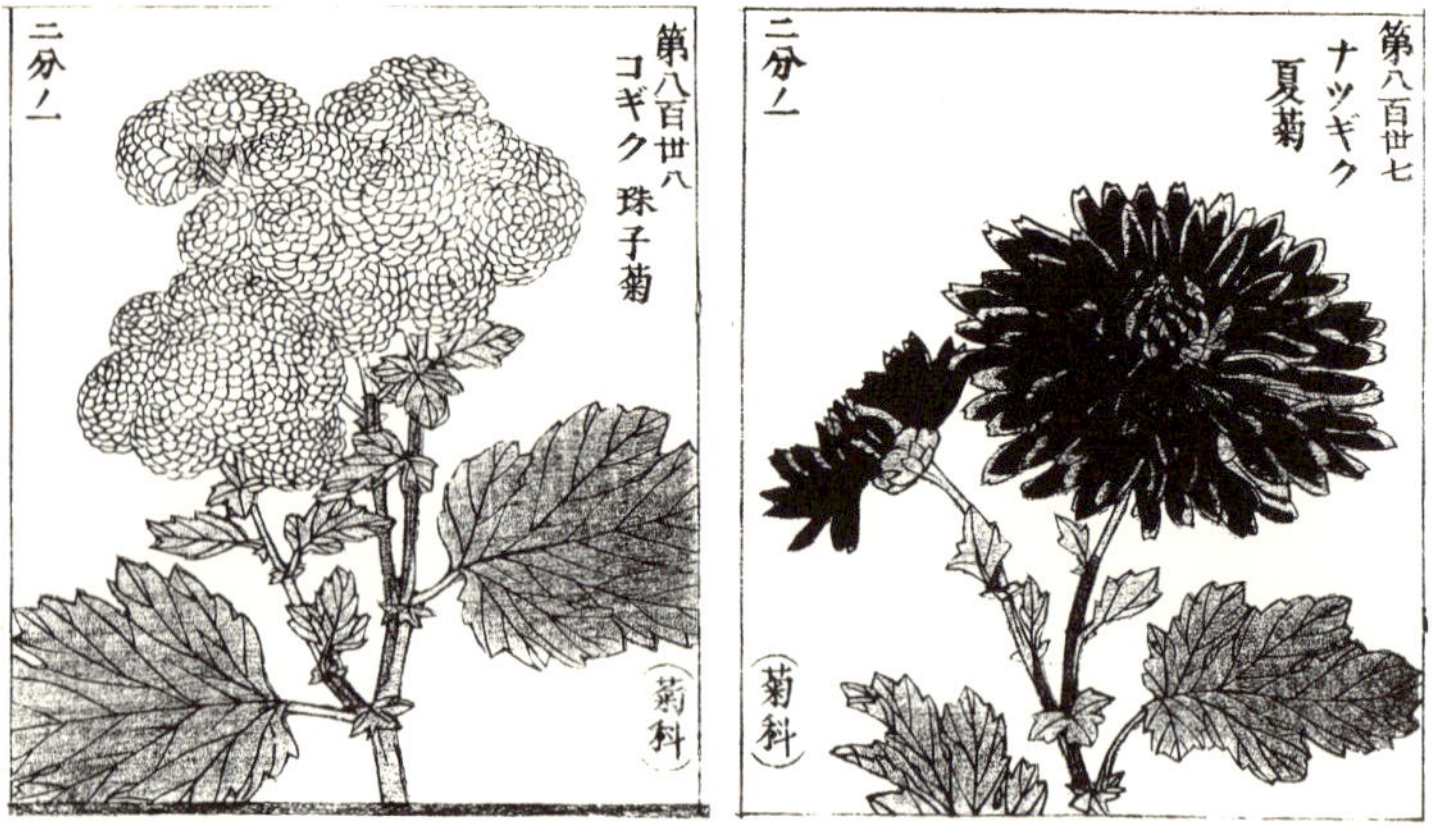

新・秋の七草の一つにキクがあるが、キクは園芸品種が多数ある。また野生のキクもあるので、どの範囲をいうのか明確ではない（『有用植物図説』明治 24 年刊より）

してつかわれていたことがわかる。

また、長寿延年の花とする中国の思想により、重陽の節句（九月九日）には、キクのきせ綿で身体を拭い、老いを拭い去る風習が延喜年代（九〇一～九二三年）以前にあったことは平安前期の歌人紀貫之（八六八頃～九四五年頃）の家集『貫之集』（成立年不詳）にもみられることから明らかである。『源氏物語』には、「菊いと面白くうつろひ渡りて、風にきほへる紅葉のみだれなど、あはれとげに見えたり」（帚木）など二〇例におよんでいる。

平安時代の宇多天皇が寛平年間（八八九～八九七年）の九月九日に、宮中で「菊合せ」の歌会をおこなっている。当時のキクはまだ貴人や文化人などのもので、庶民からは遠い存在であった。いつしかそれが洩れ出でて、鎌倉時代には重陽のキクの宴が武家にひろがり、室町時代から江戸時代に至っては一般庶民にもキクが植えられるようになった。キクの花を浮かべた菊酒を飲み、キクをかざり寿命が延びることを祈念するようになった。菊合わせ、菊の節句などが各地で行われ、菊細工なども大がかりになり菊人形展となって現在に至っている。すがすがしい香りが好まれ、仏花の代表でもある。

春に咲く梅花を「花の兄」とし秋の菊花を「花の弟」とよぶ。秋の菊花のふくいくとした香りと、花の上品さが日本人の心にとけこみ、梅花と同様に中国渡来の植物ながら、まさに日本の植物として人びとに評価されている。鎌倉時代になって後鳥羽上皇、後深草・亀山・後宇多天皇は、キクを皇室の紋章として用いられていたが、明治二年（一八六九）に太政官布告で菊花紋を皇室の紋と正式に定められた。

江戸時代中期の正徳・享保のころ（一七一一～一七三五年）には、キクの栽培熱が高まり、京や江戸で「菊合せ」が流行した。平安時代のキクの花を見て歌を詠み、その優劣を争うのではなく、現物の花を見せ合い金銭を賭けてどちらが良いかを競うものであった。その結果、キクの品種や系統の改良、新種の育成、栽培技術などを飛躍的に発展させていた。花の径が一尺三寸（四〇センチ）という大菊もこのころに出現した。

菊の香やならには古き仏達　芭蕉
今生の白菊にほふ別れかな　佐藤国夫
菊作り一途に生きて美しく　田辺粧洋

オシロイバナ（御白粉花）

オシロイバナはオシロイバナ科オシロイバナ属の多年生の草本で、南アメリカが原産地である。ユウゲショウ（夕化粧）ともよばれる。江戸時代初期に日本に入ってきており、通常は草花として栽培されているが、しばしば海岸地方では野生化している。根は肥厚し、皮は黒色である。茎は緑色で太く、節が太く、さかんに枝を出してひろがり、高さ一メートルぐらいになる。夏から秋にかけて、茎の上に短縮した聚散花序を出し、紅、黄、白、絞りなどの花が夕方から開き、翌朝にはしぼむ。香りがよい。英名でのフォアー・オクロックという名は、夕方四時に開花するとの意味である。夏の夕涼みに涼をあたえてくれる花である。

日本名のオシロイバナ（御白粉花）は、果実は黒色で種皮は堅く、なかにある胚乳《はいにゅう》が白く粉状で、お化粧にもちいられる白い粉の「おしろい」のようであることからついたものである。『広辞苑』は、胚乳をおしろいの代用としたと記している。夕化粧の名は、美しい花が夕方に開くことからつけられた。

貝原益軒は『花譜』巻之下（一六九四年）の七月の項で、「花黄赤二種あり。正月二月にたねをうふ。甚茂盛す。ふる根も又生ず。泥土によろし。七月に花開く。秋ふるくまで花あり。昼はしぼみ暁にひらく。子《み》は胡椒のごとし。うちに白き粉あり。黒泥をそそげば盛長《さかりなが》し、花多し」と記している。しかし、花の咲いている時間については、暁にひらくなどと、誤りがある。

種子は手りゅう弾のような形をした黒いもので、四～五月にまけば、簡単に生える。大株となるので、三〇～四〇センチ間隔で植える。花期は八月～晩秋までとながい。主として家庭の花壇向きである。

夜嵐の名残もしるくうつむけに倒れて咲けるおしろいの花　正岡子規
すっきりと晴れ白粉花の咲きはじむ　武井規子
白粉花の匂へる袋小路かな　吉田ひろし

イヌタデの赤い花穂が赤まんま

イヌタデ（犬蓼）、俗に「赤まんま」または「赤まま」と云われる。原っぱや道ばたによく見かけられるタデ科タデ属の一年草である。高さはせいぜい三〇～四〇センチ、茎は紅紫色、葉は細長く先が尖っている。夏から秋にかけて、紅紫色の細かな花が集まった小さな穂をだす。この花は花弁がなく、紅紫色の部分は萼《がく》であるという。

イヌタデのイヌとは、似て非なるものをいうことばである。タデのたぐいには香辛料となるものがあるが、イヌタデは辛味がなくて食べられないので、本物でないとしてイヌの文字が加えられたのであろうか。

もともとタデ科のタデ属は世界に二〇〇種、そのうち日本に自生しているものは約五〇種におよぶが、食べて辛い味がするものはただ一種である。川岸、湿地などの水辺に生えるヤナギタデ（柳蓼）とその変種・品種だけである。他の種類は、タデと名がついているが、茎葉も辛くない。

魚あるいは鳥肉などを食べるとき、タデの芽や若葉、あるいは花穂を生のまま、またはすこしばかり加工してあしらうと、肉毒をふせぎ、悪臭を消し、味をだんぜん引き立てる。タデを香辛料として用いたのは奈良時代以前からだといわれている。現在でも、タデは芽タデ、若タデが刺し身のツマに、若葉をすって酢でといたタデ酢は鮎《あゆ》などの川魚の焼き物に、花のついた穂タデは秋祭りの鯖鮨《さばずし》などの添え物とされるのである。

赤い花穂のイヌタデの群落。路ばたでよく見かけられる雑草的存在である。

タデについて『和訓栞』（谷川士清著、一七七七〜一八八七年刊）は、「爛《ただ》れの義、辛辣《しんらつ》をもて、口舌の爛れが如きをいふ」とあり、『成形図説』にも「多泥《たで》　蓼の総名也　タデとは其の辛辣《からみ》の手掌《たなごころ》もて人を打つをタテルというが如き此のものの味　人の口をしびれ痛ましむるが故に名に命ずるといへり」とあり、この植物の語源がその辛味を賞したものからきたことを記している。

したがってタデといえば、みな辛いものという印象がつきまとっている。このことがあまり好まれないものの例としてつかわれ、「タデ食う虫も好き好き」、「タデ食う虫は辛きをしらず」などということわざさえ生まれている。都々逸《どどいつ》に「悪くもあろうが要《い》らざるお世話　好けばタデさえ虫が好く」という粋なことばがあり、人によって好みがそれぞれ異なっていることを、タデでもってたとえている。

辛い味がするヤナギタデは、日本全国の河川の川岸や河原、湿地や水辺に生える一年草である。高さ四〇～六〇センチ、秋のころ枝先に穂状の花穂をだし、少し紅色を帯びた宿存萼《しゅくそんがく》（萼が結実の時になってもなお残っていることをいう）のある白色小花をややまばらにつける。変種や品種は多いが、この系統はみな全草に辛味があるため、香辛料としての需要が多い。一部の品種は周年栽培されている。おもな品種にアザブタデ（麻布蓼）、ホソバタデ（細葉蓼）、ムラサキタデ（紫蓼）、アオタデ（青蓼）などがある。

このように辛味をもっているタデは、タデ属のなかで少数派なのだが、ただ食べられ、調味料とされるか否かという人の利用の度合によって、その印象がつくられているといっていい。イヌタデは、タデに似ていない植物だとおとしめられながらも、茎や葉は煎じて解毒剤や駆虫剤としてつかわれ、さらには胃潰瘍にも効くというのだから、まんざら役立たずというのでもない。

「赤まんま」「赤まま」は、粒状をした花（萼片）に包まれた実を赤飯にみたてた名前で、むかしの子どもたちはままごと遊びなどで、この花を葉っぱの器に盛ったりしていた。

詩人の中野重治は「歌」という一六行の詩の冒頭で、「赤まま」のことを次のようにうたう。

　お前は歌うな
　お前は赤ままの花やとんぼの羽根を歌うな
　風のささやきや女の髪の毛の匂いを歌うな

このようにうたい、詩を書く場合は、かわいくなよなよと気を引かれるところのある赤ままや、トンポの羽根のようなものをうたうのを禁じ、「もっぱら正直なところを、腹の足しになるところを」歌えと、自分への課題としてうたっている。

伝えられるところによれば、明治・大正・昭和を通じてロマン主義文学に独自の境地をひらいた泉鏡花の絶筆は、九月初旬に枕元の手帳に書かれたつぎの句であるという。

露草や赤のまんまもなつかしき

赤まんま・赤ままは明るい秋の日差しのもとで群がり咲くなんでもない花であるが、なにかしら郷愁をさそう花であり、初秋の季語とされる。

たたずみてわれは見にけり裏の人の赤のまんまを鉢に植えたり　三ケ島葭了

此辺の道はよく知り赤のまゝ　高浜虚子

思い出はこんな花にも赤のまま　西せつ子

わが心やさしくなりぬ赤のまま　山口青邨

犬蓼の花に水落ち石出たり　村上鬼城

タデの仲間には、他にボントクタデ（愚鈍蓼）、ハルタデ（春蓼）、サクラタデ（桜蓼）、オオケタデ（大毛蓼）などがある。いずれも茎葉は辛くない。

日本人を魅了したコスモス（秋桜）

秋の空が高く澄みわたったころに咲くコスモスは、キク科コスモス属の一年生の草本である。コスモスとはギリシャ語で、美しいという意味であり、属名がそのまま標準和名として用いられている。アキザクラともオオハルシャギクともいわれる。アキザクラは秋桜の意味で、群生して咲くようすが桜の花に似ているからである。むかしからよく用いられており、地方によってはこの名のほうが通用するところがある。

メキシコ原産で、鑑賞用草花として花壇などによく植えられる。茎は大きく、まばらに直立し、高さ一・五〜二メートルくらいになる。葉は対生で線状に細裂する。秋に茎の上部で分枝し、その頂に大輪(径六センチ内外)の白色、または淡紅色、ときに深紅色などの可愛らしい美しい花をさかんに開く。

秋桜は明治一二年(明治一〇年説もある)に東京美術学校に教師として来日したラグーザが、秋桜の種子を持参したのがはじまりとされている。この花は日本人の美意識をくすぐり、急速に普及して明治の末ごろには、全国的に栽培されるようになったという。こぼれ種でも繁殖できる強い性質をもっている。コスモスの種類は多く、アメリカ大陸からメキシコにかけて、二〇〜二六種もあるという。

明治期に渡来したコスモスだが、日本人に大変好まれ、至るところに植えられている。

そのうちもっとも多く栽培されてきたのが、秋咲きコスモスである。コスモスは別に秋咲きと云わなくても、短日性で明治の人が秋桜と名付けたように秋の一〇月ごろに咲く花であるが、改良されて五〜六月に咲く早咲き種がうまれたので、現在では秋咲きと改めて云わないと区別できないのである。コスモスが咲くころには朝方吐く息が白く見えはじめ、松山では松茸が出はじめる。松茸の産地として知られる京都府下丹波の周山地方や、広島県東部の備後地方では「コスモスの花が咲くと松茸が出初める」と云われてきた。

　秋咲きコスモスが集団となって、海原のように咲くと、すばらしい眺めである。昨今では、稲作の減反政策によって、田に稲がつくられない場所が多くなっており、そこに秋咲きコスモスが植えられ、周囲の黄金色に熟した稲と美しく調和し、見事な秋景色をつくりだしている。私の住んでいる近くにも、田に秋咲きコスモスを植えているところがある。田の畔に竹筒が立ててあり、一〇本一〇〇円と表示されているので、一〇〇円硬貨を入れて気に入った色のものを切り取って帰ることができ、毎秋の楽しみの一つとなっている。

　コスモスの一種にキバナコスモス（黄花コスモス）がある。黄色い花が咲くので、大正初年に輸入されたときは、たいへん珍しがられたが、いまではどこでも見られるようになっている。栽培されるというよりも、毎年ひとりでに生えてくるからである。

　このキバナコスモスから、千葉大学園芸学部の学生だった橋本昌幸が卒業してから一七年後に、鮮朱紅色の花を作りだし、アメリカのオールアメリカンセレクションという機関で金賞を得たことを、浅山英一は『花ごよみ　秋の花』（創元社、一九八一）のなかで述べている。

端居よりほしく見ゆる倉間のコスモスの揺れ秋づきにけり　　中村憲吉
心中をせんと泣けるや雨の日の白きこすもす赤きこすもす　　与謝野晶子
秋桜海を背負ひて古りゆく　　上枝遊里
コスモスが好きコスモスの中にをり　　中田豊助
コスモスの百万本の風の色　　古川良夫
白壁の蔵囲みをり秋桜　　須藤繁一

個人的好みの秋の七草

佐藤春夫は前にふれた随筆のなかで、ひとりの人間が一個の好みから、七様の変化と調和をみせた試みによる七草の選択もあってよかろう、といって、秋の七草を野趣を主として選んでいる。

からすうり、ひよどり上戸、あかまんま、かがり、つりがね、のぎく、みずひき

さすがに詩人で作家だけあって、七種の草花を選びながらも、五、七、五、七、七と一種の歌となっている。四番目のかがりとはヒガンバナ（曼珠沙華）のことであるが、これについては前にふれられており、読者はああそうかと納得できる仕掛けである。その前のあかまんまもイヌタデのことだと、はじめの文で説明されている。

カラスウリ（烏瓜）はウリ科カラスウリ属の多年生の蔓草である。樹上に這いのぼった蔓からに、ながらく赤く熟れた果実が残っているので、カラスが残したのだろうという見立ての名前である。雌雄異株。白い花が咲くが、花は鑑賞されることなく、もっぱら赤い実が観賞の対象となる。果実は焼酎浸けにし、その焼酎がしもやけの特効薬とされた薬草の一つである。

ヒロドリジョウゴ（鵯上戸）はナス科の多年生の蔓草である。低い山や野原の道端にふつうに見られ、赤く熟した果実をヒヨドリ（鵯）が好んで食べるからこう命名された。上戸《じょうご》とは酒好きのことをいうので、この実をヒヨドリが好んで食べることから、この名前となった。果実は球形で径約八ミリ、二股状に枝分かれしてまばらに着果し、熟すると紅色となる。佐藤春夫は、この紅色球形の果実が気に入っていたのであろう。

ツリガネとはツリガネニンジン（釣鐘人参）のことをいうが、この植物はツリガネソウ（釣鐘草）ともいわれ、キキョウ科ツリガネニンジン属の多年草である。花の形が釣鐘に、白く太い根が朝鮮人参にたと

えられたのである。若い芽はトトキといって食べられ、美味である。秋に、枝先に小花序が円錐形の花序をつくる。花は青紫色で、釣鐘形をしており、可愛らしい花である。各地の山野にふつうに生えている。

ノギク（野菊）とはキク科シオン属のヨメナ（嫁菜）の別名であるが、野に咲く菊花という意味にとるとリュウノウギク（竜脳菊）やシマカンギク（島寒菊）・ノジギク（野路菊）といったキク属も含まれる。しかし、一般的にノギクといえば、ヨメナの花だと理解するのがふつうである。伊藤左千夫の『野菊の墓』に描写されたノギクは、その花が描かれた場面からカントウヨメナ（関東嫁菜）と推定されている。この種は、ヨメナに似ているが、花はさらに濃い紫色に咲く。ヨメナは、古名をオハギまたはウハギといわれ、若苗がおいしく食べられるので春の摘み草の対象とされており、秋咲く花の鑑賞はほとんどされてこなかった。

ミズヒキ（水引）はタデ科タデ属で、山地や山すその林縁などに多く生える多年草である。夏から秋にかけて、茎の先から数本のムチ状の細長い花軸をぬきだし、まばらな穂状の赤色をした小花をつける。見栄えのしない花だが、花穂が水引にたとえられ命名された。野趣味があり、これを好む人もわりあい多い。

マミフラワーデザイン主宰のマミ川崎は、『花と暮らす・花と遊ぶ　秋・花づくし』（講談社、一九九二年）の中で、私好みの秋の七草として、「吾亦紅《われもこう》、鶏頭《けいとう》、葛《くず》、秋桜《こすもす》、女郎花《おみなえし》、紫式部《むらさきしきぶ》、洋種山牛蒡《やまごぼう》を選び、生け花などに使っている」と述べている。

これは従来の秋の七草のうちクズとオミナエシを残し、あらたに秋の草花の代表五種を選んだものである。選んだ理由は、ワレモコウは以前からなぜ七草に加えられなかったかというこだわりがあったからである。ムラサキシキブは、秋といえば実ものが豊富な季節なので実ものの代表としてこれを選んだ。ケイトウは、この季節ならではの華やかな色とテクスチャーを持ちそなえていることから選んだ。コスモスは美しい日本名をもつ秋の花の代表とした。洋種ヤマゴボウは、マミ川崎にとって身近なもので、玄関脇に見事に生長するので、毎年秋に一度は手にとらずにはいられないからだ、というのである。そしてマミ川崎は、季節を通して巡り合うそれぞれの花に対して、それぞれの人がみな異なった思いをもっているのが当然だから、花のデザインもこれでなくてはいけないというものは何もないという。

古典的な（憶良が詠うところの）秋の七草は、一輪一輪を極みとする茶花でも別格とされ、やや大ぶりの籠に七種すべてを生けて、花野を再現することもしばしばあるという。まとめて生けても、楚々とした雰囲気を古典的な七草は失わないからである。茶花としてもそうであるが、家庭の洋間などでは、たっぷりと投げ入れなどで使って、大人の優雅さを楽しむことができる。家庭などでは、マミ川崎のように、自分好みの秋の七草を選んで楽しむことも、生活に張り合いをもたせる工夫の一つではなかろうか。

秋の七草の歌を二つ紹介しておこう。

はじめの歌は、『夫木和歌抄』（藤原長清撰、一三一〇年頃成立）巻第十一・秋部・二の秋花に収められている正治三年百首の一つである。つぎの歌は、近代になっての歌人の歌で、『伊藤左千夫全短歌』（岩波書店、一九七六〜七七年）に収められている。

なつ野をはおなしみとりに分しかとあきそおりつるなゝ草の花　　前大納言隆房卿

七草は、今や咲かむと、色ばめと、菊は蕾を、いまだ結ばず　　伊藤左千夫

薬用秋の七草

以上のほか、平凡社『大百科事典』は、「薬用秋の七草」として、オケラ（白朮）、クズ（葛）、キキョウ（桔梗）、マンジュシャゲ（曼珠沙華）、リンドウ（竜胆）、ヤマトトリカブト（大和鳥兜）、ミシマサイコ

（三島柴胡）が選ばれたこともあると記している。

オケラは、漢方ではこの地下茎を白朮《びゃくじゅつ》といい、健胃、利尿薬に応用されている。漢方の配合薬として重要視されて広く応用され、元旦の屠蘇《とそ》酒に入れる屠蘇散《とそさん》にもこれが加えられている。

クズは中国でも日本でも葛の字を使っている。薬用部分は根で、主として発汗、解熱剤として応用され、風邪で悪寒《おかん》があるが汗がなく熱があるときなどに、葛根湯《かっこんとう》をつかう。

キキョウは、漢字では桔梗と書く。一般に鑑賞用として植えられたり、生け花とされるが、その根は去痰剤（痰をとる薬）とされる。

マンジュシャゲ（曼珠沙華）は彼岸花ともいわれ、漢名は石蒜《せきざん》という。有毒の草であるが、根部の汁を腫物疥癬《しゅもつかいせん》、頑癬《がんせん》、白禿頭に塗布する。

リンドウの漢名は竜胆《りゅうたん》である。根を苦味健胃剤として消化不良、食欲不振などに用いる。花は鑑賞用とされる。リンドウはリンドウ科リンドウ属のやや乾いた山地や高地にはえる多年草で、花時は九月～一一月となっている。高さは三〇～八〇センチとなる。よく整っていて雅やかな青紫の花は、日本の秋の野の名花の一つに数えられる。まわりの花が枯れるころまで咲いており、枯れ草のなかの青い花は、それはそれは美しいものである。なぜ秋の七草に選ばれなかったのか、ふしぎに感じられるほどである。花は天候の悪い日や、夜には閉じられる。

ヤマトトリカブト（大和鳥兜）はトリカブトの一種であり、トリカブトの漢名は烏頭《うず》である。花は紫色または白色であり、その形が鶏冠《とさか》に似ているのでこの名がある。きわめて有毒なのでみだりに用いてはならない。漢方の重要薬で、神経痛の痛み止めとされる。ヤマトトリカブトはキンポウゲ科トリカブト属の多年草で、わが国にはトリカブトの仲間は約三〇種あり、この属のものはすべて有毒である。人を殺すこともできるが、人の生命を助けることもできる力をもった植物である。

ミシマサイコは、柴胡と漢字で書かれる。根が解熱に効があり、また胸のつかえを治し、呼吸器病、肋膜炎、間歇熱《かんけつねつ》、マラリア、黄疸《おうだん》、胃腸病に用いられる。ミシマサイコ（三島柴胡）はセリ科の多年生草本で、山や野に多く生える。むかし静岡県三島から、この生薬材料を出したのでこの名がある。

第二章　ハギ（萩）　日本の秋の野を代表する花

万葉人行楽の一つ、萩の花見

ハギ（萩）は秋の花の代表として最も親しまれ、『万葉集』の山上憶良の秋の野の歌により、秋の七草の一つとして知られる。『万葉集』では、ハギを詠みこんだ歌が一四一首（一三七首とも）みられ、『万葉集』中に登場する一六〇種の植物の中では最も歌の数が多い。萩はわが国で作られた漢字であり、漢名としての萩はカワラヨモギにあたる。

ずっとむかしのわが国の人たちは、ハギを秋の季節を代表する花と認めて、秋に草冠をつけて称えたのである。万葉時代には、「芽」または「芽子」と書いてハギと訓《よ》み、ハギの花が咲くのを心待ちにした。さらには、ハギは里山の代表的な低木であり、牛馬の飼料に、あるいは田畑の緑肥として、よく刈り採られていた。刈り採られたハギの古株からは、すぐに芽が出てきた。

紀州の山村などでは、刈りとられたハギの若芽のことが「萩の若とう　菜《な》種《たね》の二葉《ふたば》」と近年までいわれていたが、これは恋の〈謎ことば〉である。これは「可愛らしい」という意味を表すもので、「若とう」とは若芽のことである。夏のあいだ朝草刈りにでかけると、ずっと以前に刈りとったハギの古株から、

ハギは日本の秋の野の花の代表とされてきた花で、里山の花でもある。陽性の低木で、人目につきやすい林縁や野を生活の場としている。

若々しい芽が吹き出しているのを見ることができる。それはまことに可愛らしいものである。

『万葉集』巻十・秋の雑歌「花を詠める」との題がつけられたなかから、当時の人びとが萩の花の咲くのを待ちかねている様子を詠ったいくつかの歌を掲げる。

わが待ちし秋は来りぬしかれども萩の花ぞいまだ咲かずける　（二一二三）

この夕べ秋風ふきぬ白露にあらそふ萩の明日さかむ見む　（二一〇二）

秋風は冷しくなりぬ馬泣《な》めていざ野に行かな萩の花見に　（二一〇三）

沙《さ》額田《ぬかだ》の野辺の秋萩時なれば今盛なり折りてかざさむ　（二一〇六）

秋田刈る仮盧《かりほ》の宿《やどり》にほふまで咲ける秋萩見れど飽かぬかも　（二一〇〇）

この和歌を引用した岩波文庫版の『万葉集』では、「芽」または「芽子」とはせず萩としていたので、本書ではそのまま用いた。なお、萩の字が初めて現れるのは平安時代に源　順《みなもとのしたごう》が編んだ『倭名類聚抄』（承平年間・九三一～三八）と云われ、平安時代中末期以降はもっぱら萩の字が用いられるようになった。

『万葉集』から五首の歌を掲げたが、一首目は、秋は来たけれどハギの花は未だ咲いてこないと、待ちに待っている様子がうかがえる。二首目になると、今日の夕方秋風が吹いたので、明日はハギの花が開花するだろうと、期待を弾ませている。三首目は、秋風がもうすっかり冷えてきたので、馬を連ねて野に咲くハギの花見にでかけようと、行楽の楽しみに心を弾ませているようすが詠われる。

当時の花見は、春には梅花を楽しみ、秋にはハギの花を楽しむものであった。宮勤めの人たちが、馬首をならべ、春日野に、あるいは高圓山《たかまどやま》へと出掛け、秋の一日を楽しんだのである。春日野は平城京の東側にある野をいい、高圓山はさらにその東側にある山をいう。そして四首目の歌のように、盛りのハギの花を手折って頭挿《かざし》としてつかい、野の精気を取り入れていた。

ハギがたくさん生育している所は、山田の周辺などで、稲の生育をさまたげる日陰をつくらせないため、田からある一定の幅をもった山地側は高木となる樹木が伐採されており、低木や草類がもっぱら生育し陽光がよくあたる場所である。そこには万葉時代には稲が稔《みの》りかけたときに害を及ぼす鹿や、猪などの野獣から大切な稲を守るため、仮小屋がつくられていた。野獣の襲来の見張りのため仮小屋に宿っていると、あたり一面からただよってくるハギの香りでむせかえるけれども、ハギの花はいくら見ても見飽きることもない、と五首目の歌は詠ったのである。

万葉時代からハギは庭に栽培した

野に咲いているハギの花はこのように、野外で多く鑑賞されたのである。しかしながら、「白露のおかまく惜しみ秋萩を折りのみ折りておきや枯らさむ」（『万葉集』巻十・二〇九九）と詠まれているように、花見に出掛けた土産にと、手折った花をわが家に持ち帰り、屋内に生《い》けて鑑賞するようなことはなかった。

わが国の古来の人びとは、野生の花の美しい樹木などを賞でながらも、それだけでは飽き足らず、その時節には慈しみ鑑賞したいという欲望に抗しがたく、身近のわが家に移植するという、栽培の初期段階にすでに到達していたのである。これだけ植物が繁茂する国土にありながら、植物の栽培技術が早くから進

池の水面に垂れ下がるハギの花。いちだんと秋の風情が感じられる。

んできた原因は、こうした人びとの欲望をみたそうとするところにあったのであろう。ハギを栽培する動機づけを『万葉集』はつぎのように詠っている。

わが屋前《にわ》の萩のうれ長し秋風の吹きなむ時に咲かむと思ひて　（二一〇九）

手もすきに植えしも著《しる》し出で見れば屋前の早萩《はつはぎ》さきにけるかも　（二一一三）

恋しくは形見にせよと吾背子が植えし秋萩花さきにけり　（二一一九）

栽培の動機の一つには三首目の歌のように、いとしい人の記念や、「秋さらば妹に見せむと植えし萩……」（巻十・二一二七）のように好きな人に見せてあげるために植えることがあった。そして愛しい人との仲は恋へと連なることになり、「秋萩に恋尽くさじとおもへども……」（巻十・二一二〇）や、「白露と秋の萩とは恋い乱れ……」（巻十・二一七一）のようにハギの花と恋とが同列に詠われるようになって、ハギには恋に関係する歌も多い。

シカの発情期と秋ハギ

ハギは、秋ハギと呼ばれるように咲き始めのころ牝を求めて牡鹿が鳴きだす（発情期）ので、鹿鳴草（しかなぐさ・しかなくぐさ）や鹿妻草《しかつまぐさ》といわれる。また秋の代表的な景物の露とともに「白露に争いかねて咲ける萩」（巻十・二一一六）と詠われるので玉水草《たまみぐさ》という雅名をもつ。また雁《かり》とともに、和歌に詠まれることも多い。

奈良の都の東部にあたり、現在では奈良公園となっている一帯には古来からシカが多く、大宮人たちはシカの生態をよく観察していた。観察と実体験に基づいて、ハギの花咲くころにシカの発情が見られることを、関連づけて歌を詠った。

わが岳《おか》にさを鹿来鳴く先萩《はつはぎ》の花妻《はなづま》問ひに来鳴くさを鹿（巻八・一五四一）

さを鹿の萩に貫《ぬ》きおける露の白玉あふさわに誰の人かも手にまかむちふ（巻八・一五四七）

さを鹿の来立ち鳴く野の秋萩は露霜負《お》ひて散りにしものを（巻八・一五八〇）

妻恋に鹿《か》鳴く山辺の秋萩は露霜《つゆじも》さむみ盛すぎ行く（巻八・一六〇〇）

歌のなかにある「さを鹿」とは、牡《おす》のシカのことで、サは接頭語である。引用したおわりの歌に、発情期にはいった牡シカが牝シカを求めて鳴くことと、萩の花との関連が詠われている。そのシカは巻八に収められた「大伴宿禰家持の鹿鳴《しかのね》の歌二首」との詞書きのある歌に、「やまびこの相響《とよ》むまで妻恋に鹿《か》鳴く（一六〇二）」や「やまよび響《とよ》めさを鹿鳴くも」とあるように、山彦になって響き渡るまでシカは鳴きたてるというのである。

当時の里山には、数多くのシカやイノシシなどの大型の草食あるいは雑食獣が生息していた。秋の、稲の刈り取り時期にシカが発情するということも、だいじな稲作との関わりで知られていた。

また、ハギの花盛りの時期にはシカが発情するものだから、シカはハギを妻として訪れ寄ってくるものだとの言い伝えが生まれた。そこからの連想によるものとみられる萩妻ということばもある。ハギの花の方が妻なのだから、それを訪ねるシカは夫にあたるとして、シカの異称をハギの夫《つま》ともいう。動かないハギを妻とし、動きまわってハギを訪れるシカの方を夫とするのは、平安時代までのわが国の結婚様式にその元があった。それは妻問い婚とよばれ、女のもとに男が訪れるという形式で、夫と妻とは同居しないというものであった。

平城京東部の高圓山のハギ

『万葉集』では、奈良の都・平城京の東部にある高圓山《たかまど》のハギがよく詠まれている。高圓山という都にごく接近している山の植生をみると、痩せた尾根には松が生え、中腹以下はほとんど草や低木の生える野となり、ところどころにある疎らな松林には、ハギなどの低木類が生育しているような状況とよみとれる。尾根の代表的な高木の植生については、『万葉集』(巻十・二二三三)の歌「高松のこの峰も狭《せ》に笠立ててみち盛りたる秋の香《か》のよさ」と、やせた尾根に生える松茸を詠っていることから、松林が主体となっていたことがわかる。

中腹については、同巻二(二三〇)の歌の詞書きからハギがたくさん生育している植生であったことがわかる。

霊亀元年(七一五)秋九月志貴親王《しきのみこ》が薨《みまか》りましし時作れる歌一首并に短歌

梓弓《あずさゆみ》　手に取り持ちて　ますらをの　得物矢《さつや》手ばさみ

立ち向ふ　高圓山に春野焼く　野火と見るまで　もゆる火を　いかにと問へば

玉ほこの　道来る人の　泣く涙　(以下略)

短歌

高圓の野辺の秋萩いたずらに咲きか散るらむ見る人無しに(二三三)

三笠山野辺行く道はこきだくも繁《しじ》に荒れたるか久《ひさ》にあらなくに（二三二）と、春の野を焼く野火とみえるほど志貴親王を葬るための松明《たいまつ》の行列が続いたと詠われる。当時の秋九月が現在の太陽暦では何月になるのかは不詳だが、現在の秋九月といえば未だ樹木の黄葉期で、樹木の葉はたくさんしげっており、たとえ葬礼のためのたくさんの松明の火といえども、樹木がしげり、立木の本数が多ければ見ることはむずかしい。

そして志貴親王《しきのみこ》の葬送の歌の次に、或る本に曰くとして「高圓の野辺の秋萩な散りそね君が形見に見つつ偲ばむ」（二三三）と詠われている。それ以外にも巻八の一六〇五番「高圓の野辺の秋萩このころの暁露に咲きにけるかも」や巻十の二一二一番などでも、ハギが咲く高圓の野辺のことが詠われている。

ハギの生育する場所は、明るく陽光がよくさし込む林の中か、あるいは林の周辺である。筆者も高校生まで岡山県東北部の美作台地の生家で、農耕のために飼育している牛の飼料や、牛の寝所《ねどこ》となっている廐《うまや》の敷草、そして田畑の肥料とするために、所有していたわかずかな松林での草刈りを手伝っていた。やせた第三紀層の低山だったので生育している草の量もすくなく、草刈りしていく途中でハギの株にであうと、一気に刈り草の量が増加するため、ハギ株のまとまりを楽しみにしていたものであった。

そして、夏草を刈るころには、ハギの茎の根元はすでに木質化し堅くなっていた。それまでたくさんの草を刈り取ったのちの手鎌では切れ味が悪くなっており、相当の力をこめることが必要であった。思いもかけずズパッと刈り取ることができるなど、株ごとの刈り取り方にも対応のしかたに微妙な手加減が必要だった。未熟な、ただ力まかせに、はやく草刈りが終わらないかなと終わりのことばかりを考えていた中学生では、刈り取る草木の種類で鎌を引く力の手加減など考えることはなかった。そのため草を握る左手を、たびたび鎌で斬ったものである。いま改めて、左手にのこっている当時の鎌で斬った傷痕を数えてみ

階段状に連なる山田に接するあたりは、かつてはハギの生育地であった。現在は植林地や荒れた雑木林となり、ハギの生育に必要な陽光は奪われた。

ると、十数カ所あった。ようするに、まだ草刈り技術が未熟なせいであったのだ。だから草刈りのときハギの株に出会うと、幸せな気分になったものだ。

ハギは里山の植生

松林の中に生育しているハギとはいっても筆者の生地周辺では、松やコナラ（小楢）あるいは常緑樹のソヨゴ（地元ではフクラシという）などの樹木が多く生え、樹木が混みあった所ではハギの生育は見られなかった。松林の中でも松の成立本数が多く、よく茂ったところではほとんどみあたらなかった。その場所からすこし離れたところや、道の両脇、あるいは松林の縁にはたくさん生えていた。それだから、『万葉集』の高圓のハギの生えている場所の植生と、筆者の生家の松林とほとんど同じ植生だと考えられるのである。

ハギの生育地は、ワラビ（蕨）の生育地と重なっていた。このことを賀茂真淵の次の歌がよく示している（『賀茂翁遺草』（一七五四年刊、巻の二）。

早　蕨

いざけふは萩のやけ原かき分て手折て見む春のさわらび

歌の意は、ハギが繁茂していた春の野に、火を入れて焼き払った跡の、くろぐろとした地面を掻き分けるようにして歩き、春の息吹である早蕨《さわらび》を採ってこようというのである。春の野焼きは、草山に生育する草類がよく生育するようにと、その養分をつくり出すことと、草刈りするとき邪魔になる茨《いばら》や灌木などの侵入をふせぐことが目的であった。ハギは灌木であるが、ほとんど草と同じように取りあつかわれていた。

近年、かつてハギが生育していた山地のほとんどは、里山と呼ばれるようになった。しかしながら、昭和三〇年代における燃料革命と肥料革命によって、里山で生育している樹木も草類もほとんど利用されなくなった。そのことから、利用率の低下に比例して山林からの収入はほとんど得られなくなり、所有者は土地をただ保有し、税金を納めるだけという事態となった。

所有していても無用のものとなり果てた里山は、当然の結果として草刈りはもちろんのこと、収入を見込んで植えたスギやヒノキの人工林の間伐などの手入れは放置された。人工林もふくめて里山に生育している樹木も草も、人間による生育阻害の影響がなくなり、自然の摂理のままに繁茂しはじめ、人が容易に入り込めない藪《やぶ》状態となっている。

そのため、生育に十分な陽光を必要とするハギやオミナエシ、ススキなどの秋の七草（そのうちのクズは別格）は、繁茂する樹木に必要な陽光を奪われ、しだいに姿を消している。山野のハギと万葉時代から云われているが、やがてハギとは栽培される鑑賞用だけのものとなってしまうのであろうか。

ハギとは木本性のハギ属樹木

「ハギ」と通常よばれるけれど、マメ科ハギ属に属している落葉低木のことではあるが、特定した一種類の植物をさしているのでもない。それではハギ属の総称かというと、そうでもない。ここのところは、すこしややこしい。

秋の七草の一つとされているハギは、ハギ属の中において古来から日本の山野に生育している種であって、そこで愛でられたり、あるいは人が楽しみのために造成した庭等で栽培してきた一〇種類くらいの植物に要約することができる。

ふつうハギとよばれ愛好されているものは、ハギ属の中でも木本的な習性をもつグループ（ヤマハギ節、東アジアだけに分布している）に属するものである。別に草本的習性をもつグループ（メドハギ節、イヌハギやメドハギを含み、北アメリカにも分布する）があるが、こちらのグループはあまり鑑賞価値がない。

余談だが最近、筆者が住んでいる大阪府枚方市のマンションの庭で、多年生草本のヌスビトハギ（盗人萩）の花を鑑賞とするためであろうか、その周辺の雑草をきれいに整理してヌスビトハギだけが残されている状態のものを見ることができた。それだけでなく、京都の円山公園でも見かけた。

ヌスビトハギは秋に葉腋から長い花軸をだして総状花序をつけ、淡紅色あるいは白色の小型蝶形花をまばらに咲かせる。ヌスビトハギの名前は、泥棒が室内に侵入するとき、足音のしないように足の裏の外側をつかって歩くその足跡に、豆果の形が似ているというのでつけられたものである。しかし、よくみれば

写真は草本性のハギの仲間であるヌスビトハギ。通常「ハギ」とよばれるのは木本性の種であるから、これは「ハギ」とは認められない。

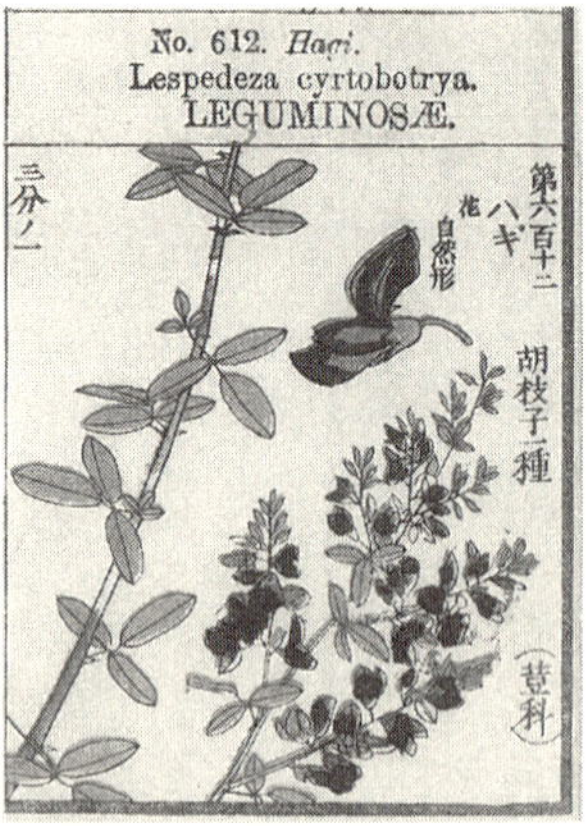

ハギの花は小さいが、茎上部に総状花序にまとまって次々に咲く（『有用植物図説』）

楚々《そそ》として、愛すべき花でもある。ふだん野生の植物と接触していない人には、これもハギの花として受け入れられるものなのかも知れない。どこにでも生育できる生命力の強さがあり、やがて改良され、マンションなどのベランダで栽培されるようになる可能性もありそうだ。

秋の七草の一員としてハギと呼ばれている代表的なヤマハギ節のものを掲げると、キハギ（木萩）、シラハギ（白萩）、チョウセンキハギ（朝鮮木萩）、ヤマハギ（山萩）、ミヤギノハギ（宮城野萩）、ニシキハギ（錦萩）、マルバハギ（丸葉萩）、ツクシハギ（筑紫萩）などである。

本項では、特定の場合を除いて古来から愛でられている木本的習性のグループをハギとして扱う。奈良や京都付近に野生しているハギは、ヤマハギとニシキハギであるから、古代にハギといわれたものはこの両者であろうと見られている。

ハギは日当たりの良い山野に生育し、東アジア、北アメリカの暖温帯を中心に約四〇種分布している。低木で、枝には三つの小葉からなる葉が互生する。葉が芽吹く直前に、小さな鱗片状のものが枝に目立つが、これは托葉《たくよう》である。開花はふつう夏から秋にかけてであるが、どの花木よりも遅くまで花を咲かせ続ける。花は小さいが、茎上部の葉の腋《わき》から出た総状花序にまとまってつき、つぎつぎと咲いていくためによく目立ち、その結果として木全体での花期が長く続くが、花の一つ一つにおける寿命は数日で、他の樹木の花とほぼ同じ寿命である。

ハギの平均開花日の日最低気温の平均をみると、北海道では一六℃、東北地方や中部山岳地方では一八℃、山陰地方で二〇℃、近畿から九州地方では二二℃と南にいくほど高温となっている。

代表的なハギの仲間

ヤマハギ（山萩）は日本全土に見られる。しばしば伐採跡地や道路の法面《のりめん》のような、日当たりの良い場所に群生している。ヤマハギはマメ科の多年生草状木本で、高さ一メートル以上になり、叢生《そうせい》して枝を分かち、幹は冬も枯れない。葉は一柄三小葉で、葉が茂ると枝がしなやかに曲がって、少しの風でも波打つようになる。初秋に小さい蝶形花をつける。濃いところと淡いところがある紅紫色で、それがほどよく集まって穂をつづるので、いっそう美しく見える。

鑑賞用として人家に栽培されている萩は、ふつうミヤギノハギ（宮城野萩）が多い。この種の花は、ハギの仲間ではもっとも優美なものであり、花が早いものは夏に咲き出すので一名夏ハギの名があるが、秋に盛んに咲くものである。花色は紅紫色が普通だが、白色種もある。

キハギ（木萩）は、各地の日当たりのよい山野に生える落葉低木である。高さ一・五～二メートル以上にもなり、幹の直径は四センチに達することもある。夏に葉腋から一～三個の総状花序を出し、淡紫白色の蝶形花をつける。野萩ともよばれる。

シラハギ（白萩）は、元来は朝鮮半島の自生種といわれているが、古くから人家に植えられている落葉性の草本状低木である。高さ一・五メートルぐらいになる。茎は根元から束生し、多少しだれて大きな下部となる。花は白色または紅紫色、まれに白と紫がまじり、ミヤギノハギよりも大型である。また岡山県と兵庫県にはビッチュウヤマハギ（備中山萩）といって、シラハギより多少花の小さなものがある。

マルバハギ（丸葉萩）は、各地の山野に生える落葉低木で、高さ二メートルくらいになる。多くの枝を分枝し、枝は伸びて開き、垂れ下がり、あるいは直立する。秋に葉よりも短い総状花序を葉腋から出し、紅紫色の旗弁、濃紫色の翼弁、淡紫紅色の竜骨弁をもった蝶形花を密生して開く。葉の小葉はヤマハギにくらべると丸く、先端は円形である。

ハギは低木で、生長しても、ヤマハギ（山萩）、キハギ（木萩）、マルバハギ（丸葉萩）、ツクシハギ（筑紫萩）、ニシキハギ（錦萩）、ミヤギノハギ（宮城野萩）もそれぞれ高さ二メートルくらいでとまる。

しかし、本居宣長の随筆集『玉勝間』（一七九五～一八一二年に刊行）十三には、「萩の大木の事」と題され、おどろくほど大きなハギについて記されている。陸奥《みちのく》の宮城野あたりのハギは、高さ二丈（約六メートル）余りになるものが多い。また同国津軽の弘前の二里（約八キロ）ばかり先のところにあたる大鰐《おおわに》（現・青森県大鰐町）の、大日堂前の林の中にあるものは十余丈（三〇メートルを超える）ばかりの高さで、囲みが四抱えもの一本の大木である。みれば、葉も花もすべて萩である。薩摩国にも萩の大なる木があると、ある物に記されていると述べ、文末に「まことにや」と疑問のことばを記している。

また明和年中（一七六四～七二）にまず一〇〇巻が成ったとされる都町奉行与力の神沢杜口《とこう》の『翁草《おきなぐさ》』巻第一三「宮城野の萩」の項は、また別の説を述べている。それは、宮城野の萩は木萩《きはぎ》で、灌木のようで、普通の草萩とは異なって弓などを作る樹であるとしている。また本荒《もとあら》小萩というものは、梢《こずえ》に青い枝が出てその枝に花が咲くことから、本《もと》が現れないという意味で下の言葉を省略したものであろうか、とも述べる。「本荒《もとあら》」とは、草木の根ぎわがまばらなことをいうが、一説には本《もと》の方に花も葉もなく荒れた状態をいうとされる。

また、同書同巻の「山萩」の項は、山萩は北国の山中にある木で、花は白あるいは白紫や咲き分けなどがある。その大きいものは大凡《おおよそ》の柱となるほどの木であると、宣長の『玉勝間』の説を支持している。

タテヤマハギ（立山萩）という名前の萩がある。牧野富太郎博士が命名したもので、富山県立山（標高三〇一五メートル）の登り道にあたる立山温泉の前にあるハギのことである。牧野博士は、『植物一家言』

（北隆館、一九五六年）のなかで、次のようにいう。

その花が極めて美しく、見事なものであった。右のハギの花が、余りにも美麗であったゆえ、私は左の感吟を敢えてしてみた。

立山の萩の本種麗しく咲き誇りたる立山の秋

この萩の苗を、立山から採ってきて、東京・東大泉町の自庭に移植してみたが、よく育たず、枯れたのでさらにこれを越中富山にいる友人・進野久五郎君に頼んで、採って送って貰ったところ、充分に繁殖せずして、同じく枯れてしまったのは残念である。

牧野博士は立山という高山に育つハギを低地の東京に移植したのだが、温度や湿度が異なる都市環境にあるため順応できず、枯れたのである。「やはり野におれ、レンゲソウ」ということばがあるとおり、野生植物はそこの環境に適応して生活しており、異なる場所への移動は死をもたらすことになるので、十分に気をつける必要がある。

ハギは生け花の花材とされるが、水揚げが極端に悪いこともあって、常用されるものではないが、秋の季節感と風情を語らせる生け花には欠かせない材料とされる。枝にゆるやかな曲線をもつ宮城野萩《みやぎのはぎ》がもっとも好まれている。

東北地方では牛馬の飼料

ハギは花の鑑賞的な面ばかりでなく、家畜の飼料、はげ山や崩壊地などを復旧するための砂防用に植栽したり、民間薬として、葉を茶の代用に用い、若芽は食用とした。また、屋根葺き材料、生け垣の材料、生け花材料など、実用面での利用も数多い。

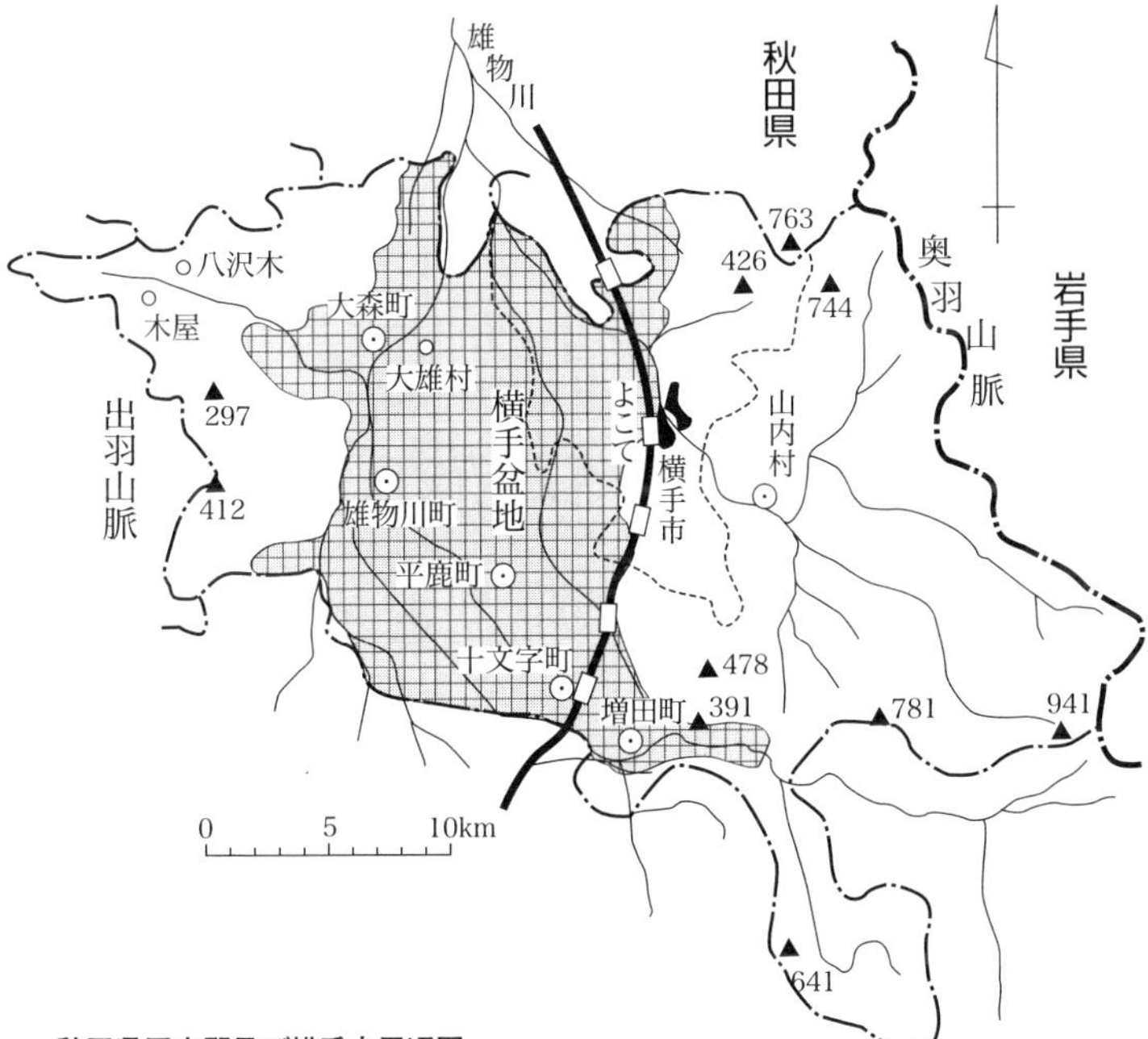

秋田県平鹿郡及び横手市周辺図
旧八沢木村は平鹿郡の最も西部の出羽山脈内にある。

萩垣《はぎがき》とは、冬季に落葉した幹枝を刈り取りこれを編んで垣としたものである。むかしは正月に備えて、毎年家の主人がみずから里山に入り、ハギの茎を刈り、家の周囲の垣を編み替えていたものである。

盆地の中心部に住む人と、山地に住む人がハギをめぐって密接な関係を結んでいたことを、野本寛一は秋田県横手盆地を事例にとりあげ『生態民俗学序説』(白水社、一九八七年)で報告している。山村の生活や里山の利用をかんがえる場合、里山に接した集落の人びとの利用や生活だけではなく、その集落と交易などで繋がりをもつ平野部の人のことも考える必要性があるのではなかろうか。

秋田県平鹿郡あたりでは、八月末から九月はじめにハギの花が咲く。

ハギの花が咲きはじめると、旧八沢木村でもっとも山奥にある小山集落の人々は、春に焼いた山へハギ刈りに入った。刈り取ったハギは五寸（約一五センチ）束にし、萱《かや》でしばり、家に運んだ。この地方の民家では冬の雪除けのため、母屋や脇屋の外側に木枠をつくり萱《かや》を結びつけていた。萱《かや》は春に取り除かれたが、木枠は残っているので、そこへ山で刈り取ったハギの束を吊るし、約二〇日ほど乾燥させた。ハギは雨に濡れると腐るので、こうして軒下で乾かしたのである。

ハギが乾燥すると、茎から葉を落とし、ハギの茎を使って径四尺五寸（約一三五センチ）、長さ三尺（約一メートル）の俵を作り、そこにハギの葉を詰め込んだ。俵は一つであっても多くの葉が詰まり、茎が余るのでこれは薪とした。俵のハギの葉は、横手盆地のまん中の大雄村から馬の餌とするため、馬の背中に米をつけ、米との交換買いにきた。山合いで田が少なく、とくに小作農家では米がなかったので、この交換は双方に好都合だった。盆地の中の人は、ハギの葉を牛馬の飼料とし、俵は薪として大切に使ったのである。

横手盆地の横手には、ハギ問屋を兼ねた炭問屋が五軒あり、平鹿郡の人たちはそこへ乾燥させたハギを運んだ。ハギの茎で俵を作って葉を詰め、一俵七〜八貫（約二六〜三〇キロ）とし、馬をもつ人は馬の背に、馬をもたない人は自分で背負った。ふつう二俵を背負った。問屋は、こうして集めたハギの葉を、山のない盆地の中の人びとに牛馬の飼料として売った。

青森県下北郡東通村目名では、毎年九月一〇日から二〇日の間に「萩の山の口明け」があった。その日は一斉に山に入ってハギ刈りをし、終わると均等に分配するのが習わしで、ふつう一戸あたり五〇〜六〇束となった。それを一〇日間ほど乾燥させて屋根裏に貯蔵し、ヨモギやヨシ（葭）などと混ぜて刻み、牛馬の飼料とした。山形県尾花沢市牛房野では、二百十日ごろのハギの花が終わり、三角の実がなるころ刈り、稲を干す前の稲架を利用して乾燥させ、牛馬の飼料とした。

ハギの名前の由来と方言

ハギの語源については、諸説がある。国学者林甕臣《はやしみかおみ》は、「ハギはハヘクキ（延え茎）の略」という。毎年古い株から芽を出すことから、ハエキ（生芽《き》）の意とする説もある。養蚕に用いる雑木の小束を束ねたものをハギとよび、それに似ているからだとする説、ハヤクキバム（早黄）の意味、ハキ（葉黄）の意味、ハリキ（刺生）の意味、ハキ（葉期）の意味、アキ（秋）の転じたもの、などである。

狩谷《かりや》掖斎《えきさい》は「其の草秋を以て華《はな》さく故に艸《くさ》に従い秋に従うての意に会す」とする。

ハギは周辺の山野のいたるところに生え、また手軽に庭に移植できるので、もっとも身近に感じられる植物であるが、方言は知名度のわりには少ない。

ハギコ・ハゲコ・ホーキ・カワラヨモギ（長野）、ハギッコ・ハギッチョ（茨城）、ハギノコ（鹿児島）、ハグシコ（福島）、ミヤギノ・ショーリャーバナ（新潟）、メドハギ・チョーセンハギ（和歌山）、トキワ（熊本）、ショロゴモ（宮崎）などである。

『播磨国風土記』では揖保《いぼ》の郡萩原《はりはら》の里の条《くだり》に、萩原と名付けるわけは、息長帯日売命《おきながたらしひめのみこと》（神宮皇后のこと）が、韓《から》の国から帰還してお上りになった時、御船がこの村にお宿りになった。そのとき一晩のうちにハギが一株生えた。高さは一丈ばかりある。それによってここを萩原と名付ける。やがてそこに御井《みい》を開発した。だから針間井というと、記されている。なお、針間井のハリには開墾の意味のハリと、ハギのことをいうハリがあり、開墾によって生まれた里であることがわかる。なお、萩原の里は、兵庫県たつの市萩原《はいばら》が遺称地とされている。

『尾張国風土記逸文』の「藤木田《はぎだ》」の条には、つぎのように「萩」での表記ではなく、藤あるいは藤木と記してハギとよませている。

藤木田

むかし、尾張の春部《かすかべ》の郡に、国造《くにのみやつこ》の川瀬連《かわせのむらじ》というものがいて、田を作っていたところが、一夜の間に藤《はぎ》が生えてしまった。怪しみ恐れて切り捨てることもしなかったが、その藤《はぎ》はますます大きくなった。そんなわけでこの田を「はぎた」という、とかいうことである。このことを菅原清公卿の書いた『尾張記』のいうところでは、「その藤《はぎ》はだんだんと大きくなって樹の如くである。ついに藤木（俗に波木《はぎ》という）田と名付けた」といっている。

ここにみられるような「藤」「藤木」を「萩」の呼び名として使った例は、ほかにはない。桜井満は「秋の七種の花」（『植物と文化』季刊第一七号、八坂書房、一九七六年）で、「おそらく国字の萩が一般化する以前の万葉仮名的な用字だったのであろう」と見解を述べている。

仁明天皇の承和元年（八三三）八月には清涼殿で、同一一年八月には紫宸殿でおこなわれた内宴を称して芳宜花《はぎのはな》の宴というと『続日本後記』には示されている。芳宜花《はぎのはな》とはハギの花の別名で、ハギのことを芳宜または芳宜草とも書かれるのである。『源氏物語』の横笛の巻にも「萩の宴」ということばが出てくる。

『源氏物語』とハギ

『和漢朗詠集』（藤原公任撰、一〇一二年頃成立）巻上の秋には、「萩」と題した項が設けられており、詩句一つと、和歌三首が収められている。

暁の露に鹿鳴いて花始めて発《ひら》く

百《もも》たび攀《よ》ぢ折る一時《いつじ》の情《こころ》（二八二）

この詩句は、暁の朝露を踏み分けて鹿が鳴き、鹿鳴草《しかなきぐさ》ともよばれるハギの花が開く。何度も何度も、一時の興にまかせてこの花の枝を引き折った、という意味である。攀《よ》ぢ折るとは、手をのばして花の枝を折ることで、これに男女の意を掛けてあるという。

秋の野に萩かるをのこなはをなみねるやねりそのくだけてぞ思ふ（二八三）

うつろはむことだにをしき秋萩に折れぬばかりもおけるつゆかな（二八四）

秋の野の萩のにしきをふるさとに鹿のねながらうつしてしがな（二八五）

はじめの和歌は、秋の野辺でハギを刈っている人は、縄のかわりに藤づるなどで「ねりそ」をつくるように、わたしはその「ねりそ」のように心を捩《ねじ》りあわせながら、人を恋いしたうのです、という意である。

近江国の名所の一つ、野路の玉川の風景。公家の背後にハギが描かれている。このように位の高い人たちもハギの花見に出かけたのであろう（『江近名所図会』巻之一）

二番目の歌は、色あせてしまうことを恐れているハギの花に、幹も折れるばかりに朝露が乗っているという意であろう。三番目の歌は、秋の野に錦さながらに咲くハギの花と、シカの鳴き声をとりそろえ、わが家に移したいものである、という意である。

『古今和歌集』（紀貫之・紀友則・凡河内躬恒・壬生忠岑撰、九〇五年または九一四年に成る）も秋という季節の景物としてハギを、シカの鳴き声、ハギの下葉の色づき、ハギと露とという組み合わせで詠っている。なかでもおもしろいのは、「秋萩も色づきぬればきりぎりすわがねぬごとや夜はかなしき」（一九八）で、夏虫のキリギリスに託して、ハギの葉も色づき秋が深まってきたので、私が悲しくて寝られないように、お前も夜は悲しいのか、と秋の深まりをハギの下葉の色づきをもって表現していることである。

また躬恒《みつね》は、以前から親しくしていた女性と秋の野で出会い、物語したときに、「秋萩の古枝《ふるえ》にさける花みれば本《もと》の心はわすれざりけり」（二一九）と、去年の古い枝にハギの花が咲いており、ハギ（私）は以前の心を忘れていない、とよびかけている。躬恒の見たハギは、草刈りのときに刈り残されたもので、去年出た細い枝に花をつけていたものであろう。それはまた、「もとあらの萩」といわれた。

『源氏物語』にハギが描写される場面は、一一例もある。そのうちに「こはぎ」が五例、「もとあらのはぎ」が一例含まれている。別に萩宴《はぎのえん》が一例ある。一一例のうち歌が六例となっている。

桐壺の巻でのハギは、帝の和歌として登場する。

帝「「程経《へ》ば、（悲嘆も）すこし、うち紛《まぎ》るゝこともや」と、待ち過ぐす月日にそへて、（悲嘆が）いと忍びがたきは、わりなきわざにてなむ。いわけなき人（若宮＝源氏のこと、数え三歳のころ）も、「いかに」と、思ひやりつゝ、（御身と）もろともにはぐくまぬおぼつかなさを、（桐壺の更衣なき）いまは猶《なお》、（源氏を）むかしの形見《かたみ》になずらへて、（内裏に）ものし給《たま》へ」など、こまやかに書かせ給へり。

帝　宮城野の露吹きむすぶ風の音に小萩《こはぎ》がもとを思ひこそやれ

とあれど、（母君は）え見給ひ果てず。

歌は、御所を吹きわたる風の音をきくと、母君（桐壺の更衣）の里においてすごしている若君（つまり光源氏）の上が思われてならない、という意味である。宮城野萩の宮城に、宮中が掛けてある。また小萩を小芽子（こはぎ）に掛けて、若宮を擬している。

この歌でいう宮城野とは、現在の宮城県仙台市の東郊にあたるハギの名所となっている宮城野のことではなく、宮中をたとえていったものである。

当時の寝殿造りの庭の前栽としてハギは必要だったようで、野分けの巻では、「南の御殿《おとど》にも、前栽繕《つくろ》はせ給ひけるに折しもかく吹き出でて、もとあらの小萩、はしたなく待ちえたる風の気色なり」とある。東屋の巻では、「兵部卿の宮の萩のなほことおもしろくあるかな。いかでさる種ありけむ」と、二つの屋形に植えられていることが述べられている。「もとあらの萩」とは、前に触れたように、去年の古枝に花が咲いているものをいい、今年生えてきた萩よりも、枝差しも竦《すく》んだように見え、茎もこわごわしく感じられるものである。

『徒然草』はハギを草とみる

『枕草子』（清少納言作、一〇〇〇年ごろ成立）は「草の花は」の段において、「萩、いと色深う、枝たおやかに咲きたるが、朝露に濡れて、なよなよとひろごり伏したる。さを鹿のわきて立ちならすらんも、心ことなり」と、その生態を見事に描写しているのであるが、ハギとシカという和歌の定形をそのまま用いている。

また同書の「ねたきもの」の段には、風流で雅《みやび》やかなハギを植えて鑑賞しているのに、高貴の人が召使いに命令して、掘りとって帰っていくことは、わびしく、いまいましいものだ、と次のように記している。

面白き萩、薄《すすき》などを植えて、見るほどに、長櫃《ながびつ》持ちたる者、鋤《すき》などひき下げて、ただ掘りに掘り去《い》ぬるこそ、わびしうねたけれ。よろしき人などのある時はさもせぬものを、いみじう制すれど、「た

ハギは毎年刈り取られるため、茎も枝も細く、草丈も短いので、むかしは草の類とよく間違えられた。

だ少し」などとうち云ひて去《い》ぬる、いかひなくねたし。

高貴な人に命令されて、召使いが長櫃をもって、他人の屋敷に入りこんで無断でハギやススキを掘り、長櫃に入れて運び去るのである。主人に勢力のあるときには、そのようなことはしないものだが、強く制止しても「少しばかり」と云って、立ち去ることほど、憎らしいものはないというのである。

『徒然草』（吉田兼好作、一三二四〜三一年）第一三九段は前半に、「家にありたき木」として松、桜、梅、柳、若楓、橘、桂を掲げ、松は五葉もよし、桜は一重がよし、梅は白か薄紅梅で一重のもので早く咲くのがよい、などそれぞれについて評を下している。そして後段で草となる。

草は、山吹、藤、杜若《かきつばた》、撫子《なでしこ》。池には、蓮《はちす》。秋の草は、荻《おぎ》、薄《すすき》、桔梗《きちかう》、萩《はぎ》、女郎花《おみなえし》、藤袴《ふじばかま》、紫苑《しおん》、吾木香《われもこう》、刈萱《かるかや》、竜胆《りんどう》、菊《きく》、黄菊《きぎく》も。蔦《つた》、葛《くず》、朝顔。いづれも、いと高からず、ささやかなる、牆《かき》に繁《しげ》からぬ、よし。この外の、世に稀《まれ》なるもの、唐《から》めきたる名の聞きにくゝ、花も見馴《みな》れぬなど、いとなつかしからず。

『徒然草』は草といいながら、今日でみれば樹木となるヤマブキ、フジ、クズを入れている。これらの樹種はその形態から、当時は草の部類と考えられていたのである。春から順に秋にかけて咲く花を列挙していったのである。秋の七草はすべて掲げられている。ここに掲げた草は、小柄で、垣に繁茂しないのが良いのだというのである。このほか、唐めいた名前のものは（たとえば、牡丹、芭蕉、薔薇《そうび》、蘭《らん》）親しみが感じられないと評したのである。

ハギの名所

『夫木和歌抄』巻第十一秋部二は、「萩」を題とした和歌一二六首を一挙に収めており、そのうち『万葉集』からは二七首が採られている。詠まれた場所は実に多く、いくつかを掲げると、邸宅や御園生に植えられたもの、屏風絵、単なる野や山、シカの鳴く野や山、単なる萩野といったように場所がはっきりとわからない歌が多い。さらには明日香《あすか》の岡、高圓《たかまど》の野辺、摂津の住吉の浜や野辺、印南《いなみ》の野、栗栖野《くるすの》、竜田山、嵯峨野、粟津野、化野《あだしの》の野辺、石上神《いそのかみ》の野辺、神南備《かんなび》(三輪山)、武蔵野の野辺、高砂、菅原の里、宮城野、み吉野、山城の内の都、交野《かたの》の野辺、小倉山、野島が崎などのように詠われた地域が特定できる歌もある。和歌に詠われた代表的なハギの名所として、つぎに引用する。

たかまとの野辺のあきはき分行けはおきなさひにも似たる袖哉　源師光（正治二年百歌）

むさしののかみなりし人まてきて萩のさきけるをみ侍しに

すみよしの浜のむらはき露もろし志はしなふきそ松のうらかせ　慈鎮和尚（住吉社百首御歌）

高圓山は奈良の平城京の東側にある山で、『万葉集』でもハギの歌はよく詠われている。住吉の浜は、現在の大阪市住吉区から堺市北部にまでまたがる地域で、仁徳天皇の時代に海上の守護神住吉神《すみのえのかみ》を勧請して祀った。墨江または住吉と書き「すみのえ」と称していたが、平安時代に「すみよし」と訓《よ》まれるようになった。住吉神社の所在地であり、大阪平野では当時、原野がまだ広がっていて、ハギやススキがたくさん生育していたのであろう。

尾張国中根村のかなえ池の堤にはたくさんのハギが生え、花の季節には大勢の人が訪れた（『尾張名所図会』巻之五、『日本名所風俗図会』別巻 2、角川書店、1984）

江戸のハギの名所

武蔵野は、関東平野の一部をなしている原野で、ススキやハギの名所としてよく知られていた。

武蔵野のむかしの萩をうつしうえ君かためとそ
この秋はまつ　能宜朝臣

歌の意は、武蔵野のむかしから称えられている萩をわが庭に移し植え、あなたに見せてあげようと、この秋を待っていると、来訪を呼びかけたものであろう。

ついでに江戸時代につくられた『江戸名所図会』（松涛軒斎藤長秋著、長谷川雪旦画、一八二九年）をみると、同書巻之七は亀戸《かめいど》にある竜眼寺《りゅうがんじ》（江東区亀戸三丁目）は庭に萩をたくさん植えて、中秋の開花のころは咲き乱れて壮観を呈し、俗に萩寺《はぎでら》と呼ばれると記している。この寺では、元禄六年（一六九三）にはじめてハギを植えたが、中絶していた。明和七年（一七七〇）住持の義海が再興し、安永年間（一七七二～八一）ころにはすでに人びとが褒めたたえるほどになっていた。庭中一面がハギでうまり、茶店が三、四軒あって、萩軸の筆や箸を売る店もあった。

また文政一〇年（一八二七）に刊行された『江戸名所花暦』（岡山鳥著、長谷川雪旦画、一八二七年）も、竜眼寺をハギの名所として掲げている。こちらの方では、明和三年（一七六六）より太子堂建立のためとして、庭にハギを数多く植えたというのである。庭の池の水は清らかであり、ハギの花ざかりには錦が連なっているようであった。文政のころは、ことさら数千叢となって、身分のある人も、そうでない人も、群れとなるほどに集まってくる。名物にハギの箸、ハギの楊枝《ようじ》があると記されている。しかしながら、床几《しょうぎ》を設けて歌や俳諧を詠むような設備をしていないので、同書には載せない、と記している。

また同書は、浅草人丸明神境内もハギの名所としており、社の前に空掘《からほり》があって、目立つところどころにハギが植えてあるので、ここは春秋ともに風情のある眺めとなっている。池のかたわらに庵《いおり》があり、日を決めて頼むときには座敷が貸し出される。そのため、風流の人びとがここに集まり、和歌や連歌の会を催すと記しているのであるが、肝心の和歌や俳句は収録されていない。

江戸の向島で梅の栽培からはじめた菊塢《きくう》の新梅屋敷は、文政年中に春や秋の七草をはじめ数百種の植物を植えて「百花園」とよばれていた。ハギは宮城野萩、筑波萩などが植えられており、ススキやキキョウなどとともにしどろもどろ（はなはだしく乱れもつれたさま）に乱れ咲くさまが、当時の文人墨客などにもてはやされ、また庶民もひっきりなしに足を運んだ。

この花園をつくった初代の菊塢は、わざわざ秋草などを見に訪れてくれた人たちのために、来園記念とすべき土産物をいろいろと考えだした。ハギの筆もその一つで、百花園に植えられたハギの手頃な枝を切って筆を作ったのである。この筆を「萩が花つま」と命名していた。幕末から明治にかけて活躍していた墨田川堤あたりに住んでいた画家の堤雨教信は、つぎのようにハギの筆について触れている。

其昔、菊塢ぬしがものしおかれたる筆に名をつけよとありければ、萩が花妻となづけて、今の梅壮の主平々翁《へいへい》にかはりて花妻と名を負《おわ》せたる此筆はいのちけながき鹿にぞありける。

ハギの枝でつくった筆がどんなものであったのか、よくわからない。

尾張国（愛知県）では中根村にあるかなえ池の堤にハギがたくさん生えており、名所となってハギの咲くシーズンには大勢の人々が訪れ、秋の風情を楽しんでいた。『尾張名所図会』巻五にそのことが描かれている。

京都御所のハギ

仁明天皇は承和元年（八三三）八月と同一一年八月に、平安京の御所で萩花の宴を催された。また清涼殿の庭にハギを植えて、向かいの部屋を「萩の戸」と名付けられた。『夫木和歌抄』に「ことわりや野原にその名高からん雲の上にも萩の戸の萩」との歌が記されている。『大言海』（大槻文彦編、一九三二～三七年）にはこの萩の戸について、「障子に萩を書きたれば云ふ、清涼殿の夜の御殿に接したる一室の名、弘徽殿《こきでん》の上御局と藤壺の上御局との間にありて、もと庭にも小萩を植えられたりと」と記している。

また清涼殿には馬形の障子がある。平安時代、宮廷絵師だった巨勢金岡《こせのかなおか》（采女正、従五位下）が馬を描いた。これについて『古今著聞集』（橘成季撰、一二五四年成る）三八四には、「昔、彼《かの》馬形の障子を金岡が書きたりける。夜夜はなれて萩戸の萩をくひたれば、勅定《ちょくじょう》ありて、其馬《そのうま》つなぎたるていにかきなさりたりける時、はなれず成にけりと申しつたへ侍《はべ》るは、まことなりける事にや」とある。

金岡は屏障画に声名高い絵師であるが、その名人が描いた馬が、同じ名人がハギの戸に描いたハギを食うという話である。絵の馬が抜け出して、庭に植えられたハギではなくて、障子に描かれた絵のハギを食

萩の寺として知られた京都・東山の名刹・高台寺での萩見物（『拾遺都名所図会』巻之二、近畿大学中央図書館蔵）

べるという、面白い話である。

さらに京都御所の庭は、ところどころにハギが植えられている。なかにはハギが多いので「萩の里」とよばれる場所もある。そこから出たハギのことを、宮城野萩という、との説もある。

現在の皇居の新宮殿にも中壺にハギが植えられ、その向かいの部屋を「萩の間」と名付けられているのも、仁明天皇の故事によるものである。入江相政編『宮中歳時記』（TBSブリタニカ、一九七九年）によれば、皇居内には山萩をはじめとして、宮城野萩、白萩、日光白萩（筑紫萩）、毛萩、盗人萩などいろいろなハギがあって、七月ごろから一〇月ごろまで次々と咲いている。なかには五月雨《さみだれ》萩のように、六月のころから咲き始める早咲きのハギもある。

京都のハギの名所

近年の京都におけるハギの名所について、『都花月名所』（秋里籬島著、一七九三年）には、大覚寺、西賀茂、小栗栖《おぐるす》野、比叡山、雲母《きらら》坂、高台寺、今熊

京都・梨本神社のハギ

野、芳春寺、山科、濘《ね》石越《いしごえ》という十カ所をあげている。なかでも江戸時代初期から有名であったのが高台寺である。

たそがれや萩に鼬《いたち》の高台寺　　蕪村

高台寺は豊臣秀吉の北の政所《まんどころ》が建立したもので、広大な庭に優美なハギが植えられていたのである。ハギの名所は現在でも高台寺、双林寺など数多くあるが、京都御所の東側にある梨本神社は毎年花盛りに「萩まつり」といって、短冊を社頭のハギの枝に結ぶ神事を行うので、とくに有名となっている。

京都の東山の一角を占めている高台寺のハギについて、京都に住んでおられた随筆家・岡部伊都子『花の寺』（淡交新社、一九六三年）から、萩の寺の様子をうかがうことができる。

> 萩がひとむらずつ、あちこちに植えられ、こまやかな紅花しぶきをあげた緑の噴水のように、なだらかな線になびいている。この高台寺付近は、深い草ぼうぼうの空地で、自然の秋草が咲き乱れた荒廃のよさを残していたらしい。寺内に植えられている萩は、奥州の名花、宮城野萩をわざわざ移し植えたものだという。萩にも種類によって、いたずらにだらしない感じのものや、おのずから正しい姿勢をもっているものや、あまり大きくならないのに、みっしり花をつけるものや、いろいろである。六月と九月、一年に二度、粒のそろった花をつける萩も、愛想のよい慰めだ。

仙台の宮城野萩も著名である。岩手県江刺郡の田植歌の一節に「せんだいのみやげの原の萩の花、咲きそろい、錦にまさる萩の花」と、その美しい花の姿を歌っている。この宮城野萩は土産ともされていたようで、宮城野のことをあえて「みやげ（土産）の」と断った歌い方がなされている。

ハギの花摺りと絵模様

古代歌謡・催馬楽《さいばら》（奈良時代の民謡を、平安時代に至って雅楽の管弦の影響によって歌曲としたもの）の「更衣《ころもがえ》」には、萩の花摺《はなずり》という言葉がでてくる。更衣とは、ふつう季節の変化に応じて衣服を着替えることをいう。ここでは古代の霊魂信仰により、相愛の男女が肌着を交換する風俗のことをいっていると見られている。この更衣は霊魂をつけて交換するので、恋愛の誓約ともなったのである。

更衣《ころもがえ》せむや
さ公達《きんだち》や
わが衣は　野原　篠原《しのはら》　萩の花ずりや
さ公達《きんだち》や

と歌われている。この「萩の花摺り」は歌語となり、『後拾遺和歌集』（藤原通俊撰、一〇八六年成る）秋上の「今朝来つる野原の露に我濡れぬ移りやしつる萩が花ずり」（藤原範永）などと詠まれている。

萩の花摺《はなずり》というのは、ハギの花を布や衣に摺《す》りこみ染めることや染まったものをいう。また、ハギの花が群れ咲いている中を押し分けて行くとき、衣が花に摺られて花色に染みたものもいう。この催馬楽《さいばら》では、「私の衣は野原や篠原を通って、自然にハギの花摺りになったものだ」と、手染めでないことを強調しているのである。

ハギは平安時代には、襲《かさね》の色目とされた。夏の「萩の襲」は、表が青で裏が赤または紫、秋の「萩の襲」は表が蘇芳《すおう》で裏は萌黄《もえぎ》である。ハギはまた平安時代以降、衣類、調度品などの絵模様に描かれた。平安時代末期から鎌倉時代にかけての絵巻物では『源氏物語絵巻』、『北野天神縁起絵巻』、『春日権現験記』『鳥獣戯画』などには秋の七草が多く描かれているが、その中でハギが多い。

王朝文化を引き継ぎ復活した桃山時代から江戸時代中期にかけての美術工芸では、蒔絵《まきえ》の秋草文様に萩が多く用いられ、硯箱《すずりばこ》、椀《わん》、手箱、鞍《くら》などに見られる。鋳金《ちゅうきん》の秋草文様では鏡、刀の鐔《つば》などに見られる。俵屋宗達、本阿弥光悦、尾形光琳たち琳派が描いた四季の草花の絵には、ハギが多く描かれている。

ハギの生育している姿は、茎が束生し、それが四方に自由に斜めになって開いている。茎は多くの枝を分かち、その先に小さな花を多数つける。この花の咲き乱れた、とりとめのない自由自在の様子が、琳派の画家たちに好まれたのである。

「遊女も寝たり萩と月」

狂言の『萩大名』は、大名がハギの花の歌を覚えられず、扇の骨や太郎冠者の臑脛《すねはぎ》によせて覚えるが、いよいよのときに「……十重咲きいずる太郎冠者の向う臑《すね》」と吟じてしまうというもので、ハギを人の脛《はぎ》にしてしまうという、ハギに因んだ風流がみられる。

播州赤穂の義士の一人である大高子葉に次の句がある。

短尺《たんざく》に萩大名や句談合《くだんごう》

人の脛《はぎ》を当てにして、句会において己の句に投票してくれるようにと、出席者がそれぞれ、自薦している様子が詠われている。

宝永元年（一七〇四）に刊行された『風俗文選』に収められた許六の「百花の譜」も、萩の花について記している。

萩はやさしき花也。さして手にとりて愛すべき姿はすくなけれど、萩といへる名目にて、人の心を動かし侍る。たとへば地下《ぢげ》の女の、よく歌よむとき〻つたへたる、なつかしさには似たり。

許六は、ハギはやさしい花だとまず断定する。けれども、手にとって、可愛いらしい、美しい、愛らしいと、褒め愛する姿やかたちはしていないが、ハギという名前によって、秋の花として心を揺さぶられるものがあるというのである。

許六の師である芭蕉は『奥の細道』での旅で、次の句を詠んだ。

一家《ひとつや》に遊女もねたり萩と月

句の意は、遊女と泊まりあわせた同じ宿の庭には、ハギの花をよく澄んだ月の光が照らしだしているというものである。

これは芭蕉と曾良が、北陸の難所である親不知《おやしらず》の険をこえ越中にはいり、すぐの市振《いちぶり》の宿に泊まったところ、ひと間へだてたところから若い女二人の声と、年老いた男の声が聞こえる。聞くと越後国の新潟という所の遊女で、伊勢参宮をするのだと云う。男はこの関まで送ってきたもので、明日はふるさとへ帰るという。翌朝、遊女は僧形の芭蕉たちをみて同行を頼んできたが、「神明の加護、かならず恙《つつが》なかるべし」と断った。しかし、しばらく芭蕉に何となく可哀想な気が消えなかったので、この句をつくり曾良が書き留めたと記している。

詩歌とハギの別名

ハギの花は総体的に目立たないが、ゆるやかな曲線を描いて斜開した細い茎と枝が風になびき、露に光る光景全体が絵画的な印象となって、和歌や俳句の題材とされた。

ハギが和歌や俳句に用いられることばに、鹿鳴草《しかなぐさ》、鹿妻草《かのつまぐさ》、鹿《か》の妻、初見草《はつみぐさ》、庭見草《にわみぐさ》、玉見草《たまみぐさ》、古枝草《ふるえぐさ》、そとな草、しはあり草、月見草、野守草《のもりぐさ》、紅染草《こそめぐさ》、水かけ草、秋遅草《あきおそぐさ》、いろ取草、ねがら草、秋ち草、かせぎ草、風草、胡枝花《こしか》、随軍茶《ずいぐんちゃ》、天竺花《てんじくか》、芽子花《がいか》、芳宜草《ほうぎそう》、ふたへ草、絲萩《いとはぎ》、から萩、さざれ萩、秋萩、白萩、初萩、野萩、真萩、小萩、もとあらの萩、乱れ萩、萩むら、萩原、萩散る、萩の下露《したつゆ》、萩の下風、萩の錦、寝たる萩、萩の戸、萩見、花摺衣《はなずりころも》、宮城野《みやぎの》などがある。

忘れ見ずたえまたえまの影みればむらごに映る萩が花ずり　藤原定家
今は世にもとの心の友もなし老いて古枝の秋萩の花　頓阿
色かはる萩の下葉をながめつつ独ある身となりにけるかも　賀茂真淵
萩寺の萩おもしろし梅雨の身のおくつきどころ此処と定めむ　落合直文
青あおとうちなだれつつ繁りたる萩一叢の庭のするどさ　宮柊二
一家《ひとつや》に遊女も寝たり萩と月　芭蕉
足元の秋の朧《おぼろ》や萩の花　蕪村
くゞらせて色々にこそ萩の露　嵐雪
野茨にからまる萩のさかりかな　芥川龍之介
踏みわける萩よすすきよ　種田三頭火
萩の花くねるともなくうねりけり　正岡子規
塀外へあふれ咲く枝や萩の宿　杉田久女
庭下駄の重きあゆみや露の萩　永井荷風
流鏑馬の杭打ち次ぐや萩の雨　永井龍男

高くあげて提灯越ゆる萩むらを　高浜虚子

昭和二二年（一九四七）に出版され第六期国定国語教科書『国語　第五学年　中』四　田園は、春、夏、秋、冬という四季の移り変わりを、田園地帯の作物や生育している植物などを通して詠いあげた。一季節七連（一連は四行）で全体で二八連におよぶ長詩である。ハギは、秋の季節の冒頭に詠われているので、関係する連のみを引用する。

萩の花ふく朝風も、
音さえすずしくなってきた。
さやまめ・とうきびよくみのり、
いももふとってくるようす。

ハギの花が、秋のきたことをしらせるまず第一の指標とされていたことが、ここからよみとれる。そしてその花に吹いてくる風も、夏のムッとするような熱風ではなく、さらさらと涼しげな音になってきたと、秋の気配を詠い上げるのである。

ハギの民俗と昔話

長野県小県《ちいさがた》郡では、八月十五夜を「萩の口明き」といって、この日から共有地での干し草を刈り取ってもよかった。しかもこの晩だけは、作物であれば何を盗んでもよかった。八月十五夜一般の民俗である。

愛媛県越智《おち》郡宮窪町大島では、喉に骨やとげがささって取れない時には、

また立ちかえる萩の古里
なむあびらうんけんそわか

ハギに稔った種子。飢饉のときはこれを精白して食料とされた。それほどハギが多く生えていたのである。

と三唱するという。

小川由一（『紀伊植物誌1』紀伊植物誌刊行会、一九七二年）によると、和歌山県熊野川町小口地区では、歯痛を治すためにハギの箸を、願かけ地蔵にお供えするという。もともとはクロモジ（黒文字）の箸であるが、ハギの箸も同じように使われたと記している。現在世界遺産として登録されたいわゆる熊野古道の一部、奈古良《なごら》集落の地内に、山の尾根が少しばかり平坦となっているところに、「ほうの木平の願かけ地蔵」が祭られている。歯痛に悩む者はこの地蔵尊に参り、ぬかずいて歯痛平癒を祈り「この願いをかなえてくださったら、クロモジの箸八膳分お供えします。それまでは決してクロモジの楊枝も箸も使いません」と堅い誓いをたてて実行する。人によると、ハギの箸を断って同じように願をかけるものがあったという。近年まではこの地蔵尊の前には、奉納されたクロモジやハギの箸が絶えなかったそうであるが、昭和四〇年代初期にはほとんどそれもみられなくなったと、小川は述べている。

食べ物に〈おはぎ〉というものがある。ハギの餅あるいはハギの強飯《こわいい》とも呼ばれる。糯米《もちごめ》と粳米《うるちまい》をまぜて炊き、すりつぶして小さくまとめ、餡《あん》、黄粉、ゴマなどをつけた餅のことである。煮た小豆《あずき》を粒のまま散らしかけたのが、ハギの花の咲き乱れる様子に似ているのでこういわれる。またボタン（牡丹）にも似ているから牡丹餅《ぼたもち》とも云われる。同じ物でありながら、春から牡丹の咲く季節までのものを牡丹餅といい、秋にはハギの花がさくのでオハギと呼ばれている。『和漢三才図会』には、萩花、保太毛知《ぼたもち》、波岐乃波奈《はぎのはな》、所謂牡丹餅《いわゆるぼたもち》及び萩花者《はぎのはなは》、形色を以て之の名とす。

と記されている。

『和漢三才図会』巻第九四の末によると、中国・明の時代の『救荒本草』（一四〇六年）には、山萩の花色には紫、白があり、粟粒《あわつぶ》の大きさの子《たね》を結ぶ。これを胡枝子といって、飢饉の際には採って少し舂《つ》いて米にする。まず冷水で洗い、次に煮沸《しゃふつ》した湯で三〜五回よなげて（しゃぶしゃぶと洗って）湯をすて、鍋に入れる。あるいは粥《かゆ》にしたり、飯にしたりして食べる。若葉は採って蒸してから日に晒し、茶にして、煮て飲むとよいとされている。わが国では、根を煎じて、目眩《めまい》やのぼせの薬として用いられた。

宮城県加美郡の柴刈唄、あるいは萩取唄とも呼ばれる唄には、

山でがさがさ狐か狸
なして狐がカクマ刈り

と唄われる。カクマとは粗朶《そだ》のことであり、里山に生えるハギは薪の中でも火付けの材料として重宝されたのである。

長野県小県郡西塩田村に伝えられる小泉の小太郎の昔話では、十六歳になるまで大飯を食って遊んでばかりしていた小男の小太郎が、小泉山のハギを刈り尽くして薪として持ち帰った。そのため小泉山には、ハギは一本もないというのである。

山形県東田川郡高添村に、ハギの橋を渡らせるという継子《ままこ》いじめの話がある。むかし出羽の郡司小野良実に三人の子があった。上の二人は先妻の子、末娘は後妻の娘である。良実が都へのぼって留守の間、後妻は邸内の池にハギを材料とした橋をかけさせ、上のふたりの兄弟を無理にハギの橋に追い立て、池に落として殺した。間もなく帰った良実に後妻は「兄弟はあなたを迎えに行ったまま、まだ帰らない」と嘘を

いった。子煩悩な良実は、子どもを探しにでかけた。たんぼ道を歩いていると、白い鳥が飛んできて鳴いた。よく聞くと、「萩八束手折りし、土で火を焚けとや、ざるで水汲めとや、萩の橋渡るとて、ザンブラのコブラ」と、継母の子どもいじめを告げたという。

ハギの栽培

ハギの栽培は容易であるが、日当たりの良いところを好むため、日陰となる場所は不適である。落葉後に今年伸長した茎をもとから剪定する。一般に栽培されているものは園芸種のミヤギノハギ（宮城野萩）と、ニシキハギ（錦萩）、シラハギ（白萩）である。

ハギを庭に栽培するとき、茎は冬には地際まですっかり落葉してしまうので、あたかも枯れてしまったようにみえる。目障りであるし、次の年の新芽の生育に邪魔となるので、落葉してしまった茎は刈りとってしまうのがよい。この刈りとったハギの茎を束ねて、垣根や枝折戸《しおりど》をつくることは、全国的に行われており、いかにも和風という感じがただよっていいものである。

住居を囲む垣のうちで、もっともながい歴史をもっているのは柴垣で、柴粗朶《しばそだ》（樹木の枝など）やハギの茎を集めて、それを立て並べたもっとも素朴な垣であると、額田巌は『垣根』（ものと人間の文化史52、法政大学出版局、一九八四年）のなかで述べている。どんな樹木が使われたのかは不明であるが、柴垣が描写されている絵画に『一遍上人絵伝』をはじめとした中世の屋敷を描いた絵巻物がある。

額田の『垣根』からの孫引であるが、文政一〇年（一八二七）に刊行された秋里籬島の『石組園生八重垣伝』には、三四種類の垣の種類を掲げている。そのなかでハギが垣の材料として使われている垣の名称は次のとおりである。

茶筅菱袖垣	萩	用途は目隠し
高麗垣	萩、竹	用途は袖垣
鎧形袖垣	萩	用途は袖垣
鉄砲袖垣	竹、萩	
円窓菱袖垣	萩	
覗垣	葭《よし》、萩	用途は茶庭
盈梅《こぼれうめ》袖垣	竹、竹の枝、萩	用途は袖垣
立合垣	萩	

このように、三四種類の垣のうちにハギが材料とされた垣は八種を占めており、ハギの垣はよくつくられていたことがわかる。

ところで、垣をつくるためにはハギの茎を、とてつもないくらいたくさん集める必要があった。ハギの茎の太さは一センチもあれば太いほうで、ふつう五ミリから一センチまでである。垣にするため仮に一本並びにしても、一メートルの垣には一〇〇本は必要であるが、それでは向こうが透けてしまう。せめて一寸（約三センチ）くらいの厚さが欲しい。三センチの厚さで一メートルの垣をつくるには、五ミリの茎だと一二〇〇本が必要となる計算だ。

山に生えているハギの株は一〇〜二〇本なので、平均一五本で一株とすると、一メートルの垣の材料とするためには八〇株も刈りとることが必要である。長い垣をつくるためには、相当に広い範囲にハギが生えている山がなければならないことになる。江戸時代の里山は、苅敷《かりしき》と呼ばれる田畑の緑肥用や、家畜の飼料とするための草山が広がっており、そこにはたくさんのハギが生えていたので、垣用のハギも集めるのは大変であったが、できないことはなかった。今日の里山は、樹木が繁茂し、ハギはほとんど生育していないので、ハギの垣をつくろうとしても不可能な状態である。

　ハギを植えたのはいいが、茎が長く伸び過ぎて、小さな庭では持て余すどころか困ってしまうことがある。そんなときには、六月の末に伸びた茎の半分を切ってやると、切り口から新梢が伸びてこれに花が咲く。一本の茎から数本の枝が分かれるから、植えた株全体の枝数の三分の一から五分の一を間引いてやる。しかしこの場合、梢に花が咲いても、枝先が弓なりに垂れて咲く風情はでてこないという短所がある。

　ハギの茎は曲げにつよく、枝がよく伸びる宮城野萩などは、ビニールパイプか篠竹でトンネルをつくり、その上に誘引してやると、花の時期にはハギのトンネルができ、楽しむことができる。

　ハギの繁殖は株分けですることができるが、挿し芽でもよく根付く。しかし、新しい茎が伸びてきたものを挿しても、一〇〇パーセント失敗する。七月になって、枝がやや固まってきたころ、一五～二〇センチの長さに切り取って、鹿沼土か赤土に挿してやればよく根がでる。そこから腋芽《わきめ》が吹いてきて、これが秋に咲くようになる。

第三章　ススキ（薄）　名月を迎える尾花

尾花とはススキの花のこと

ススキ（薄）といえばわが国の人びとは、知らないという人はほとんどいないほど、かつては身近で生活に密着した植物であった。私たちが生活する身辺に、きわめてありふれた雑草的存在であり、ときに大群落をつくって一面の草原をつくりだしていた。

ススキの草原は、もとより自然がつくりだした景観ではあるが、人間が大きく関わった植生であり、よくよく考えれば人によってつくりだされた風景ということがわかる。

ススキは、全国の日当たりのよい平地または山野に普通に生える大型のイネ科ススキ属の多年草で、株立ちとなって群生する。北海道から沖縄、朝鮮半島や中国に分布している。北アメリカでは帰化植物となっている。

秋の七草の一つで、尾花《おばな》とよばれ、古くからその風情が多くの日本人に愛されてきた。薄《すすき》の漢名は、芒《ぼう》であり、薄の字をハクではなくススキとよませるのは日本読みである。漢字の薄は、くさむら、あれくさを意味する。しかしわが国では芒と漢字で書いてススキと訓《よ》ませ、漢字で表記する場合には薄も芒も両方

秋の七草の一つと詠われた尾花とは、ススキの花穂のこと。明るい土地に群落を構成する。

用いられている。

ススキの別名は、尾花《おばな》、萱《かや》、茅《かや》、男茅《おとこがや》、振袖草《ふりそでぐさ》、乱草《みだれぐさ》、露見草《つゆみぐさ》、旗薄《はたすすき》などである。

ススキの語源は、すくすくと生い茂るさまをあらわしたもの（『大言海』）、草の聚《あつま》り生ずることをすすき（荒々草）という（『和名抄』『爾雅』）。また、ススキの名は、細い意味をあらわすスを重ねたススに草《キ》がついて成立したとも見られている。牧野富太郎博士は、ススキはすくすく立つ木（草）の意ともいわれ、また神楽に用いられる鳴物用の木すなわちスズの木の意とも云われる（『牧野新日本植物図鑑』）としている。またカヤについては、刈屋根の意で、刈って屋根を葺くの意であろうとも、いっている。

ススキは茅《かや》の代表的なもので、単にカヤといってススキをさすことが多い。なお茅《かや》とは、屋根を葺くのに用いる草本の総称である。尾花は、ススキの花穂が獣の尾に似ていることからの名である。

ススキの草丈は一～二メートルとなり、葉は細長く、縁に細かな鋸歯《きょし》があって、人が触ると傷つきやすい。中央に白い中脈（葉の中ほどを走る葉脈）が走る。秋、黄褐色～紫褐色の花穂を出す。穂のつやつやと赤味の大きな穂を特に「真穂《まほ》の芒《すすき》」、「真緒《ますお》の芒《すすき》」、あるいは「まそほの芒《すすき》」という。穂は秋の終わるころには、ほほけて白っぽくなり、枯薄《かれすすき》（枯芒とも書く）となる。

ススキの地下茎は硬質で緊密につまった節が多くあり、節間から下に多数の丈夫なひげ根を出し、根茎団叢をつくっている。茎はこの分岐した短根茎から春に発生する。秋には翌春に発芽する芽が形成されている。根茎の節から発芽していくので、どんどん株は大きくなって増える。株がある程度以上大きくなると、株の中ほどが崩れ、小さな株に分かれ、若い株として再生していくのである。ススキは株の分けつという栄養繁殖とともに、茎の頂にできた小穂の種子が穂綿となって、風をうけて遠くへ飛散し、繁殖地を拡大していく。有性繁殖と無性繁殖の両方で、生活場所を拡大していく植物である。陽性で、植物社会が破壊されたときに、すぐに修復に関与するパイオニア植物の一つである。

わが国に生育しているススキの種類

ススキが属しているススキ属の特徴を、花序を中心にあげると、

①花序は掌形または散形に分岐し、花枝の両側に小穂をつける。

②小穂は剛毛がなく、あっても軟毛で、小穂は各節に二個づつつき、枝軸は切れにくい。

こんな特徴をもつススキ属は世界では約一〇種が知られている。

わが国のススキ属の植物は、ススキ（薄）、トキワススキ（常盤薄）、ハチジョウススキ（八丈薄）とシマススキ（縞薄）、エゾススキ（蝦夷薄）などである。

トキワススキは別名カンススキ（寒薄）とも、アリハラススキ（在原薄）ともいわれ、冬でも葉が枯れない種類で、暖帯から熱帯にも分布している。わが国では、暖流の影響をうける本州中部以西の暖地の原野の山麓、または海の近くに生える。大型の多年生常緑の草本で、叢生し、大きな株となり、おおむね形はススキに似ているがひじょうに壮大である。茎は高さ二メートル内外に達し、直立する。トキワススキとは、常緑の葉をもっているという意味である。カンススキとは、葉が冬でも枯れないことによるもので、トキワと同じ意味である。アリハラススキの在原は、七〜八月に開花する紫褐色の優雅な花穂を在原業平

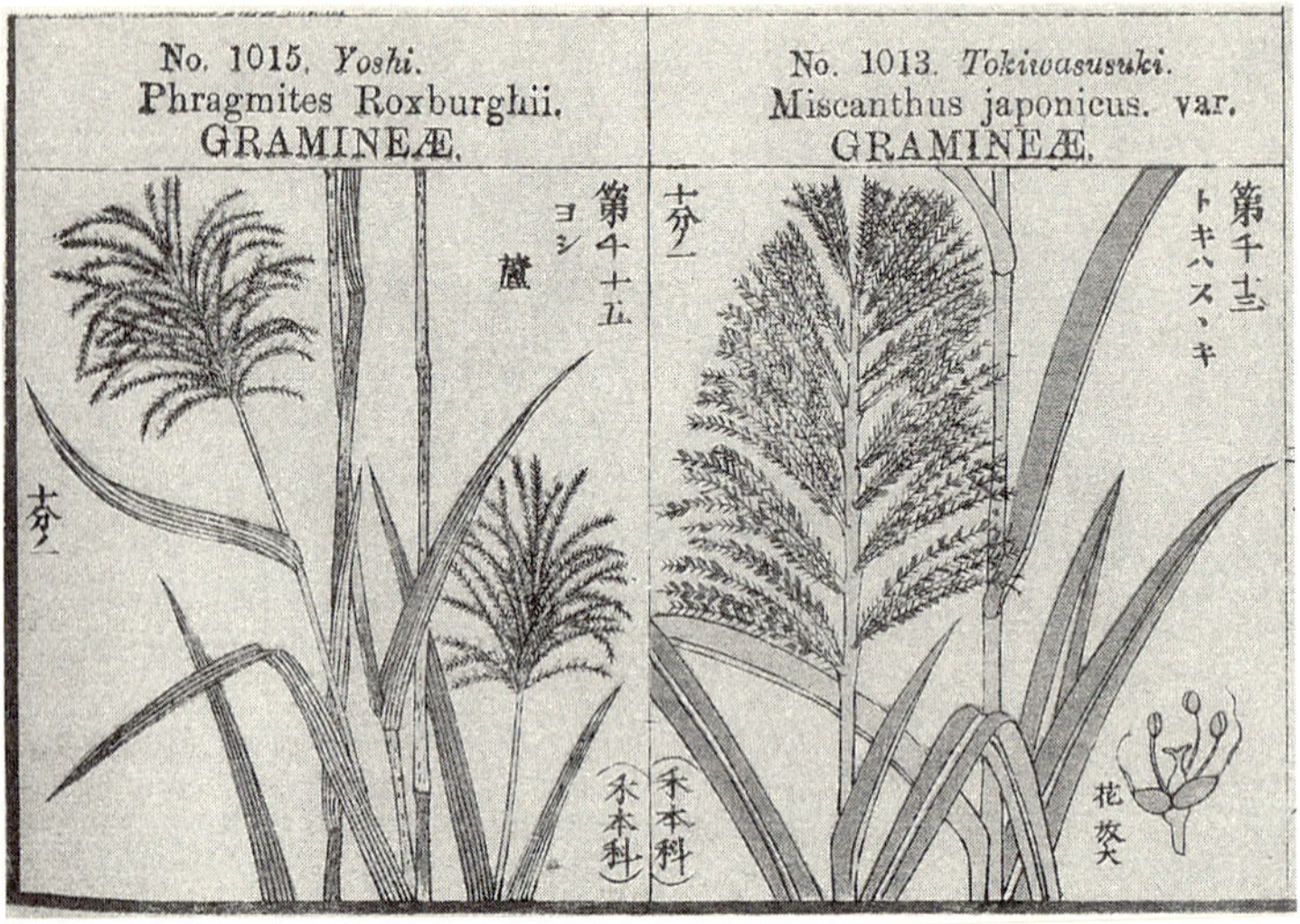

『有用植物図説』（大日本農会蔵版、明治22年刊）のトキワススキ（右）とヨシ（左）

になぞらえたものであろう。

トキワススキには、葉に白い縦筋がはいっているシマカンススキ（縞寒薄）と、葉の縁だけ白いカゲカンススキ（陰寒薄）と、葉が細いイトカンススキ（糸寒薄）という品種がある。

ハチジョウススキ（八丈薄）とは、東京都の八丈島に産するススキという意味である。秋に開花し、穂の状態はススキと同じである。八丈島ではマグサと称して植え、牛馬の飼料としていた。おおむね形はススキに似ていて、一般に大型で、高さは一〜二メートルくらいである。

ススキの変種であるイトススキ（糸薄）は、葉がススキよりも細く、茎の高さは六〇〜一二〇センチくらいで、直立し、多数叢生する。日当たりのよい山地や、海岸近くなどに自生している。鑑賞のために、庭に植えたり、盆栽とされる。タカノハススキ（鷹羽薄）は、人家の庭に植えて鑑賞されるススキの品種の一つで、葉はやや幅がせまい。葉の表面に、タカの羽に似た矢羽形の淡黄色の斑があらわれる。また葉に、縦に白い斑があらわれるものにシマススキ（縞薄）がある。
ムラサキススキ（紫薄）は、小穂の基部の毛が紫色を帯びていることに基づいて名付けられたもので、エゾススキ（蝦夷薄）は蝦夷地産という意味であり、北日本の深山や冷温地に自生している。

オギは沼沢や河川の水辺、あるいは湿地によくみる大きな多年草で、地下茎は長く地中を横に這っている。葉はすべて稈生《かんせい》するので、ススキの葉の根生および稈（イネ科植物の中空の茎のこと）の基部につくものとは異なっている。九〜一〇月ごろ、茎頂に散房状に長さ二五〜四〇センチの大きな花穂を密につける。分布は九州以北から中国北部、朝鮮半島、ウスリー地方である。

カリヤス（刈安）はススキより小型で、本州中部の山地に分布し、むかしからこの茎や葉を煎じた汁を黄色の染料として用いた。滋賀県の伊吹山麓のものが、近江刈安といわれ、優良品として有名であった。

江戸時代の元禄一〇年（一六九七）に刊行された『増補地錦抄』は「薄《すすき》のるひ」として、有原《ありはら》、一本《ひともと》、寒薄《かんすすき》、増穂《ますほ》、嶋寒薄《しまかんすすき》、鷹羽《たかのは》、大嶋、糸薄という八種をかかげている。

記紀にあるカヤの名をもつ神

『古事記』の神世七代では、天地《あめつち》が初めて発《ひら》けた時以降、高天《たかま》の原に成られた神が国を生まれ、そののち、つぎつぎと神々が生まれてくる。一九番目に風の神が生まれ、次いで二〇番目に木の神が、その次の二一番目に山の神が生まれ、そして二二番目に野の神が生まれた。野の神は名を鹿屋野比売神《かやのひめのかみ》といい、またの名を野椎神《のづちのかみ》という。

『日本書紀』神代上でも、大八洲国《おおやしまのくに》が生まれた後、海、川、山、次いで木の神の順に生まれ、そのあと草祖《かやのそ》の草野姫《かやのひめ》が生まれている。『古事記』の鹿屋野比売神と『日本書紀』の草野姫とは同一の神である。

カヤ（草）をもって、野を象徴しているのである。草と書いてカヤと訓《よ》ませることは、後に述べるように『万葉集』でも見られる。カヤとは、つまり薄《すすき》のことである。

また『日本書紀』神代上のいわゆる天の岩戸神話の第二の一書に「山雷者《やまつち》をして、五百箇《いほつ》の真坂樹《まさかき》の八《や》十《そ》玉籤《たまくし》を採らしむ。野槌者《のづち》をして五百箇の八十玉籤を採らしむ」とある。山の神には榊《さかき》でたくさんの玉串《たまぐし》をつくらせ、野の神には茅《かや》で玉串をたくさんつくらせたというのである。玉串とは、神に捧げるものであり、神霊が宿るものである。ここでも茅は、野における神聖なものであったことが記されている。

わが国では、むかしは荻《おぎ》（イネ科ススキ属）と薄《すすき》を厳密に区別していなかったようで、『古事記』や『日本書紀』では、荻をすすきと訓《よ》ませている。『古事記』下つ巻の安康天皇の条では、

淡海《あふみ》の佐佐紀《ささき》の山の君の祖、名は韓帒《からぶくろ》と白《もう》しく、「淡海《あふみ》の久多綿《くたわた》の蚊屋野《かやの》は、多《さわ》に猪鹿《しし》あり。その立てる足は荻原《すすきはら》の如く、指挙《ささ》げたる角《つの》は枯樹《かれき》の如し」とまをしき、

とあるように、たくさん生息している猪や鹿の足があたかも荻原《すすきはら》に生える茎のように、数えられないほど多数あると形容している。

『日本書紀』巻第九の神功皇后の条では、仲哀天皇九年春二月に仲哀天皇が筑紫の香椎宮《かしいのみや》で亡くなられたので、神功皇后は祟《たた》る神を知りたいと思われた。同年三月一日、皇后は斎宮に入り、自ら神主となられた。そして七日七夜にいたって、まず伊勢国の度会《わたらい》の五十鈴《いすず》の宮の神だと答えられた。さらにお尋ねしたとき、「幡荻《はたすすき》穂に出《で》し吾や、尾田の吾田節《あがたふし》の淡郡《あわのこおり》に居る神有り」と答えられた。幡荻《はたすすき》とは、穂が高く抜きん出てなびくものをいい、数多い神々のなかでもとりわけ有力な神であることの表現となっている。

『万葉集』にススキで屋根葺きする歌

『万葉集』には、薄《すすき》の名で一七首、尾花で一八首、茅《かや》で八首が収められている。そのうち五首は庭に植えられたものが詠われている。また花穂が旗（幡）のようになびいていることから巻一の四五番の長歌に「み雪ふる阿騎《あき》の大野の旗薄《はたすすき》」がまずあって、巻三の三〇七番の「はだ薄《すすき》久米の若子が……」、巻一四の三五〇六番の「新室の言寿《ことき》に到ればはだ薄《すすき》穂に……」などのように旗薄が転じていって、巻八の一六〇一番の「めずらしき君が家なる花すすき穂に……」のように詠まれることが多い。

秋の野の尾花が末《うれ》に鳴く百舌鳥《もず》の声聞くらむか片待つ吾妹《わぎも》　（巻十・二一六七）

さを鹿の入野のすすき初尾花いつしか妹が手を枕かも　（巻十・二二七七）

秋の終り、ススキの花穂も白くほおけてきている。こんなススキは刈り取られ、よく屋根葺きに用いられた。

ススキは集落の周辺や里山に豊富に自生しているため、カヤとよんで、古くから家などの屋根葺き材料として利用されてきた。茅葺き屋根の大部分は、このススキの仲間を刈り取って乾燥させたものである。『万葉集』でもカヤを屋根葺きとして使う歌がある。なお、岩波文庫版の『新訂新訓　万葉集』には、草と記して「かや」と訓《よ》んでいる歌がある。

川上の根白高草《ねじろたかがや》あやにあやにさ寝《ね》さ寝《ね》てこと言《こと》に出《で》にしか　（巻一四・三四九七）

岡に寄せわが刈る草《かや》のさね草《かや》のまこと柔《なごや》は寝《ね》ろとへなかも　（巻一四・三四九九）

天《あめ》なるや神楽良《ささら》の小野の茅草《ちがや》刈り草《かや》刈りばかに鶉《うずら》を立つも

（巻一六・三八八七）

秋の野山に咲く花は数多いが、山上憶良は「秋の野の花」の歌において七種の花があるとし、ハギを第一番目に詠っている。しかしながら、それはそれとしても尾花の花穂が最も秋に相応しいものと思うと詠った歌がある。巻十の次の歌で、作者名は記されていない。

人皆は萩を秋といふよし吾は尾花が末《うれ》を秋とはいはむ　（二一一〇）

人にはそれぞれ好みがあり、自分が好むものを必ずしも他人も同じように評価しているものとは限らないことが、万葉時代からあったことを、この歌は伝えてくれている。

『万葉集』で、はたすすき、はだすすき、はなすすきと詠われたものは、しだいにうら野や三穂にかかる枕詞となっていった。『古今和歌集』巻四・二四二の平貞文の歌「今よりはあえてだにみじ花すゝきほにいづる秋はわびしかりけり」にその例がみえる。そして同巻の二四三の在原棟梁《むねやな》の歌「秋の野の草の袂《たもと》か花すゝきほにいでて招く袖とみゆらん」とあるように、ススキの姿は秋の代表的な景とみられ、「穂に出づ」と「招く」が類型化していき、恋歌や思慕の情をあらわに示す意味に用いられることが多い。同巻第一五の恋歌五に収められた藤原仲平朝臣（七四八）の「花すゝき我こそしたに思ひしかほにいでて人にむすばれにけり」もその一つである。歌の意味は、あの人を私こそとひそかに思っていたのに、ススキの穂が出て花ススキとなるように、一人前になったとたん、他の人と結ばれてしまったというのである。花ススキとなることは、一人前の大人に成熟することに譬えられている。

『枕草子』のススキ

『源氏物語』宿木の巻に描写された次の場面などは、その典型といえよう。

かれがれなる前栽《せんざい》の中に、尾花の、物より殊《こと》に、手をさし出でて招くが、をかしう見ゆるに、まだ、穂に出《い》でさしたるも、露を貫《つらぬ》きとむる玉の緒《を》、はかなげにうち靡《なび》きたるなど、例の事なれど、夕風、猶、あはれなれかし。

匂穂に出でぬ物思ふらし篠薄《しのすすき》まねく袂《たもと》の露しげくして

なつかしき程の御衣《ぞ》どもに、直衣《なおし》ばかり着《き》給ひて、琵琶《びわ》を弾《ひ》きい給へり。

清少納言は『枕草子』の「草の花は、撫子」の段で、ススキに対して思い入れの深さを示している。

これに薄《すすき》を入れぬ、いみじうあやしと人いふめり。秋の野のおしなべたるをかしさは、薄こそあれ。穂《ほ》先《さき》の蘇《す》枋《ほう》のいと濃きが、朝露に濡れてうちなびきたるは、さばかりの物やはある。秋のはてぞいと見所《みどころ》なき。色々に乱れ咲きたりし花の、かたちもなく散りたるに、冬の末まで、かしらのいと白くおほどれたるも知らず、昔思ひ出で顔に、風になびきてかひろき立てる、人にこそいみじう似たれ。よそふる心ありて、それをしもあはれと思ふべけれ。

『夫木和歌抄』巻十一の秋部二は、薄の題のもとに一一三首もの和歌を掲げている。ここに詠われている薄は、尾花、初尾花、すゝき、はつ穂の薄、しの薄、秋風に孕む薄、はつ花薄、しのゝ小薄、むら薄、いと薄、いはすゝき、枯れ薄、をすゝき、もとあらの薄などで、その形容のしかたは実に多様である。そして、薄とともに詠まれている景物は、さを鹿、露、白露、秋風、夕闇、山おろし、山風、秋の暮れ、秋の夕暮れ、風、おきつ風、浦波、おきつ白波、夕暮れ、月、いざよいの月、月の光、有り明けの月、三日月、白雲、をみなへし、空とぶ鷹、ぬける白玉、あき萩、霜、菊、雪、朝霧、むら雨、雁などさまざまなものと組み合せられ、秋の情景を描写しているのである。

『夫木和歌抄』は前の時代の和歌を収録したものなので、「穂に出ず」や「まねく」など、恋の象徴とされている和歌が多い。しかし、室町時代初期に源通具・藤原有家・同定家・同家隆・同雅経らが後鳥羽上皇の院宣をうけて和歌所を設け、建仁元年（一二〇一）に撰進した『新古今和歌集』になると、秋の景と恋歌的要素が融合されるようになり、それ以降の中世の和歌では、恋歌的側面はうすくなり、叙景歌として詠まれるようになる。そこでは、遠山の夕日と野の秋風の中にある薄というような複合的な景として詠まれている。夕暮れの「尾花が末《うれ》」に秋のあはれを感じたり、旅人の袖と一体化する道端の薄など、感情の深まりが見られるようになる。

をぐら山ふもとの野辺の花薄ほのかに見ゆる秋のゆふぐれ　（三四七）

花薄まだ露ふかし穂に出でばながめじとおもふ秋のさかりを　（二四九）

『徒然草』第一八八段には、「ますほの薄」の語義を知ろうとする登蓮《とうれん》法師の数寄者《すきもの》ぶりの説話が登場する。

人が大勢いる中で、ある者が、「ますほの薄、まそほの薄と云うことがある。渡辺の聖《ひじり》、このことを伝え知る」と話した。登蓮法師はその場に居た。話を聞くなり、雨降りなので「蓑《みの》、笠はあるか。貸したまえ。その薄のことを習いに、渡辺の聖のもとへ尋ねて行く」と云う。「せっかちだ、雨が止んでから行きなさい」と、人が云うけれども、「とんでもないことをおっしゃるのか。人の命は雨の晴れ間を待つものではない。私も死に、聖も失われては、尋ね聞くことができようか」と、走りだして行き、教えを受けた。

『徒然草』はこのように申し伝えられている事こそ、重大で、有り難く思えると、述べるのである。なお「ますほの薄」とは、穂が赤みを帯びたススキのことである。

詩歌のなかの尾花とススキ

元禄一六年（一七〇三）に、室町時代末期からこの元禄期までに愛好された流行歌をまとめ、『松の葉』として出版された。その第三巻には端歌《はうた》が収められているが、十二「水鶏《くいな》」のところに尾花を歌うものがある。

海人《あま》の苅藻《かるも》に住む蟲《むし》の、我《われ》からと嘆いた、早や初時雨《はつしぐれ》、尾花穂《おばなほ》に出《い》で余りの色はいの、散り残せかし、露の名残りもないものか何《なん》ぞのやうに、秋風秋風

同書第一巻補遺の「秘曲の千代の恵」にも、薄が穂を出す歌がある。

武蔵野に荻《おぎ》と薄《すすき》が恋をして、荻はぞよめくのう、薄は穂に出《で》て乱るる

オギはススキに似たイネ科の多年草で、多くは水辺に自生し、しばしば大群落をつくる。似たもの同士が恋をしたのであるが、オギの方は茎の頂きに出た多数の穂状様の総状花穂が風に吹かれてそよとぞよめいているが、ススキはオギに比べると少ない花穂を出して風に小穂が揺れるさまが乱れると、見られたのであろう。

オギはススキの仲間である（『有用植物図説』大日本農会蔵版）

江戸時代の国学者・本居宣長は、『玉勝間』（一七九三〜一八〇一年に成る）の五の巻の巻頭に、秋のさびしさをススキに託してつぎのようにいう。

秋過て、草はみなかれはてゝ、さびしき野べに、たゞ尾花のかぎり、心長くのこりて、むらむらたてるを、あはれとみて、よめる、

かれぬべきかれ野の尾花かれずあるをこそ見め

かれぬがきりは
かゝるすゞろごとをそへに、とり出たるは、みむ人、をこに思ふべかめれど、よしやさばれとなん、

ススキは俳諧では三秋の季題とされ、数多く詠まれている。季題としては薄《すすき》、むら薄、一むら薄、絲薄、鷹の羽薄、ますほの薄、はた薄、一本薄《ひともとすすき》、刈生《かりふ》の薄、ひめ薄、鬼薄、籠薄、薄の絲、薄原、薄野、薄が本《もと》、招く薄、薄孕む、乱れ薄、袖波草《そでなみぐさ》、露曾草《つゆそぐさ》、頻浪草《しきなみぐさ》、しの薄、薄紅葉、薄散るなどがある。また尾花と同義として、花薄、穂薄、薄の穂、初尾花、村尾花、尾花が袖、尾花の波などがある。

『大歳時記』（集英社、一九八九年）は、俳諧の世界になると、ススキを刈る翁《おきな》や、ススキで狐のまねをする子供の姿など、ススキを通して人間に目が向けられている、と述べている。（ススキは薄とも芒とも書かれている。）

三日月を撓《たわめ》て宿す芒《すすき》かな　素堂
雉子《きじ》の妻隠し置きたる芒《すすき》かな　千代女
追風に芒《すすき》刈りとる翁《おきな》かな　蕪村
山犬のがばと起行く芒《すすき》かな　召波
あてもなく子探し歩く芒《すすき》かな　杉田久女
幽霊の出所はあり芒原《すすきばら》　鬼貫
牛群れて小川を渡る尾花かな　内藤鳴雪
暁の尾花むらさきふくみけり　臼田亜郎
行けど萩行けど薄《すすき》の原広し　夏目漱石

和歌もススキをよく歌題とし、古歌は花芒《すすき》を表現に多く用いた。

かやの門を入るやみきりのむら薄穂には出でねど秋さびにけり　伊藤左千夫
見つつあればありなし風にゆれゆるる薄の穂かなわが心かな　佐々木信綱
岡のべの草に秀《ひい》づる芒の穂やや秋あらし吹き出でにけり　土田耕平
いのししはつひにかくれしすそ山の尾花が上に野分荒れに荒る　正岡子規

西条八十に「芒の唄」と題された詩があるので、一部を掲げる。

芒《すすき》を折りて
海を聴く
幽《かすか》にとほき
海を聴く。

☆

君と別れし
朝夕の
芒《すすき》の中に
海を聴く。

また一世を風靡した歌謡曲の「船頭小唄」（野口雨情作詞、中山晋平作曲、大正一〇年）は、「俺は河原の枯れすすき／おなじお前も枯れすすき」と、この世では花も咲かない枯れ果てたススキであると、やけっぱちな気持ちを訴えた。枯れ果てたススキを見る機会の多かった当時の人びとは、その生態を思い出しながら、自分の身の上に重ね合わせて共感したのである。

長くのびたススキの花穂が風になびくさまは一種独特の風情がある。

風に吹かれるススキの穂

ススキの穂がゆれる野原は秋の情感を感じさせるものであり、薄《すすき》原《がはら》といえば、秋の季節を連想させるものとして、古来詩歌に詠われたのであるが、教科書もその上にたって記述されていた。

明治一七年（一八八四）三月に発行された文部省音楽取調掛編集の『小学唱歌集　第三編』の第六二は「秋草」と題され、一番があさがほ、二番がハギの花で、三番に「はなすすき」が歌われている。

たれまねくらん。
はなすすき。
風もふかぬに。
露ぞみだるゝ。
はなすすき。

だれを招いているのであろうか、ハナススキは。風も吹いていないのに、そよそよと揺れ、朝露がほろほろとこぼれ落ちていると、秋の朝の情景が歌われている。ススキは人里植物といえるほど、里人が生活する場所では常に観察することができたので、その生態はよく詠まれている。この歌のススキは初秋の、穂が出て、花が開きはじめたばかりの時期のものであろうか。

昭和七年（一九三二）三月発行の文部書著作『新訂　尋常小学唱歌　第五学年用』一八の「秋の山」は、「風清く、日はうららかに、黄櫨《はぜ》の葉の紅《くれない》にほふ、うつくしき秋の山、花すすき分けて登れば、かたはらの森の中に、けたたまし、百舌《もず》の声」とあって、黄櫨《はぜ》の木の紅葉の美しい秋の山を登っていくと、ハナススキの草原へと出た。その薄が原を押し分けながら、歩いていくというのである。里山では常に人手がはいるため、紅葉に変わる落葉広葉樹や、ススキなどの植生がいりくんでいて、山へと行けばススキは常に見られる植物であったのだ。月見に用いられるハナススキも、日ごろ山へ行くたびに見ているので、どこにあるのかよく知っていて、その日の朝になっても採ってくることができたのである。

昭和一六年（一九四一）に発行された第五期国定国語教科書である『初等科国語　四』十三の「川土手」は、春、夏、秋、冬という四季の移り変わりを、土手に生えている植物の生態を詠うことで表現している。ススキが詠われている秋の連を掲げる。

秋来たときは
すすき原、
赤いとんぼが
飛んでいた。
　さやさやさやと鳴る風に、
　水は底まで澄んでいた。

ススキ原、赤トンボ、さやさやとススキを鳴らして吹き渡っていく風の音、この三つで構成されているのであるが、これだけで秋がすっかり深まった川土手の情景が浮かびあがってくるのである。

植物社会とススキ

ススキ属はアジア特産の植物で、日本では北海道の北から南西諸島や小笠原諸島まで分布するほか、中国大陸の東シナ海沿岸から中国南部、さらにフィリッピン（ただし六〇〇メートル以上の高地）にまで広く分布する。ススキ属については前に触れた。

ススキ草原になると、ぐっと幅がせばまり、北海道北東部では草原の中にパッチ状に分布する。九州でもネザサという競争相手があるので、これと共生するようなかたちをとることが多い。

沼田真は、ススキ草原をよく調査している（「ススキ」『植物の生活誌』平凡社、一九八〇年）。それによると、全国の採草、放牧に利用されている草地では、構成種の数は二〇〜七〇で、ススキの優勢度はきわめて高かった。草丈《くさたけ》でも被度でも他の種を圧倒し、草原全体の重量の五〇〜八〇パーセントを占めていることが多かった。東北においてススキ草原の刈り取り程度を変えた実験では、刈り取る回数が多かったり、刈り取りの高さを低くすると、
①ススキをはじめヤマハギ、オカトラノオのような種類はどんどん衰退していくが、
②ワラビ、トダシバ、ヒメノガリヤス、シバ、オオチドメのような草はかえってふえる。
③シバスゲ、ヒカゲスゲ、スミレのような種はあまり影響を受けない。
実験で人為的に裸地をつくり、植物群落の遷移を確かめたところ、一年目のブタクサ、二〜三年目のヒメジョンの優先した群落を経て、ススキやチガヤの群落となった。人為的に表土が攪乱《かくらん》されると、まず帰化植物のパイオニア（先駆種）に占められ、数年して日本在来の多年生植物のススキが顔をだす。これから後は、日本での本来の植物遷移の順序を踏んで森林へと移行していく。

かつて各地でみられた萱場《かやば》のように、年一回秋に刈り取り、春先に火入れをしていると、植物社会の遷移がとまって、つねにススキ草原が維持される。火入れでは地上部分は焼けてしまうが、熱につよいススキの地下茎だけがのこり、そこから芽を出してくるからである。ススキ草原の遷移が進むと、低木、高木、つる植物などが量的に多くなり、ススキは衰退していく。一方、安定しているススキ草原では、ススキは

根系が分けつして株をつくるので、ススキの株は年々大きくなる。株が古くなると、中心部が枯れ、株は崩壊し、小さな株に若返る。

ススキの株は、一株一株ごとに老化と若返りをくりかえしている。種子による繁殖もするのだが、ススキ草原内では枯死した茎や葉などの地上物が多くあるので発芽はあまりよくない。種子は、風に運ばれて新しい土地を開拓していくのである。春先に火入れがされると、地上にある物が燃やされ、裸地になるので、種子からの芽生えをみることができる。

ススキの生育期間は、北海道でいちばん短い場合六〇日、関東地方では一八〇日、瀬戸内海地方で一八〇日、九州北部から四国南部で二〇〇日、九州中央部で二二〇日、九州南部では二四〇日くらいである。ススキつまり尾花の開花は、北海道ではやくも七月末に、関東付近では九月はじめで十五夜に飾られ、九州南部から屋久島では一〇月になる。このように北から南へと開花はすすんでいくのである。

ススキの方言と俗信

ススキの方言でカヤは、ほぼ全国的な広がりをもっており、これが少しづつ変化して、カヤギ、カヤゴ（三重県など）、カヤブ、カヤンボ（奈良県などと四国の一部）、イチモンガヤ、イエフキガヤ（熊本）、オトコガヤ、オニガヤ、オンガヤ、ススッカヤ、チガヤ、テキリガヤ（香川と徳島）、マガヤ、ヤガヤ、ヤネガヤなどとなる。ヤガヤ及びヤネガヤとは、屋根を葺く萱《かや》という意味である。

尾花の系統としては、オバナ（新潟など）、オバナカルカヤ（山口）がある。そのほかアオイ、カントーシ、シノ、スズキ、テキリグサ（兵庫）、フキクサ（岡山）、ミミツンボなどがある。沖縄県には独特の呼び方があって、イナビニ、ガイン、ギスキ、グシキ、グシチ、ゲーン、ゴスキという。

テキリガヤやテキリグサは手切茅（萱）や手切草のことで、不用意にススキの葉に触って皮膚を傷つけることがあることからの名である。ススキの葉で、皮膚が切れるのはガラス質のトゲが鋸の歯のように並んでいるからだ。ススキをはじめとしたイネ科の植物は、草食動物に食われないように、土中の珪酸《けいさん》を吸収し、蓄積しているためである。珪酸を熔かし精製したものがガラスである。そのため、葉だけでなく茎もかたい。ススキの茎はコンクリートと同じくらいの耐久力があるといわれる。

またヤネガヤやイエフキガヤ、フキクサは、屋根茅、家葺茅、葺草のことで、熊本県、宮崎県、岡山県とそれぞれ地方は異なるが、ススキが屋根葺き材料として用いられることが示されている。

ススキ（カヤともされる）の生育していく様子はよく観察されていたようで、いろいろな事柄に関連づけられている。『日本俗信辞典』（鈴木棠三著、角川書店、一九八二年）はつぎのようにいう。

茅の穂がでるとカワザイ（魚の名）がつれる（山形）

茅の穂がでるころアラ（魚の名）が盛んにつれる（宮崎）

ヤチ（茅のこと）取りと大根とりとは前後している（新潟）

また同書は、ススキの葉や茎の生育状態から、その年の気象を占うことも記している。

茅の葉にくびれ目が一箇所だと嵐が一回、二箇所だと嵐が二回くる（新潟）

茅の葉の節の数だけ台風がくる（徳島）

茅の節があるとその数だけ時化《しけ》がくる（三重）

茅に大きな筋があったら大きな台風がくる（和歌山）

茅の穂の出が少ない年は台風がある（群馬）

茅の青いうちに雪がふればその年の雪は少ない（広島）

秋になって雄鹿が雌鹿を求める発情期と、ススキの出穂期とは一致していた（『都名所図会』巻之四、近畿大学中央図書館蔵）

シカの発情期とススキの出穂

『万葉集』ではススキとシカを詠む歌は、ハギとシカを詠むものに比べて格段にすくないが、実はススキの出穂《しゅっすい》期とシカの発情期は一致していたのである。シカと稲作との関わりは、『万葉集』巻十の「鹿鳴を詠める歌」と題された一連の歌の最後に、

あしひきの山のと陰に鳴く鹿の声聞かすやも山田守《も》らす児《こ》（二二五六）

とあるように、おどろくほど深いものがある。

野本寛一は『共生のフォークロア――民俗の環境思想』（青土社、一九九四年）のなかで、稲作とシカの関係を記している。

「子鹿の誕生は稲苗の誕生と一致しており、その前の鹿の発情・交合はススキの穂の出るときと一致している。鹿は稲を食い荒らす害獣であるが、それにもまして飛鳥・奈良時代の王権的支配者は、栽培している稲種の実入りを確かめる重要な儀礼があった。当時の王権者・支配者の男女が、発情期の牡鹿の鳴き声を意図的に聞き、同衾《どうきん》する儀礼があったとすれば、それは翌年の稲種の実入りを確実にする類感呪術的豊饒儀礼だったと考えられ、それはとりもなおさず翌年の豊饒予祝に繋がるものである」という。また、シカの発情期を確かめる自然暦として、ススキの穂の出が利用されているとして、四つの地方の云い伝えを報告している。

薄《すすき》の穂が三穂出ると高山の鹿はサカリがつく（静岡県水窪町）

笛鹿（鹿笛で雌鹿をおびき寄せる狩猟法）は初尾花の時分盛りとしるべし（猪狩古秘伝）

薄《すすき》の穂が三穂出ると鹿のサカリがつく（和歌山県すさみ町）

薄《すすき》の穂が出始めると鹿のサカリがつく（宮崎県五カ瀬町）

この報告にあるように、静岡県、和歌山県、宮崎県と、いい伝えられている地方は遠く離れているが、同じ自然暦が継承されているのである。

『摂津国風土記逸文』の「夢野」には、刀我野《とがの》（現在の神戸市港区付近）に牡鹿《おじか》がいた。その本妻の牝鹿《めじか》は同じ野にいて、妾《めかけ》の牝鹿は淡路国の野島にいた。牡鹿は朝方、本妻の牝鹿に「昨夜夢の中で自分の背に雪が降り積もった。また須々《すす》紀《き》という草が生えたことをみた。いったいこれはどんな前兆だろう」と云った。

本妻の夢判断は、「背の上に草が生えたのは、矢が背に刺さるという前兆です。また雪が降るのは、食塩を肉に塗られる（人に食べられる）前兆です。あなたが野島に行ったなら、かならず船人《ふなびと》に出会って、海の中で射殺されてしまうでしょう」というものであった。

しかし牡鹿はそれを無視して、また野島に渡りはじめたところ、海上で船に行き会い、とうとう射殺されてしまった。それでこの野を夢野という。世間の諺《ことわざ》も、「刀我野《とがの》に立てる真牡鹿《さおしか》も、夢合わせのまにまに」と、夢判断しだいといっている。夢野の牡鹿は、堅い茎を真っすぐにのばす須々紀《すすき》（薄《すすき》）を弓の矢と見たのである。

ススキと八月十五夜

穂の出たススキは秋の象徴として、陰暦八月十五夜の月見には、なくてはならない花とされており、この風習は全国的なものである。陰暦の八月は、またの名を月見月といった。ことに十五夜の月は仲秋の名月といわれ、一年中で月がもっとも美しく見える。月見は伝統的に生活と深く関わってきたが、収穫儀礼の名残りともいわれている。芋名月ともいわれ、宮中の行事などを女官の立場から記録した『お湯殿の上の日記』(一四六九年〜江戸末期のものが現存)には「名月御祝、三方《さんぽう》に芋ばかり高盛り」と記されているように、里芋が供えられており、稲作以前の里芋を主食のようにしていた古い時代の秋の収穫儀礼とも見られている。

月の満ち欠けを頼りに、農作業を行っていた人びとは、月を神として秋の豊饒を感謝し、収穫物を供え祭っていた。現在では月見をする人の数は少なくなっているが、農村では仲秋の名月には、団子をつくり、里芋、枝豆、栗などの秋の収穫物を盆などに盛り、穂の出たススキとともに、オミナエシやワレモコウなどを添えて飾る。

このときのススキには、収穫物を悪霊や魔物、あるいは災いから守り、翌年の豊作を祈念する儀礼植物としての意味があったとする説がある。月見に飾ったススキは捨てることなく、庭や門口に立てる風習の残る地方がある。また秋祭りに高灯籠《たかとうろう》の上にススキを縛り、各戸の庭先に立てるところもある。

民俗学研究所編著『綜合日本民俗語彙』(平凡社、一九五五年)によると、新潟県魚沼郡の諏訪神社では、七月二七日に尾花祭がおこなわれ、「尾花を二本ずつ神に供え、萱《かや》の青箸を添えて赤飯を供える」という。

また尾花粥《おばながゆ》をつくるところもある。新潟県佐渡の西三川村は八月十五夜、羽茂《はもち》村は二七日の夕食に尾花を入れて煮た粥を神に供え、人も一椀ずつ食べる。腹の薬だという。岩手県東磐井郡では、伊勢神宮に参宮した人が尾花粥を食うと、神宮の屋根が破れるという。同郡千厩《せんまや》村では八月一日に、萱《かや》の花（尾花のこと）と新米を少量いれた尾花粥をつくって、萱の箸とともに神前に供える。

同県上閉伊郡遠野地方では、五月五日に薄餅《すすきもち》をつくる。新しいススキを刈り取ってきて搗きたての水切り餅をとって包む。乾かないうちは草の移り香になんともいえない風味がある、という。

東日本で〈八月十五夜〉にススキをたてる習俗の根源は神霊の依代《よりしろ》であったと、桜井満は『花の民俗学』（雄山閣、一九八五年）で述べる。そしてススキは、イネ科の多年草でその茎が中空だから神霊の宿りになると信じられていたというのである。また同氏は「奈良県や和歌山県などで稲積を〈ニオ〉といわずに〈ススキ〉と呼んでいるのも、祭りのススキ提灯のように、稲積の頂きに〈ススキ〉を立てたことによるのかも知れない」（同書「秋の七種の花」）と述べている。

平凡社の『大百科事典』によれば、台湾のヤミ族はススキをタロイモ水田に挿し、死者の霊が近づかないように図り、病虫害の退散のまじないや、侵入防止やタブーの標識にもつかう。アワは、ススキの矢を投げ入れてから刈り取った。アワの収穫にススキを携える風習は、台湾先住民に広く見られる。また赤ん坊のお守り、悪夢や病気のお祓いに使用し、家の新築や開墾にもススキを立てた。中国貴州省のミャオ族は稲の初植えにススキを挿し、六月六日には水田の中央にススキの輪を立て、害虫や冷害、干水害を防ぐお守りとすると、記している。わが国でも、ススキを依代《よりしろ》（神が降臨されるところ）として、水口祭や初田植のときに飾る風習もかつての農村では見られた。

ススキ（カヤ）で屋根を葺く

ススキは、百姓が農耕のために飼育している牛馬の飼料とされてきた。江戸時代の農書である『百姓伝

昭和 50 年代後半の代表的茅葺民家（杉本尚次『日本民家の旅』の写真から有岡作図）

記』（著者不詳、天和（一六八一〜八四）年間に成立した東海地方の農書）巻六「不浄集」は、「百姓たるものは牛馬を放し飼いにしてはならない。肥料を野山に捨てることになり、作物が育たない。手間ひまかけて、茅《かや》や草を刈り取り、馬屋に入れて牛馬に踏ませ、糞尿をしみこませる。これを田畑に運び、作物に施すのがよい。しかし、山野に茅や草が多い地方の村では、牛馬を放し飼いにして、たくさん飼い育て、子馬や子牛をとれば利益が多い」と記している。

ススキ（薄）は、カヤ（茅）とよばれ、屋根葺《ふ》きの材料とされた。

『万葉集』巻一の額田王《ぬかだのおおきみ》の歌

に、

　秋の野のみ草刈り葺《ふ》き宿れりし宇治の宮處《みやこ》の仮廬《かりいほ》し思ほゆ（七）

とあるように、カヤは「み（美）草」と称えられ、宇治での臨時の仮宮の屋根葺きに使われている。なお日本古来の建築様式を現在に伝えている伊勢神宮の屋根は、カヤで葺《ふ》かれている。

ごく最近まで全国各地の民家の屋根は、草葺きと云われる茅葺《かやぶ》きのものであった。杉本尚次は『日本民家の旅』（ＮＨＫブックス、一九八三年）で、全国の民家はどうなっているのかを訪ね歩いて調査し、記録している。同書に掲載された写真から、草葺きの民家の一部を取り上げてみる（前頁の図参照）。

北海道石狩平野では中国地方出身者の民家、岩手県盛岡市北西部の曲家《まがりや》、多摩川上流南秋川渓谷にある東京都桧原村の養蚕農家、山梨県甲府盆地では一般に草葺き切妻屋根が特色があり、豪雪地帯の山形県出羽三山の一つ湯殿山麓の田麦俣《たむぎまた》の養蚕農家、富山県砺波《となみ》平野では勾配の急な寄棟屋根で東側に草葺きがある。近畿地方では滋賀県の琵琶湖北部、奈良県の北部、大阪府の北摂山地の能勢町、兵庫県丹波篠山《ささやま》盆地の茅葺き武家屋敷、京都府の福井県境近くの美山町、九州山地の宮崎県高千穂町などなど、ほとんどの地域で茅葺き屋根が見られた。

茅屋根の家屋での共通点をいえば、夏には涼しく、冬には暖かいということであろう。むかしの人は、こんなところに、日本の四季を快適に過ごす知恵をもち、それを生活に生かしていたのである。

現在茅葺き屋根として最も著名なものは、世界遺産となっている岐阜県白川郷の合掌造り民家である。合掌造りは巨大な急勾配の切妻屋根で、この大屋根の葺き替え作業風景は、時折テレビで放映されることがある。屋根に葺かれた茅の寿命は一五〜二〇年余である。大きな屋根の場合は六つ、小さくても四つに分け、その一区画をヒトワリという。二〜三年にヒトワリずつ葺く。葺き替えは雪解けの春に、村人の共同作業で一挙に行う。屋根葺きに用いるカヤは、一抱えもあるものでも、ぎゅうっと思いきり締め上げて葺くので、膨大な量が必要となる。広大な茅山《かややま》とともに、刈り取った茅は葺き替えに必要な量となるまで蓄えられていたのである。

世界遺産の白川郷の家を除き、農山村における一般民家から茅葺き屋根がなくなったことについては、まず可燃物の茅は火がつきやすいので火災防止のため茅屋根の新築が許可されなくなったこと、おなじ理由から茅屋根にトタンをかぶせる指導がされたことなどが起因している。別の面では、生活が変化したこともある。台所の燃料として、また居間を兼ねた囲炉裏端《いろりばた》で薪を使わなくなったことがある。屋根に葺かれたカヤは、立ちのぼってくる煙の煤《すす》が付着することによって、強度を補強し、長持ちさせていたのであった。

茅場で栽培された屋根茅

茅《かや》屋根につかうカヤは、茅場で作られた。カヤはもともと野生の草であるが、人家に屋根を葺くためには、野のあちこちに生えているカヤを集めるだけでは、形は不揃いのうえ、曲がったものもあり、さらに量的にもとうてい足りなかった。野に自然に生えているカヤをあちこちから刈り集め、運ぶのは大変な労力がかかった。そこで茅場を村の共有地に一まとめにしたのである。その土地で生活している百姓たちの生活の知恵である。それも全国的に広がっていることは、たいしたものである。

『朝日新聞』の大阪東部版（二〇〇三年三月六日）は、大阪府河内長野市の滝畑地区の茅山事情を報道していた。滝畑地区では、昔は林業や炭焼きをして暮らしていた。人口のピークは三〇年前の約一八〇戸六八〇人（現在は約一一〇戸、三三〇人）であった。当時の集落の家屋は大半が茅葺《かやぶ》きだった。カヤは地区か

京都市京北町の農家の茅葺き屋根。どっしりとした重厚さが漂っている。

ら歩いて約二時間の岩湧山《いわわきやま》（現在の茅山は八ヘクタール）でまかなった。年末に広い茅原《かやばら》を一〇区画に区切って入札をする。大きなカヤが多い中央の区画が一番値が張った。落札したカヤは屋根裏に蓄え、何年、何十年先の葺き替えに備えたのであった。

　昭和二九年（一九五四）にこの滝畑を民俗調査に訪れた大阪学芸大学の篠田統《おさむ》教授は、『風俗古今東西――民衆生活ノート』（社会思想社、一九七九年）で滝畑の萱葺き屋根について記している。「萱ぶき用のカヤは、岩湧山の萱場からとってくる。ふつうのカヤよりは幾分細い。一軒につき、ちょっとした家で一五〇〇貫（五五五〇キロ）はいるので、毎年少しずつとって、ツシ（天井裏）にためておく。たいてい三〇年に一回は、葺きかえを要する。萱ぶき師は紀州高野口（和歌山県高野口町）からよび、あとは家の人を主に村の衆がてつだう。五人がかりで七日ぐらいはかかる」と記している。

　宇都宮貞子は『草木ノート』（読売新聞社、一九七〇年）で、昭和三四～四五年ごろの長野県戸隠村中《ちゅう》社《しゃ》でのカヤ刈りについて記録している。中社集落一六〇軒共有の茅場《かやば》をムラガヤといい、毎年一〇月三〇日にカヤ刈りをする。一戸一人づつ出て、三マキずつ刈ることになっている。一マキは二間（三・六メートル）の縄を一回しにゆるく束《たば》ねたもので、だいたい一五束ある。一束は両腕を輪にしたくらいの束だ。これを巻き立てて春までおく。束の頭は雨が滲み込まないように、チョンマゲに曲げておく。このカヤは二軒の家で半分づつ貰う決まりだから、八〇年に一度カヤが貰えるわけである。むろん、屋根葺きに使うので、いらない人は屋根屋に売ったり、親戚にやったりする。翌春の五月一日か二日かに、カヤショイの触れがでると、一軒で三マキずつを背負って、貰う家まではこんでいくのである。カヤ刈りの次の日は、残ったカヤを好きに刈っていいことになっており、それを拾い茅という。

カヤを刈った後の手入れについて同書は、ヤブッパタキ、またはカッパ（刈り場）ソウジといって、藪や木の小さなものなどを鎌で切ってきれいにする。さもないと木が立ち、藪が茂ってカヤが少なくなってしまうからであると記す。そしてさらに新潟県六日町の人が語ったとして、「茅は一種の作物だった。したがって茅場は財産だった。近ごろ牛馬の飼養をやめたので、飼料もいらず、肥料も金肥が容易に入手できるので、自家製で作る必要がなく、茅葺き屋根も少なくなったので、茅場は荒れ放題……」との話を記す。

静岡県西部の本川根町千頭の茶畑では、かつてはほとんどススキ、いわゆるカヤを中心として山の草が敷きつめられていた。カヤ刈りは八月二〇日すぎから一〇月のはじめにかけておこなわれた。刈り取ったカヤは束にして、円錐形に立て、一一月末まで山において乾燥させた。一二月はじめに、運びおろして茶畑に敷いたのである。茶畑に敷かれたカヤは乾燥しているので、地面に密着せず、通気性のある覆いになり、徐々に腐って茶畑を肥やすのであった。山の雑木林では伐採してから六年間はカヤが採れ、スギやヒノキを植林しても六年間はカヤが採れた。雑木林を植林しないで、薪を採るための雑木林として循環利用している間はカヤを利用することができたが、昭和三〇年代半ばころからのプロパンガスによる燃料革命で薪が不要となり、雑木林の再生産がされなくなったとき、カヤも採れなくなったのである。

ススキは陽性で、空き地ができるとすぐ侵入する草であるが、生活の必要から、カヤだけを育てようとすると、人間が他の樹木や蔓、茨をとり除くなどの手入れをすることが必要である。前に触れた河内長野市滝畑地区でも、カヤを刈った後は山焼きをした。余分な雑木は燃え、灰は次に生えるカヤの養分となったのである。滝畑地区では、昭和四八年（一九七三）に地区内で多目的ダム建設が始まり、カヤ刈りや山焼きが途絶えた。二四年後の平成九年（一九九七）、地区の木之本区長が仲間数人と茅原だったところに行った。群生している筈のカヤはまばらで、雑木が生い茂っていた。長く放っておいた茅原を何とか復活させようと、みんなで雑木を伐採しはじめたが、切っても切っても雑木は減らなかった。

明治期の武蔵野のススキ

国木田独歩が『武蔵野』（岩波文庫、一九三九年）の中で、「昔の武蔵野は萱原《かやはら》のはてなき光景をもって絶類の美を鳴らしていたように云い伝えてある」と述べるように、また太田南畝が「四方の留粕」（一八一九年刊）のなかで「草より出でて草に入る、月の行方を尋ねん」（「謡武蔵野」）というように、江戸時代には人々が密集した江戸の町なか以外は、ススキの生育地が圧倒的だった。『江戸名所図会』巻之三の「広尾原の薄図」にみられるような光景が広がっていた。もうすこし前では、大納言道方が「武蔵野は月の入るべき嶺もなし尾花が末にかかる白雲」と詠んだように、月も太陽も薄原へと沈んでいた。

これは関東平野が人の手によって開発されたからである。関東平野をおおっていた針広混交林は、縄文人や帰化人が住みついて開拓し、その後には馬などの大型の草食動物の放ち飼いなどを行ってきた。さらに徳川家康の入府があり、江戸という大都市が建設され、周辺が経済圏となってくるにつれて、江戸に必要な食料をつくる田畑や、薪炭をつくる雑木林以外でも、周辺部に住む集落の人びとの手がしょっちゅう入る植生、つまりススキを主体とした陽性の群落ができあがったのである。

太田南畝はまた、「十三夜十三体」（刊年不詳）という詩とも歌ともつかぬもので、ススキを詠う。

詩

江戸時代、武蔵野のススキの代表的生育地だった広尾原（『江戸名所図会』巻之三、近畿大学中央図書館蔵）

島台の野菊尾花の前
即席の詩歌俳連に雑る
団子夜中新月の後
十三里の海鎌倉の先

　歌
十五夜につぐ山流《やまりゅう》の琴の曲くもいもすめる長月のかげ

　連歌
置く露やしろきを後の月の影

　俳
売りのこる薄《すすき》に早しのちの月

終わりの俳句によまれている「のちの月」とは、陰暦九月の十三夜の月のことである。つまり中秋の名月を目前にして売れ残ったススキに、はやばやと十三夜の月がでて、これにお供えされているというのである。

国木田独歩は前に引用した文章の後に「今の武蔵野は林である」と述べている。この文章から武蔵野は一面にクヌギ（櫟）やナラ（楢）等の雑木林に覆われていたように思われがちであるが、当時も相当に萱原が残っていたことが同じ『武蔵野』に描写されている。武蔵野は大洋のうねりのように高低起伏し、小さな浅い谷は水田となり、高台は畑であり野であった。その間に農家が散在していた。

麦畑の一端、野原のままで残り、尾花野菊が風に吹かれている。萱原《かやはら》の一端がしだいに高まって、その果てが天際をかぎっていて、（中略）たちまち林が尽きて君の前に見渡しの広い野が開ける。足元から少しだらだら下がりになり萱《かや》が一面に生え、尾花の末が日に光っている。（中略）日が落ちる、野は風が強く吹く、林が鳴る、武蔵野は暮れんとする。突然また野に出る。君はそのとき、「山は暮れ野は黄昏《たそがれ》の薄《すすき》かな（蕪村）」の名句を思い出すだろう（後略）

と、武蔵野の光景を描写しているのである。

ススキの諸種の用途

ススキは屋根葺きの材料とされるほか、燃料、土壁の壁代《かべしろ》、木炭を包む炭俵、草履《ぞうり》、豪雪地帯では住居の回りの雪囲い、箸、生け花の伝統的花材、牛馬の飼料、はげ山や崩壊地復旧用の資材など数多くの用途に用いられた。かつてはこの小穂を集めて穂綿として、綿の代用として布団をつくっていた。また、秋に根を掘り、解熱や感冒の薬とされた。葉の幅が非常に細くなるもの、葉に黄斑のはいるものなどがあり、それらは庭先に植えたり、鉢植えとして鑑賞用とされてきた。

穂付きの若葉は生け花として多く用いられるが、水揚げの悪い素材である。生け花には葉に疵《きず》がなく美しく、節間もかっちりとよくしまり、穂の開きが七～八分で赤味の濃いものが優良品とされている。野生品または半栽培品のものが、六月ごろから晩秋まで出まわり、その量もかなりある。鷹羽薄《たかのはすすき》は高級品として、八月下旬ころから取り扱われ、縞薄《しますすき》がこれに次ぎ、糸薄はもっぱら茶花用とされている。鷹羽薄はまた矢羽薄ともよばれるが、水揚げの悪い草は花屋では扱わないのが決まりであるが、この種類だけは葉が巻いても、斑が葉の裏側から見られるので切花として販売している。

生け花にするススキの水揚げは、むかしの伝書に「ごく早朝に切り、沸湯《わかしゆ》三升に塩一合いれた中に切口深く湯のさむるまで入れ置く」とある。ふつうは、古い切口を鋭利な鋏《はさみ》で切りあらため、ただちにこの切口を酢につけるか、薄い酢酸水にさらすとよくあがる。

ススキは民間薬ともされ、各地で種々の用いられ方がされた。

根を煎じて飲むと小便の通じがよくなる（新潟）

下痢のときには茅《かや》の根を煎じて飲む（鳥取）

オコゼに刺されたときには茅の若葉を味噌に入れて煮た汁で患部を温める（石川）

生け花の材料としてよく使われるタカノハススキ（『有用植物図説』大日本農会蔵版、明治22年刊）

などである。

また、伝統的な薬草とその利用法をとりまとめた栗原愛塚は、その著書『実用の薬草』（昭和出版社、一九七二年）のなかのススキの項で、「秋に根を掘り乾かす。解熱、感冒の薬、煎じてのむ」と記している。

木炭輸送用に使われた萱俵

ススキを大量に利用するものに木炭を包む炭俵があ

った。家庭用の燃料としてまだプロパンガスが普及していない木炭と薪の時代である。戦前までのことはさておいて、林野庁林産課の資料によると、全国二八都市の平均一世帯あたりの家庭用木炭購入量は昭和二五年（一九五〇）で三一・二三貫（約一一七キロ）、同二六年は三七・四一貫（約一四〇キロ）、同二七年は四〇・六〇貫（約一五二キロ）であった。

これらの木炭は、すべて俵装であり、その俵の材料として萱《かや》（ススキの別名）が使われていたのである。代表的な木炭生産県島根県での規格であるが、大正一〇（一九二一）年一一月に農商務省省令で認可された木炭の検査規格は次のとおりであった。

木炭の俵装

俵はすべて小縄四カ所編の萱俵とし、長さを黒炭四貫（一五キロ）入に在りては二尺一寸（約六四センチ）、その他は二尺三寸（約七〇センチ）とする。

このように長さが決められていた。俵には丸俵と四角俵の二つのつくり方がされていたが、いずれにしても中身の重量は同じで、広げたときの幅は三尺三寸（一メートル）くらいあった。一枚の俵表《たわらおもて》を編むのに、概略一二〇〜一六〇本（平均一四〇本）くらいのカヤの茎が必要だったと見積もることができる。

木炭の俵とする萱の刈り取り時期は関東の埼玉県では、一〇月下旬から一一月初旬がよく、俗に一《ひ》と霜、二《ふ》た霜かかってから刈り取って、よく乾燥させ、雨や雪にかけないよう保管した。葉がついているから、俵の枚数も多くできあがり、体裁もよく使いよい。包装してから輸送中にも木炭がこぼれず、荷傷みが少なくなった。俵を作る者、木炭の生産者、消費者の三者からカヤの炭俵はよろこばれた。

島根県が生産した木炭を他の府県に移出した数量は、木炭四貫（一五キロ）入りの俵にして、昭和二五年（一九五〇）度には三八二万二〇〇〇俵、同二六年度には四五一万五〇〇〇俵、同二七年度には四二九万五〇〇〇俵であった。
同県の昭和二五年度の木炭移出に必要な萱俵をつくるのに必要なカヤの本数は、実に五億三五〇八万本という驚くべき数字となる。これほどの数量のカヤが、膨大な山野を保有する島根県下であっても、調達できたとは到底考えられない。カヤは陽性の草であり、外見からはかなり密生しているようにみえても、実際に刈り取ってみると、本数はさほどないのが普通である。『島根の木炭産業史』(島根県木炭協会、一九八二年)は、木炭統制一〇年間(昭和一四年一二月〜二五年三月)の思い出のなかで、木炭包装用の萱俵・縄が不足し、「不足枚数四〇万枚、岩手、青森県から購入、さらに県内で古俵の回収利用につとめた」と記している。

これは島根県での実例であるが、商品としての木炭生産は山野率が高く人口が比較的希薄な地域の、いわゆる中山間の村々であった。全国的には、岩手、島根、高知、和歌山、宮崎県などの各県であった。それらの地域は、人々の重要な燃料資材である木炭を包装するために、カヤが重要な産物として利用されてきたのである。

荒廃地復旧に使われたカヤ

私たちが現在山地を見渡しても、どこでも樹木が青々と繁茂しており、山地とは樹木の生育地なりと思われる。ところがこれは近年、昭和五〇年代以降のことで、江戸時代後期から戦後にかけては、全国至るところに、はげ山や崩壊地、瘠悪《せきあく》荒廃林地が見られたのである。戦後すぐには、樹木は生育しているが、きわめて粗悪で、しかもまばらな瘠悪荒廃林地やはげ山などが、一説には全国では一五〇万ヘクタールあり、ほぼ岩手県と同じくらいの面積をしめていたと云われている。

大規模宅地造成地の法面崩壊防止用として用いられたススキの一群。おもしろい造形美をつくる。

これらの山地に国や県は森林治水事業をおこない、緑を復活させてきたのである。

はげ山や崩壊地を復旧させていくために工作物をつくり、植物の種子を播きつけたり、あるいは植えてきた。山肌つまり山腹に工作物をつくることを山腹工といい、この工事は雨水による土壌の侵食や土石の崩落を防ぐ目的をもっている。山腹工につかわれる工作物には、法切《のりぎり》工、張芝《はりしば》工、積苗《つみなえ》工、段積苗工、積芝《つみしば》工、筋《すじ》工、山腹編柵工、山腹木柵工、山腹階段工、山腹被覆工、山腹張石工、山腹積石工等があり、ススキが材料として用いられる工作物には、筋工、山腹木柵工、山腹被覆工などがある。

これらは、工事を行う地域の近くで、安価で豊富にえられる材料が用いられることとなるので、工事を行うところによってそれぞれ異なっている。ここでは、戦後間もないころの森林治水（治山）事業での工事内容の一部を諸戸北郎著・発行の『実用砂防工学』（一九四九年）から掲げる。

筋工とははげ山・崩壊地などの山腹に階段をつくり、適当な材料で等高線に筋状の植生を生やし、これに苗木を植える工作物で、使う材料によって萱株筋工、芝筋工、石筋工、連束粗朶《そだ》筋工、藁筋工、丸太筋工などの区別がある。

萱筋工は、崩壊した山腹をなるべくゆるやかに法切《のりぎり》し、高さ一メートルごとに幅六〇センチの階段をつくり、外側から一六センチのところへカヤおよびハギを植えつけ、それより内側にハゲシバリまたはヤシャブシ一本と黒松一本を互いちがいに植えていく。なお、法切とは、山腹斜面をほぼおなじ傾斜角度に均《なら》していく工事のことをいう。カヤ株の使用量は、筋一メートルにつき〇・一二束（一束は長さ一メートル縄で縛ったもので、これは八メートル分に植える量）であった。これを諸戸は東京大学愛知演習林において、実際におこなっている。

神奈川県林務課がおこなった石筋工でも、筋一メートルにつき茎長二五センチの萱株が〇・一束植えられている。同課の連束粗朶筋工および丸太筋工においても、筋一メートルあたりにカヤ株〇・二束が用いられている。

山腹木柵工は山腹に杭をうちこみ、その内部に背板を並べて柵をつくり土砂を留めるもので、早期に草木の繁茂が見込まれる山腹を仮に固定するためにおこなうものである。東京都西多摩郡調布村（現調布市）でおこなわれたものでは筋一メートルあたり、杉丸太（長一メートル、径六センチ）一五本、杉丸太（長三メートル、径八センチ）一〇本、ニセアカシア一本、萱株一束（茎長二五センチ、長一メートルの縄で縛ったもの）が使われている。

これらカヤなどの植生を用いながら、広島県が昭和三五～四四年（一九六〇～六九）の一〇カ年間に計画した治山事業計画は、崩壊地復旧九四五ヘクタール、はげ山復旧一七三七ヘクタール、はげ山防止九五三〇ヘクタール、合計一万二二一二ヘクタールという広大な山地に緑を復活させるというものであった。

はげ山や崩壊地という植物の生育条件の劣悪なところを森林に復旧させるため、カヤ（ススキ）が用いられたのは、陽性のため日光が直射しても生育に支障がないことがまずあげられる。さらには、他の植物がとうてい生育できないようなpH五以上の強酸性、有機物欠乏の痩せた薄い土壌にもカヤは平気で生育できるという養分と水分に対する要求度が低い、生理的な条件がまずあった。同時に、その当時は山野にごく普通にカヤが多数生育しており、材料として入手しやすかったということも、大きく影響している。

海岸砂丘の飛砂を防ぐカヤ（ススキ）

わが国は周囲を海に囲まれ、海岸には各地に砂丘が発達している。昭和二八年（一九五三）に農林省総合開発課の調査による海岸砂地は神奈川県の面積とほぼ同じ約二三万九〇〇〇ヘクタールで、その当時不毛地の面積は六万一七五一ヘクタールもあった。海岸砂地は、日本海沿岸では青森、秋田、山形、新潟、石川、鳥取、島根の各県に、太平洋沿岸では青森、宮城、千葉、神奈川、静岡、宮崎、鹿児島、福岡の各県によく発達していた。

海岸砂地は不毛地であるだけでなく、飛砂の生産地でもあった。砂丘は年々二〜二七メートルも移動し、大規模な飛砂が発生すると、家屋、田畑、道路、河川を埋没させ、大被害を及ぼしてきた。

全国各地の砂丘をもつ地域では、砂丘を固定するため、江戸時代から諸種の手段を講じてきた。砂丘を固定するための一つの方法として、砂防の材料を砂の中に立てる方法があり、ほとんど風を通さないように密にするものを防風垣といい、僅かに風を通すものを堆砂垣または静砂垣という。後者の材料として、板、粗朶《そだ》、葭《あし》、藁、竹、シダとともにカヤも用いられた。また材料を地上に伏せ、砂の飛ぶことをおさえるものを伏工《ふせこう》といい、その材料は粗朶、藁、カヤ等があった。

萱《かや》簀《す》伏工は、砂丘の上や砂地に葉付きの萱簀で覆い、その上をおさえ竿《さお》および目串《めぐし》で固定する方法である。なお、萱簀とはカヤをあらく編んだむしろのことで、目串とは竹や木材でつくった串で簀などを地面に動かないよう押さえる役目をするものである。

秋田地方の海岸砂丘の飛砂防止に用いられた葉《は》萱《かや》簀《す》被《ひ》覆《ふく》工の実例では、一アール当たりに、葉萱簀（長さ二一センチ、幅二一〇センチ）二五枚、おさえ竹（長五メートル以上で、四㎡当たり一本の割合）二五本、目串（おさえ串）（一㎡当たり一組の割合）のものを、男三人と女二人でおこなうのが標準的な仕事量とされていた。葉萱簀を砂地に伏せたのちには、植物を生やすことを目的として、アキグミ（秋茱萸）の穂を四〇〇本さしつけたのである。萱簀によって砂の移動がとまり、アキグミが根付き生育を始めるころには、カヤは腐れて腐植質となり、アキグミの肥料分となったのである。

石川県の志賀町から加賀市にいたる約一〇〇キロの海岸線は、砂丘地となっており、冬の季節風による飛砂害が激しかったので、広く海岸林が造成されてきた。とくに全国に先んじて砂防造林を行ったとされる場所は、河北郡高松町の高松、七塚町の遠塚、浜北、外日角、白尾で、承応三年（一六五四）に実施したとされている。江戸時代の海岸造林の方法は、粗朶垣や簀垣（アシや萱）を立てて、クロマツ（黒松）、ハイネズ（這鼠子）、ヤナギ（柳）、ネムノキ（合歓木）、エノキ（榎）などが植えられた。

近代に入っていろいろと工夫が重ねられ、昭和二六年（一九五一）から前砂丘（海側最前列にある砂丘）の固定には砂草のハマニンニク、ケカモノハシが用いられるようになった。昭和二八年までは堆砂垣と静砂垣に萱簀《かやす》の一メートルのものが使われ、クロマツ、ネムノキ、アカシアなどが植えられた。また立藁工《たてわら》も施工されていた。昭和二八年からは、堆砂垣の萱簀が竹簀に変わり、二メートルのものが使われた。飛砂がはなはだしい所では、堆砂垣の二段施工による前砂丘固定が行われた。

第四章　クズバナ（葛花）　花よりも重要な衣食用と薬用

生活に深く浸透しているクズ

クズ（葛）は衣食、薬用にかかわる有用植物として古くから役立てられた万葉植物の一つである。花が秋の七草の一つに入っているところから、詩歌にも多くよまれ、また昔話にも語られるなど、古来から人々と深く関わってきた。

クズの根から採る漢方薬の葛根湯《かっこんとう》や葛粉《くずこ》は馴染み深い。また葛布《くずぬの》、葛袴《くずばかま》、葛引《くずひき》や葛餅《くずもち》、葛湯《くずゆ》、葛水《くずみず》、葛《くず》切《きり》、葛溜《くずだまり》、葛鰹《くずがつお》、そして葉っぱが家紋にされる等、衣食に親しまれた言葉も多くあり、日本人の生活に浸透していたことが示されている。

和名の由来には、大和国の国栖《くず》地方から産する葛粉《くずこ》が良質とされたためとする説、そのクズを産する地名の国栖《くず》によるという説、クズは風行きしるべ（風によって葉がはためくので風の道案内という意味）の約だという説、クズカズラの略、漢名の葛《かつ》の音が転訛した、根を粉にして用いることから細屑《くず》の意味、スイカズラの上下の転、コス（粉為）の転、クルスジ（繰條）の意味だとする説などの諸説がある。

クズは、マメ科クズ属の大型のつる性樹木で、褐色の粗い毛があり、茎の長さは一〇～二〇メートルに

クズは、秋の花が終ると偏平なさやをした実をつける。

達する。基部は木化し、根は長大で多量の澱粉を蓄える。私が中国山地の国有林で仕事をしていたとき、林齢の高い林の中では、直径一〇センチ以上もある太いクズの茎が大木に巻き付いているのをよく見かけた。

国有林の仕事の大先輩である大橋英一は、自費出版の著書『未知への挑戦』（一九九一年）のなかで、ある男の人の話だとして、びっくりするほどの茎の長さのクズを紹介している。

なお彼は云う。大木にまきついている大きな一株のクズのつる全部を延ばして測ったところ、一七九一メートルもあった。そのうち三二〇メートルが多年生の茎で、木質化していた、という記録を読んだことがある。また青森市で大きなクズが発見され、天然記念物に指定された話も聞いたことがあるし、クズの茎を輪切りにして造った茶托をみたことがある。

この文献を私は見ていないので、大橋氏の述べたことをそのまま引用しておく。それにしても、蔓《つる》性のクズは、長く伸びるものである。

ところが実際にクズの茎を測定した人がいる。早稲田大学の井野良夫助教授である。井野助教授は、研究室の学生たちとクズの大きさはどのくらいあるのかを調べた（「クズ」『植物の生活誌』平凡社、一九八〇年）。

井野たちは、クズの茎をある一点から出発し、巻き付いている茎はほぐし、土中のものは掘り出し、ひとつの個体をとりだした。もちろん長いままでは無理なので、切断し、一つながりにして、紙に描いた。七月に調査したもののなかに、多年生茎の全長が一五二メートル、当年生茎が七〇二メートル、合計八五四メートルのものがあった。井野たちが掘り出した最大のものは、多年生茎が三二〇メートル、当年生茎が一四七一メートル、合計一七九一メートルであった。大橋が自著でいうところの数値と、まさにピッタリである。大橋はこの文献を読んでいたのであった。意外なところから見つかるものである。

クズの新茎は四月中旬から伸びだし、生長のよいものは六月中旬には長さ六メートルになり、八月末には二〇メートルを超えるほどにもなる。

葉は大きく長柄があり互生し、三小葉からなり、葉質は厚い。小葉は両面、とくに裏面に白毛をやや密につけるので白く見える。八～九月、葉腋《ようえき》に長さ二〇センチくらいの総状花序に二センチ内外の紅紫色の蝶形花《ちょうけいか》を密につけ花穂をつくる。花穂は、下の方から順次開いていく。大きな葉に隠れて見えないことがあるが、見る人によっては花は優艶で秋の気配が深いと感じられる。花が終わると、線形で偏平な莢《さや》の実をつける。豆果には、褐色の長い剛毛が密生する。

真夏の直射日光のもとで時折みられる「クズの昼寝」。小葉三枚が上に向き合わさっている。白く丸いものは護岸の玉石。

クズの葉のひるね

クズの葉は互生して大きく、長い葉柄の三出複葉で、頂小葉は幅一〇～一五センチの広楕円形または菱円形、ときに三浅裂する。側小葉は偏平形で長さ約一七センチ、主脈より下方の葉身が上方のそれよりも大きい。葉質は厚く、上面は粗く伏毛が粗生し、下面は白色の毛をやや密生させ、帯白色をしていて、風などでひるがえると、この裏面の白さがよく目立つ。

このクズの葉が夏の熱いさかりには、昼寝をするというので、私は住んでいる所からほど遠くない小川の土手に、真夏の八月のよく晴れたかんかん照りの日中に見にでかけた。川幅一〇メートルにも満たない小川の両岸の堤防は、道路となっていて、道路から川側は見事なクズの繁茂地で、いわゆる真葛原《まくずはら》となっている。

川を渡る小さな橋の両岸は、この春に土手が改修され、コンクリート張りの上に三〇〜四〇センチもある玉石が並べられていた。玉石の上には、あたりから伸長してきたクズが、何本も茎を這わせていたが、なんとなく異様であった。

橋の上から見ると、土手の改修部分にあるクズの葉という葉が、三枚の小葉を上向きに合わせて、銀色の葉の裏をみせて光っていた。これが葛の葉の昼寝の姿だった。ひるねだというので、木陰の涼しいところで、葉を閉じてすやすやと眠っていることを想像していたのであるが、そのイメージがまったく違っていた。

強烈な真夏の日差しが与える熱線から、気孔の多い葉の裏をたてて、水分を発散させ、気化熱で植物体の温度をさげ、乾燥から防衛しているように感じられた。同じように強い日差しを受けながら、土の上にあるクズの茎では、あたり前のように、小葉三枚はほぼ水平に広げられていた。

夜に葉をあわせて眠る植物は意外と多いが、葉の表を合わせるグループと、葉の裏をあわせるグループに分けられる。クズの葉も昼寝をするときには、三枚の小葉の表をあわせていた。ところがである、夜になるとクズも昼間の昼寝のときのように、小葉三枚を上に（葉の表を）合わせるのではなく、小葉三枚を下に合わせて眠っていた。八月半ばの午後七時すぎ、あたりがうす暗くなると、茎の先端部分についている葉から、次第に小葉が下向きになっていく。そして完全に暗くなると、三枚の小葉は茎の下側で葉の裏を合わせて眠っていた。それも茎全部の葉ではなく、茎の先端から一〜一・五メートルくらいの、未だ成熟していない葉がそうなっていた。完全な観察ができていないので、はっきりしたことはいえないが、成熟した葉にも葉の裏を合わせていたものもあったようだった。

クズの繁殖と植林地の困惑

クズの繁殖方法には、実生によるものと、茎が地面に接すると節の部分から発根し一つの個体となる無性繁殖とがある。クズには一〇〜四〇センチ間隔に、すこし肥大した節がある。一〜二年生の茎のところどころの節から、四月中旬に当年生茎が一本か二本のびだす。クズの茎には、地表面を這いすすむ太い茎と、出はじめから立ち上がって先端を空中で振り、物に巻き付く茎との、二つのタイプがある。這いすすむ新茎からも、巻き付く茎が枝分かれする。長い多年生茎の先端からも新茎を数多く出し、占有面や空間を占拠していくのである。また、実生の繁殖力もきわめて強い。

旺盛に繁茂するクズは、たちまち廃屋のビルも覆いかくしてしまう。それだから、植林地では手入れが大変である。

私が島根県下の江の川流域にある国有林で植林の仕事をしていたとき、苗木の植付けをするための準備作業をしているところに、クズの繁殖地があった。七月始めに、生えている草木とともにクズも刈り払い乾燥させてから火をつけ、クズの茎や葉っぱを焼却した。まだ新米の責任者だったので、これで植林した後の手入れにひじょうな手間と経費がかかるクズは退治できたと浅はかにも考えて一安心した。ところが、しばらくしてから出掛けてみると、なんとクズの芽がたくさん出ていた。びっしり地面も見えないほどなので、一体どのくらい生えているのかと、一メートル四方の枠をつくり、そこに生えていた苗を数えたところ、一五〇本を超えていた。長年にわたって落下したクズの種子が、一斉に発芽していたのだった。クズ苗が密生する広さは四～五メートル四方であったが、まばらではあるが苗の発生がみられた場所は、およそ一〇〇平方メートルはあった。この苗を一本残らずすべて抜き取らなければ、またまた元のクズ原に舞い戻ってしまうのである。

林業上主要な樹種であるスギがよく育つところは、クズもよく繁茂する。スギは植えてから一〇年くらい経つと、苗木も育って下草刈りをしなくてもよくなるので、一安心できる。

しかし、クズが生えているところでは、ちょっと油断していると、たちまちクズが植林したスギの幼木に這い上って、枝葉をマントのようにすっぽりと覆いかくし、光合成に必要な陽光を奪ってしまう。あわてて、クズの茎を切り払うことになるのだが、クズは切られると古い茎まで若返り、前よりもいっそう元気に新しい、樹木で云えば枝葉に当たる蔓《つる》を繁茂させるという皮肉な結果になることもしばしばである。

また、クズの繁殖方法は前に触れたように、実生の芽生えから生長するものと、地面に触れた節から発根して一つの個体となるという二つの方法をもっている。クズの茎の節の部分が地面に触れるとそこから根と新しい芽をのばしていく。樹木では幹に当たる茎を寸断しても、節が地面についているものが残っていると、そこから新しい個体が生まれ、繁茂していく。したがって、クズを退治しようとして茎を刈り払っても、なかなか大変な仕事となるのである。

クズを退治するのは、実生で苗が発生したときに引き抜くことが最も効果的であるが、前に触れたように畑の雑草と変わらないほどたくさん生えるので、実際には出来にくい仕事である。退治するためには、クズの切株に石油を塗り付ける、葉に農薬を散布する、根を完全に掘り取るなど、いろいろな方法が試みられてきたが、いずれにしても労力が大変にかかり、根負けしてしまうことが多いのが現状である。

クズ退治は根気よく出てきた芽を刈りとり、山林であれば樹木を茂らせて、クズの生育に必要な陽光を遮断してしまうことである。陽光を遮る樹木のない土手や野原などでは、根を掘り取る以外に方法はない。いずれにしても費用対効果の問題となる。

発芽性質が一様でないクズ種子

クズの種子は、長さ三ミリ、幅一・五ミリ、重さ十数ミリグラムという小さなものであるが、これから芽生え、何年もかかってとほうもない大きな植物体をつくり上げるのである。クズの種子には、発芽性質の異なる二種の種子があり、それが種子の模様と対応しているのである。うす茶色の種子と、そこに濃い茶色のまだら模様のある種子（まだら種子）で、これ以外には濃い茶色で偏平な発芽能力のないシイナがある。クズは一つの莢《さや》に三種の種子が混在しており、まだら種子は八〇〜九〇パーセント、うす茶種子は一二〜六パーセント、シイナは五パーセント前後である。

前に触れた井野は、シャーレに湿った濾紙《ろし》を敷き、その上に種子をならべて、摂氏二〇度のもとで発芽率を調べた。うす茶色の種子は二〇日間で五〇パーセント以上が発芽し、八〇日目にはおよそ八〇パーセントが発芽した。ところがまだら種子の発芽率は、二〇日目で約三パーセント、八〇日目でも五パーセント弱で、一年たってもおよそ一五パーセントであった。発芽能力がないのではなく、濃硫酸に三〇〜六〇分浸して、水洗いするか錐《きり》で種皮に穴をあけるかして吸水しやすくすると九五パーセント以上の発芽率を示した。私が島根の国有林で経験した火入れ跡に発生したたくさんのクズ苗は、それまでに数年間落下していたまだら種子が、火入れによって刺激をうけ、一度に発芽したものであった可能性がたかい。まだら種子が、一度に発芽せずだらだらと芽生えるのは、晩霜《おそじも》や雹《ひょう》などの害をまぬがれるためであろう。

四月と五月に人為的に発芽したものを植えた井野の実験では、どちらも生長がよくなかったが、梅雨が明けると急激に生長し大きくなった。高温と強い日射が、クズの生長には必要なようである。八月と九月に植えたものは、あまり生長しなかった。「だらだら発芽することの有利さも、七月下旬ごろまでに発芽していなければいけないという条件がつく」と、井野は述べている。

クズは、北海道から奄美大島までの山野に生え、朝鮮半島、中国にも分布している。痩せ地や荒れ地でもよく繁殖するので、中国の砂漠地帯の緑化のため、ボランティアの人たちがクズの種子を集めて贈っている。

アメリカへは、一八七六年のフィラデルフィア万国博のとき、クズが鑑賞用のツタとして日本から出品された。それがきっかけとなって、アメリカでは生長の早いクズをポーチに這わせて日よけとしたり、フェンスにからませて生け垣にするなど、盛んに利用された。

その後、ダムや鉄道の斜面の土砂止めに利用され、さらに荒れ地改良のためにも使われるようになった。ところが、その一部がいつのころからか野生化し、猛烈な繁殖力で空き地だけでなく、庭園や農地、植林地にまで侵入しはじめた。繁殖し拡大するクズの対策に困ったアメリカでは、一時はクズ公害がさけばれたことがあった。しかし、この葉が家畜の飼料として栄養に富み、有用なことがわかって、最近ではクズ・バインと称し、再び高く評価されている。

『万葉集』の葛花は憶良の歌のみ

クズは日本全土の、人びとが生活するところの近くに生育しているため、古くから利用されてきた。

『日本書紀』巻第三の神武天皇紀には、大和の北東部にいた長髄彦《ながすねひこ》を討った翌年の己未《つちのとひつじ》の春二月二〇日、神武天皇はつぎの討伐の対象を、高尾張邑《たかおわりむら》にいる土蜘蛛《つちぐも》とした。その人のすがたは、身の丈《たけ》が短く、手足が長く、侏儒《しゅじゅ》（こびとのこと）と似ていた。土蜘蛛との戦いのため天皇は諸将に命じて士卒をえらび、訓練をした。

神武天皇の軍は、葛《かづら》の網をつくって、土蜘蛛をこの網で覆って捕らえ、これを殺した。そこでその邑《むら》を改めて葛城《かつらぎ》とした、と記されている。葛城《かつらぎ》とは、奈良盆地南西部の葛城地方のことである。網をつくったかずらはクズのことで、クズは古くはかずらとよばれていたことがわかる。

『出雲国風土記』は「すべてもろもろの山野にあるところの草木」として、意宇《おう》郡では、山菅《やますげ》、独活《うど》、山芋、蕨《わらび》などとともに葛根《くずのね》を掲げている。同風土記から葛根《くずのね》がある郡を拾うと、意宇郡、島根郡、出雲郡、神門郡、飯石郡、大原郡となる。当時の出雲国には九つの郡があり、そのうちの六つ郡にクズが生育していたことが記されているのである。

『万葉集』には二〇首で詠われ、そのうち二つの歌には二度クズが出てくるが、花を詠む歌は巻八の「秋雑歌《あきのぞうか》」にある山上憶良の『秋の野の花』（秋の七草）（歌番一五三八）の歌のみである。万葉人は、花よりも秋風に吹かれて白い葉裏がひるがえる風情の方が好みだったのであろう。

つのさはふ　磐余《いはれ》の道を　朝離《さ》らず　（中略）　九月《なかつき》の時雨《しぐれ》の時は　もみじ葉を　折りかざさむと　延《は》ふくずの　いや遠長《とほ》く（一云、くずの根のいや遠長に）　萬世に（以下略）（巻三・四二三）

をみなえしさき澤の辺の真くず原いつかも絡《く》りて我が衣《きぬ》に著《き》む（巻七・一三四六）

『万葉集』に詠まれた葛の形態

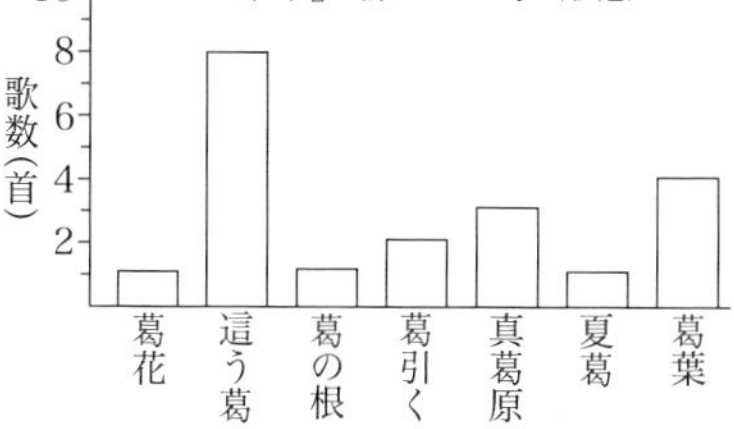

真くず原なびく秋風吹くごとに阿太《あだ》の大野の萩の花散る（巻十・二〇九六）

雁がねの寒く鳴きしゆ水茎の岡のくず葉は色づきにけり（巻十・二二〇八）

水茎の岡のくず葉を吹きかへし面《おも》知る児らが見えぬころかも（巻一二・三〇六八）

クズの茎は、樹によじのぼるか、のぼるものがなければ地面に長く這って、株から放射状にのびていく。その生態が一番目の歌に「延《は》ふくずの　いや遠長く」と、見事に詠われている。

クズの繁殖力は強く、当然種子から芽を出して大きくなり、さらに地面に茎が接地していると葉腋から根を出して一つの個体となる。したがって、クズが一旦生じてくるとたちまち繁茂し、一面のクズ原となっていく。一面の葛原も、遠目でみればそれなりに風情があるため、その状態の葛原、あるいは真葛原《まくずはら》との表現でよく詠われていた。また、秋風に葉がひらひらとひるがえるさまもよく詠まれているので、そのさまが好まれていたことがわかる。そしてクズの黄葉はあまりきれいなものではないが、秋に色づいてくると巻十の二二〇八の歌のように詠われる。なお真葛とは、クズの美称である。

クズの黄葉については、『古今和歌集』でも紀貫之が「ちはやぶる神の斎垣《いがき》にはふ葛《くず》も秋にはあへずうつろいにけり」（巻五・二六二）と、同じように詠んでいる。

風で翻るうら見せ葛葉

クズが風に吹かれて翻《ひるがえ》ると、葉の裏がひらひらと見えるため、「裏見《うらみ》」から、しばしば「うらみくずのは」と詠まれるようになり、やがて裏見を恨《うらみ》に掛けて和歌に登場するようになる。

后宮、久しく里におはしける頃、遣はしける　天暦御歌（村上天皇）

葛《くず》の葉にあらぬわが身も秋風の吹くにつけつつうらみつるかな

契りをば玉まく葛に風吹かば恨みもはてしかへる雁《かり》がね　（藤原定家『拾遺愚草』）（『新古今和歌集』巻第一四・恋歌四・一二四三）

葛の葉のうらみにかへる夢の世を忘れ形見の野辺の秋風

（俊成卿女・『新古今和歌集』巻第一六・雑上・一五六三）

『新古今和歌集』巻第一八・雑歌下には、赤染衛門と和泉式部との間でやりとりされた葛の葉のからむ贈答歌がある。

和泉式部、道貞に忘れられて後、程なく敦道親王かよふと聞きて遣はしける

うつろはでしばし信太《しのだ》の杜《もり》をみよかへりもぞする葛のうら風　（赤染衛門・一八二〇）

返し

秋風はすごく吹けども葛の葉のうらみがほには見えじとぞ思ふ（和泉式部・一八二一）

赤染衛門の歌の大意を岩波書店の『新古今和歌集』（日本古典文学大系）は、「恨んでも他の男のところに移ったりしないで、しばらく今までの夫の様子を見なさい。また、もとのように夫が通ってくるかも知れないから」と解釈している。

これは、和泉式部は最初、和泉守橘道貞の妻となり、小式部内侍を生んだが、後に離別した。そして道貞に忘れられて後、冷泉天皇の皇子の敦道親王が通うと聞いて、赤染衛門が心配し、前の歌を贈ったものである。信太《しのだ》の森は、後に述べるが、クズの生育地としてよく知られたところである。信太の森をよくごらんなさい、ひらひらと風に吹かれひるがえるクズの葉のように、また前の夫がかえったくるかもしれない、と赤染衛門は忠告したのである。

これに対する和泉式部の返歌の大意を同書は、「秋風がひどく寂しく吹くように、道貞がすっかり自分

に飽きて嫌ってしまうにしても、彼には決して恨んでいるような顔は見せまいと思う」とする。すごい風が吹きつけようとも「葛のはのうらみ」（葛の葉の裏を見せる）、つまり恨み顔はみせないというのである。

鎌倉時代に撰集された『夫木和歌抄』は、巻第十四秋部五に「葛」と部立てし、四一首収めているが、「うら」または「うらみ」との詞が含まれる歌は、一八首にのぼる。「うらみはてしを」、「まつもうらめしく」、「うらみて吹かぬ」、「うらみてかへる」、「うらふきかへす」、「うらむらん」、「葛の下のうらみは」、「くすの葉のうらみをますは」などと、それらは表現されているのである。

たまさかに逢坂山の真葛原またうらわかしうらみはてしを　二条大皇太后宮摂津

人こゝろあさ沢小野にはふ葛のあき風ふけばうらみつるかな　鎌倉右大臣

『夫木和歌抄』巻第十一秋部二の「秋花」のところに、数多くの秋の花が詠われたなかにただ一首が収められている葛の歌も、おなじく「うらみ」との表現である。

建久元年和歌所三首歌合朝顔花

あさ露のたまゝく葛にかせすきてうらみそめたるあたしのゝ原　正三位季能卿

歌の意は、朝露が玉のように降りている葛の葉に、風がさぁっと吹き過ぎて、葉っぱが裏をみせていった、化野《あだしの》の原で、というのである。

化野《あだしの》は京都の嵯峨の奥、小倉山のふもとの野のことで、火葬場のあった地として、京都東山の鳥部野とともによく知られている。化野とはまたはかない物事を象徴しており、実意のない男（あるいは女）を風にたとえ、恨みをもつひとの心を詠ったのである。

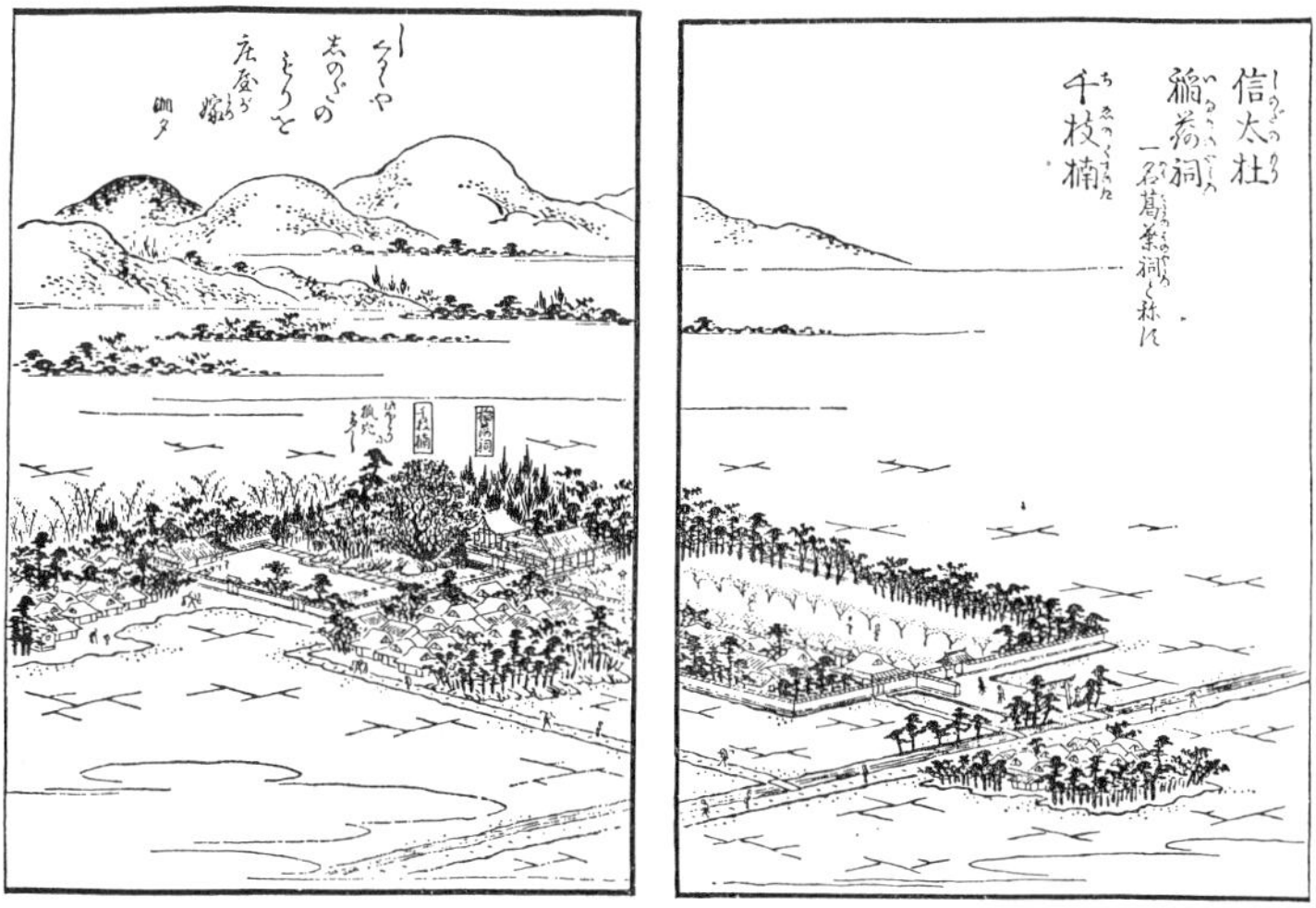

一名「葛葉の杜」とよばれる和泉国・信太の稲荷社。左図中央に千枝の楠が大きく描かれている（『和泉名所図会』巻之三、近畿大学中央図書館蔵）

信太の森の葛の葉伝説

古い和歌ではほとんどすべて、秋風と葛の葉裏を詠んでいるのだが、俳諧ではそれだけでは物足りず一ひねりした人に、芭蕉がいた。彼は「葛の葉のおもてみせけり今朝の霜」と吟じたのである。

古い都々逸には「くずの葉のうらみつらみはそれや仇惚れよ、秋風たてぬまことどし」というのがある。俚謡でも「うらみ葛の葉」と歌われるものがある。福岡県のはんや歌の一つ「待ちふかす」にそれがみられる。

ハンヤ、まちふかすまちふかす。みやこ出てはよしのの山、うきよ忘るる花盛り、ヒフヒヤンチヤラロ、
ハンヤ、まちふかすまちふかす。いせのようらにふくふえはみやぎえするものかもかねに、ヒフヒヤンチヤラロ、
ハンヤ、待ちくらす待ちくらす。なにをうらむる葛のはの、見よや招く尾花のやさしさ。ヒフヒヤンチヤラロ。

都の人が吉野山の花盛りを見に出て、うかれ遊んでいるのを、奥さんが待ち暮らしている。待っても待っても帰って来ないので、なにを恨んでいるのかと、いうのであるが、ここに「うらみ葛の葉」という言葉が常套句として使われているのである。一方の尾花は、差し招いているような姿なのでやさしい、と見られていたのである。

「うらみ葛の葉」という言葉は、陰陽家として著名な安倍晴明の誕生にからまる信太《しのだ》の森の伝説として、よく知られている。信太の森は和泉国信太村（現・大阪府和泉市葛の葉町）にある一群の樹叢で、中に千枝の樟《くすのき》とよばれる名木があった。『古今和歌六帖』（編者に紀貫之ほかの諸説があるも定説なし。後撰集（九五一年）～拾遺集の間に成立したとする説が有力）に「いづみなる信太の森のくすのきの千枝に分れて物をこそおもへ」と詠われた老木である。その近くに葛葉神社がある。この神社が「恋しくばたづね来て見よいづみなる信太の森のうらみ葛の葉」と詠われている安倍安名《やすな》と葛の葉姫の旧跡である。

安名は難波国住吉あたりに住んでいたという伝説の人である。彼は愛児を授けたまえと、信太の葛葉神社に願をかけ、百日満願の日に夢枕にたった白衣の神の言葉に、「近日中に訪ねて行く美女があれば、それと契《ちぎ》りを結べ。玉のような子を授けん」とあった。神のお告げのように美しい女性が訪れてきたのでその女性と同棲し、ついに子供が生まれた。その子が著名な安倍晴明である。美女は明神の使いの狐であった。晴明が誕生したのち、女は狐にもどり、前記の「恋しくば……うらみ葛の葉」の歌を残して姿を消したという。大阪市阿倍野区に安倍晴明神社があり、ここが晴明の生地だという。

安倍晴明を残して母親の狐が姿を消したことを群馬県勢多郡の田植歌は、「おいとしや篠田の森の、ヤーノ、葛《くず》の葉はー、くずの葉はわが子をすてて、ヤーノ、走り行く」と歌うのである。

かえすがえす葛の葉

風に吹かれるクズの葉が、何度も何度も翻《ひるがえ》ることから、「かえすがえす」という言葉になっていった。『夫木和歌抄』巻第一四・秋五の「葛」に収められた葉室光俊の和歌に、「たかまとの野辺へはふくすの秋風にかへすがへすもみつる月かな」の歌がある。

また、『十六夜日記』(阿仏尼の日記、十三世紀後半)の序章の一水くきの跡にも、「かえすがえす」が登場する。

昔、壁の中より求めいでたりけん書《ふみ》の名をば、今の世の人の子をは、夢ばかりも身の上のことは知らざりけりな。水くきの岡の葛原《くずはら》、かへすがへすも書き置く跡たしかなれども、かひなきものは親のいさめなりけり。

一群のクズの葉。風が吹けばひらひらと翻るので「返す返す」という言葉の縁語となった。

引用文の「水くき」は、前に触れたように『万葉集』から『岡』の枕詞《まくらことば》として用いられており、「水くきの岡の葛原《くずはら》」とは、岡に葛が一面に繁茂している有様のことである。その葛原のたくさんの葉が、風によって裏返るさまから、「かへすがへす」へと導かれている。

「かえすがえす」とは「返す返す」のことで、何度も繰り返して、あるいは再三再四とおこなうことである。現在からみれば、相当にまわりくどい表現であるが、これも一つは当時の教養のありかたを示すものと見てよいであろう。「かへすがへす」とは、クズの葉が風のため繰返し繰返し翻ることから、『十六夜日記』では繰返し念入りにという意味が込められている。こんなところにも、クズの葉がヒラヒラと揺れ動くさまが活用されていたのである。

ついでながら、前に触れた『夫木和歌抄』巻第一四・秋五の「葛」の四一首の歌をみると、秋の七草の一つとしてはクズの花であるが、ここにはその花の歌は一首も取り上げられていない。この歌集では、クズは花よりも葉の方に興味をひかれたようで、葉についてはよく観察されていた。

同抄よりクズが詠われた部位をみると、這う葛の末、葛原、這う葛、葛の青葉、葛原うら枯れ、葛葉、籬《まがき》の葛などである。クズが生育している場所をみると、高円の野、水茎の丘、逢坂山、宮城野、三輪の里、山里、三室山、石上《いそのかみ》の社、化野《あだしの》、武蔵野、深草の里、三吉野、印南《いなみ》の野、大荒木の社、箱根山、大崎、生田の小野、粟津、逢坂の関、横野、たままの田井、春日の山といったところで、北は宮城野から、南は播磨国（兵庫県）の印南《いなみ》の野という広い地域におよんでいる。

そして、吹き渡る秋風、松、夕風、露、虫の声、さお鹿、稲の穂波とともに詠われている。吹き渡る秋風は、「みむろ山神のいかきに這う葛のうら吹き返す秋の夕風」（順徳院御製）のように、ひっきりなしにクズの葉を裏返しているのである。

『源氏物語』の色変わりするクズの葉

『源氏物語』には、クズが登場する場面が三カ所ある。その一つは若菜巻下で、摂津の住吉神社の社頭での秋景色の描写である。

十月《かんなづき》中の十日なれば、神の忌垣《いがき》にはふ葛《くず》も、色変りて、松の下紅葉《もみじ》など、音にのみ秋は聞かぬ顔なり。

と、『古今和歌集』に収められた紀貫之の和歌「ちはやぶる神のいがきにはふ葛もあきにはあへずもみぢしにけり」を連想させる場面となっている。忌垣《いがき》は、神社などの神聖な領域にめぐらされた垣であり、みだりに越えないものとされていた。ところかまわず繁茂するクズは、忌垣にも這い登っていたのであるが、その葉も夏の猛々しさがなくなって色づき、大木の松の下にある紅葉も、風評では秋とはきこえなかったが、すっかり秋となっているというのである。クズの葉の色変わりで、秋を知るというのはきわめて珍しい記述である。

次は夕霧の巻で、夕霧が落葉の宮を訪ねる小野の晩秋の景色である。

九月《ながつき》十余日、野山の気色《けしき》は、（情趣を）ふかく見知らぬ人だに、たゞにやおぼゆる。山風に堪《た》へぬ木々のこずえも、峰の葛葉《くずば》も、心あわたゞしう、あらそひ散るまぎれに、尊き読経の声かすかに、念仏の声ばかりして…（以下略）

と、強い秋風が吹きつけ、吹きつけられるにしたがって、散るまいと抵抗していたクズの葉もあわただしそうに、風に乗せられていく姿が描かれている。峰のクズ葉というのであるから、そのまま読めばこのクズは峰に生育し、峰筋に生えている樹木にからみついて、繁茂しているものとみられる。クズはマメ科の植物なので、土地の肥沃度にあまり影響されず、どこにでも生え、繁殖できる強さをもっている。

三つ目は総角《あげまき》の巻で、十月《かんなづき》一日ごろ、紅葉狩りをする匂宮一行が和歌を唱和する場面で宮の大夫が詠んだ和歌に、「見し人もなき山里の岩垣《いわがき》に心ながくも這へる葛かな」とある。

『源氏物語』に描写された葛葉《くずは》の姿と、季節の推移とについては疑問が出そうだ。一つめの葛葉は十月中旬なのに色づきはじめた段階であり、二つめの場面の葛葉は九月の中旬ながら、はや秋風に吹かれて散っていくというのである。季節の進行からみれば、一の場面と二の場面とは月が逆転すべきではないかと思われるけれど、大陰暦という月の運行に基づく暦では、前年の九月と今年の九月とは同じにならないのである。『源氏物語』の著者紫式部は物語の進行に伴う自然の推移そのものを、その時点でつかわれていた暦の月日に当てはめていたとみてよいであろう。

すこし時代は後になるが、秋になってのクズの葉が色変わりすることについて『本朝食鑑』（人見必大著、一六九七年）は、「秋になると枝端よりしだいに黄凋《おうちょう》していくが、それを歌人は賞し、末枯《うらがれ》の葛葉および葛葉の色変わりを詠み、人が約束を変えることを風刺している」と述べている。もちろん、『源氏物語』のクズとは何らの関係もない。

クズを詠った民衆歌謡

秋の野の花として山上憶良は、クズの花を七種類の野の花の一つとして詠んでいる。しかしその後、クズについて詠まれたり物語や随筆に登場するものをみると、真葛原《まくずはら》と呼ばれるように野山において他の植物を圧して繁茂したり、その茎は遠くまで這いまわるという生態を述べたもの、風に翻って葉裏の白い葉をひらひらと見せるものという、言葉でイメージが描けるものばかりである。

江戸期のいわゆる元禄時代（一六八八〜一七〇四）は、江戸幕府五代将軍綱吉の治政下で、幕藩体制は安定しており、町人の台頭、学問文化の興隆など清新な空気がみなぎっていた。華美で優艶な風俗は、一般民衆にいろいろと新らしく珍しいものの流行を追い求めさせた。なかでも三味線の歌、箏《そう》の歌もこの時代に完成しており、元禄一六年（一七〇三）に京都の書肆《しょし》から、秀松軒《しゅうしょうけん》という市井の粋士が編んだ『松の葉』という音曲の唄を収めた五巻の本が現れた。

『松の葉』第一巻の葉手《はで》の二は、「葛の葉」という曲である。「葉手」と何を意味するか分からないように記しているが、すべて物事がはなやかで人目を引くさまをいう「派手《はで》」のことである。

○さても優《やさ》しの、いよ葛の葉や、何を便《たよ》りに、いよえい這ひかかる
○君は松島雄島の海人《あま》の、袂干難《たもとひがた》き我が涙、いよえい我が涙
○深山清水は底から澄むが、君の心も底からか（以下略）

冒頭に、クズの茎がものに這い上る生態をうたい出し、そこから女の男に対する思いを「山で小柴《こしば》を締《し》むる如く、今宵《こよい》其《そ》様《さま》と締《し》め明そ」などと、いろいろな物にたとえながら唄っていくのである。

同書第三巻の端歌目録の二四・櫛田《くしだ》にも、クズの葉が唄われている。

草の中にも物思草《ものおもいぐさ》、誰に恨みは真葛《まくず》が原や、とんと此の身を捨草《すてくさ》に、朽ちも果てなばそれかれそれよ、縁は朝顔浅くてまゝよ、せめて逢ふ瀬の深見草

草づくしになっている歌で、物思草とは物思い種《ぐさ》のことで、物思いの材料あるいは種《たね》のことをいっている。恨みの真葛とは、風にヒラヒラとよく葉がひるがえって裏側を見せることから派生した「裏見」が、恨みに通じることから、このように云われるのである。最後の深見草とは、牡丹《ぼたん》の別称である。

クズの歌と句は花も葉も

クズの花が具体的に和歌に詠まれるようになるのは近代に入ってからで、斎藤茂吉と釈迢空《しゃくちょうくう》のつぎの歌はよく引用されている。

葛の花ここにも咲きて人里のものの恋しき心おこらず　斎藤茂吉
葛の花踏みしだかれて、色あたらし。この山道を行きし人あり　釈迢空

クズの花。花穂は下から上へと蝶形の花が咲き上っていく。一本の花茎に多数の花がつく。

川ぎしにうかべすてたる船にだにつなでづたひにきぬる葛花　大隈言道

蝉の音に夏こそ残れ山窓はにほひすずしき葛の初花　与謝野礼厳

かたはらの芙蓉をよそに葛の花さびしきを見る君がまなざし　佐々木信綱

みねの風けふは沢辺に落ちて吹く広葉がくれの葛の白花　若山牧水

当然ながら近代の歌人たちは、クズの花だけを詠ったのではなく、昔ながらのクズの葉も、それぞれが趣向をこらして詠んでいる。

そそくさと白くぬきたる葛の葉の帯する妻のうしろをばみる　前田夕暮

萱山に這ひはびこれる葛の葉のそよろともせず西日のさかり　木下利玄

道下の崖いちめんに生ひしげる葛の葉ずれは夕べあつしも　三ケ島葭子

ついでながら、俳諧の季題では、「葛《くず》」は三秋とされている。「葛《くず》」とだけ詠まれるものもあるが、葛の葉、真葛、葛かづら、葛の葉裏、葛の花、真葛原などが同じく季題とされている。

葛花や角豆《ささげ》も星の玉かづら　其角

葛の葉をうちかぶせたる山路かな　杉風

葛の葉のうらみ皃《がお》なる細雨《こさめ》かな　蕪村

雨ふれば雨に葛咲く山泉　　飯田蛇笏
葛の花のにほひの風を過ぎて知る　　篠原梵
葛の花こぼれて石にとどまれり　　山口青邨
葛の葉の吹きしづまりて葛の花　　正岡子規
一木を覆ふてあます葛の花　　森冬比古
葛の花街を見下ろす高さにて　　旗本春美

歳時記はクズについて、「蔓は長く樹木によじのぼり、地上を這ってよく繁茂し、野にひろびろと広がっている真葛原は、壮観な秋の眺めである」と、解説している。しかし別の人、とくに林業に関わる人たちには、手入れの行き届かない荒れた山や野とみえるのである。見る者がどんな立場に立つかで、見る風景の意味が変わるのである。

数多いクズの方言

クズの和名のいわれについては前に触れたところであるが、その生育地が北海道から九州まで日本全土の山野、荒れ地、堤防などに最もふつうに見られるばかりでなく、朝鮮半島、中国、およびロシアの一部沿海州にまでひろく分布している。丈夫で、大型のつる性の多年草なのでだれでも知っており、その用途も多用であるところから、クズの方言は多い。

クズとよぶ系統としてクズバ（福島、神奈川、富山、京都、山口など）、クズカズラ（山口、愛媛、鹿児島など）、グズノハ、クスバ、グズバ（富山など）、クズマ（中国地方）、クズマイ（兵庫）、クズマキ（九州）、クズンバ、クゾ（東北地方）、グゾ、クゾッパ、クゾバ、クソビキなどがある。

クズはつる性なので葛《かずら》の一種とみて、あるいは同じつる性の藤と見立てた系統にカズラ（関東、紀州、中国、四国、九州）、カエバカズラ、カキネノカズラ、カズラフジ（東京）、カツネカズラ（鹿児島）、ガンニョーカズラ、カンネカズラ（九州全域）、クジョフジ（東北の北部）、クズカズラ（山口、四国、鹿児島）、クズバイカズラ（愛媛）、クズバカズラ（中国、四国）、クズバフジ（東京）、クズフジ（東北、東京）、クズマノカズラ、コジバカズラ、クズマカズラ、クンマカズラ、クツカズラ・フジヅル（鹿児島）、クズモリカズラ、ツヅラ（和歌山）、フジ（東京、新潟）、フジッツル（群馬）、フジッパ、フジバマメ（長野）、フジバカズラ（兵庫、山口）、マフジ（関東）、ヤマフジ（新潟）、ツルクサ（山口）などがある。

馬の飼料としたところからのものにウマノオコワ（群馬）、ウマノボタモチ（千葉）、ウマフジ（関東、中部）、カイバ（京都、山口、長崎）などがある。オコワとは赤飯のことであり、牡丹餅《ぼたもち》と同様に江戸時代以降、昭和初期までの人びとにとっては、大変な御馳走だった。馬の食べ物としてクズは、その御馳走に匹敵するほどのものであることを、言い表しているのである。

変わった呼び方としてはイノコ・コジンバ（島根）、イノコノカネ（岡山、広島）、カタクリ、ヤマノイモ、ヤマユリ（山口）、コズボ・ゴソボ（鳥取）、ゴブリョー（九州）、トズラ、ホンカンネ（熊本）、マンボタモチ（千葉）などがある。

イノコノカネとは、猪の子がカズネ（葛）の根をよく掘って食べるからというのでつけられた名だという。カズネはクズの方言の一種であるが、つる性植物のことをいうカズラという語と、根部が食料として利用されるのでネという語がくっついて、まずカズラネとなり、そのうち「ラ」の語が脱落したものと考えられる。イノコノカネの場合は、猪の子のカズネというべきところを、さらに省略してカネとなったものである。

著名な医薬の葛根湯

クズは薬用植物であった。薬用とされる部位は根で、葛根《かっこん》とよばれた。

葛根湯《かっこんとう》は古来から医薬として著名である。『延喜式』三七、典薬の「諸国進年料雑薬」には、山城国から葛根三二斤《きん》、伊勢国から葛根一〇斤、安房国から葛花《かっか》一斤が献上されたことが記されている。一斤とは普通一六〇匁《もんめ》で、六〇〇グラムにあたる。したがって山城国から献上された葛根の重量は、いまの単位では一九・二キロとなる。

『本朝食鑑』は、穀部之二、菜部、柔滑類二九種で「葛（葛粉）」の項をかかげ、薬とする部分を記している。「花は穂をなして累々とつづっており、薬とする。根の外側は紫で内側は白色であり、長いものは七～八尺（約二～二・四メートル）もある。その根首は五～六寸（約一五～一八センチ）までの部分が土に入っているが、これは薬としない。地上から五～六寸（一五～一八センチ）地中に入った部分より先のものが、葛根《かっこん》である。晒乾《さらしほし》て、薬に入れて用いる。秋の末から初冬に生葛《なまくず》の根を採って、搗《つ》きくずし、水中に入れ、揉み出して粉をとり、晒《さら》して乾燥したものが葛粉《くずこ》である。葛粉の薬効は、熱を除き、煩《わずら》いを去り、胃をひらき、渇《かわき》を止め、便を利し、酒毒および諸毒を解する」としている。

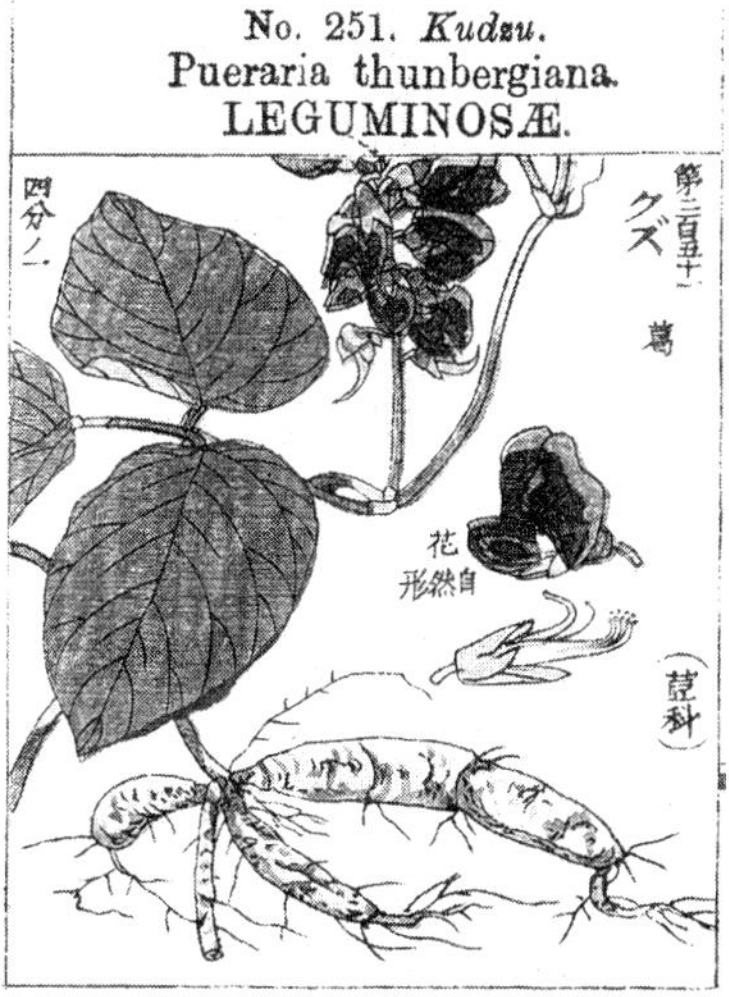

クズの茎葉、花および根の形態。根の部分は葛根（かっこん）とよばれ薬材となる。

クズの薬用部分は根で、『本朝食鑑』のいうとおり葛根《かっこん》と呼ばれる。薬材とする葛根の多くは縦かあるいは斜めに切った板状の厚い片状である。質は堅く重くて、粉性に富み、また大量の繊維質を含んでいる。無臭で味は甘い。薬剤としては、塊根が太く、質が堅くて充実し、色が白く、粉性に富み、繊維質の少ないものがよい。

成分は、澱粉《でんぷん》、ダイジン、ダイゼイン、プエラリン、プエラリン—7—キシロサイドなどのイソフラボン誘導体、カッコネイン、プエラロールなどが含まれている。近年葛根から構造未詳のアセチルコリン様物質が確認され、また精製抽出物に副交感神経末梢刺激作用、消化器官賦活作用があることが発見された。葛根は、発汗、解熱、鎮痙薬として熱性病、感冒、首・肩・背のこりなどの治療に用いられる。ただ汗をかきやすく、胃の弱い虚弱体質者には用いない方がよいとされている。

『中薬大辞典』(上海科学技術出版社・小学館編、小学館発行、一九八五年)は葛根の薬理について、循環系統に対する作用として、葛根から抽出されるフラボンは脳および冠状動脈の血流量を増すはたらきがある。日本産葛根の煎剤には、心臓にたいして興奮と抑制作用をもつ二つの成分があると分析されている。葛根の煎剤をウサギに服用させると、投与して二時間は血糖が上昇し、そのあとすぐに下降して三〜四時間目で最低となるという血糖降下作用のあることを記している。日本産葛根の浸剤は、人工的に発熱させたウサギに対して明らかに解熱作用をもち、この作用は四〜五時間持続する、などの薬理効果について記している。

大変な作業の葛根掘り

クズの根から葛粉《くずこ》を採る方法は、冬季に根を掘りとり、砕いて桶に入れ、水を張って十分にかきまぜて繊維を除き、澱粉《でんぷん》を沈澱させる。水を替えてかきまぜ、沈澱させる作業を何度もくり返すことで、澱粉がさらされ、上質のものができる。これを乾燥させると、葛粉となる。葛根に含まれる澱粉は約一・二パーセントと云われ、葛粉の採取はなかなか大変な仕事である。

葛粉の採取よりもさらに大変な作業となるのが、葛根掘りである。宮崎県椎葉村では葛根のことをカズネと呼ぶ。カズネ掘りの道具は、山鍬《やまぐわ》、鉈《なた》、鎌、荷縛り用の縄（むかしはこれに葛の根の繊維をつかった）などがある。クズは、首の太い蔓《つる》がよい。石添《いしぞい》カズネは実がない、という伝承があるが、これは日陰にある葛根には澱粉が少ないということである。また、カズネ地は石混じりの土地ともいい、石のないところのカズネには実がなく、水分と泥が多いとも伝えられている。

男一人が三日間、葛根を掘っても澱粉は一斗（一八リットル）弱だといい、椎葉村では一月〜三月に、ところによっては春の彼岸過ぎに、掘りに行った。二月から三月に掘り採るのは、山野は冬枯れて、雑草などが少なく仕事がしやすいことと、まだ芽吹きが始まらないので貯蔵された澱粉質が多く採れるためである。葛根掘りのときには、クズの根首を切って鍬の刃にすり付けて、白い澱粉の付着する状態をみて量を確かめてから掘るのである。

吉野葛で知られる奈良県吉野地方では、葛根掘りのときには紺の上下を着て行き、クズの根首を切ると紺衣にすり付け、白い澱粉が多く付く根を掘ったのである。苦労していくら太い根を掘ってみても、澱粉量の少ないものだと、割に合わないからである。次から次へと葛根を掘っていくので、早く掘ったものは乾燥しないように、莚《むしろ》をかけておいた。掘った葛根は、長さ二尺五寸（約七五センチ）ほどに切断して運んだ。

　葛掘りのわりなく枯らす桜かな　自笑
　葛掘るや桜に染まる吉野山　嘯山

宮崎県椎葉村にある「カズネ掘り唄」という珍しい民謡を、民俗学者の野本寛一が紹介している。そして、葛の根採取にかかわる民謡の伝承は、全国的にみて椎葉村だけであろうと、『山地母源論1——日向山峡のムラから』（二〇〇四年）のなかで述べている。上に民謡を、下の（　）内で分かりやすく意訳する。

カズネ掘りゃむぞうや　（葛根掘りゃ可哀想だ）
野掘りかたげて野の中を　（野掘り鍬担いで野中行く）
カズネ掘りゃむぞうや　（葛根掘りゃ可哀想だ）
団子してかるうて　（団子作って背負って）
クネン越しじゃろらくらくと　（クネン越しゃ下り道じゃ　らくらく行ける）
のぼりカズネの首掘り曲げて　（のぼり向き葛根の首は掘って曲げるほどつらい）
くだりカズネのおもしろさ　（くだり向き葛根はおもしろいほど掘れる）
叩け叩けとせめたてられ　（葛根を何度も何度も叩けと責めたてられるが）
精は出ませぬ汗がでる　（なかなか頑張りも気力も出ず汗ばかり出る）

唄の中に出てくる野掘りとは、山芋掘りなどでよく用いられる細身で長い唐鍬《とうぐわ》のことである。また、のぼりカズネとは、葛の根首が斜面の下側にあって根株が斜面の上へ這っているもので、地中深くに入りこんでいるので、掘りとりには苦労する。反対にくだりカズネは、葛の根首が上にあり、根は斜面を下へと這っているので浅くて掘りやすいのである。私も国有林で植林の仕事をしたとき、葛根を掘ったことがあるが、大変な重労働である。

葛粉の生産

『本朝食鑑』は、「葛粉《くずこ》は各地に多く産し、とりわけ和州（奈良県）吉野の産を第一のものとする。色が白く、まるで雪のようであり、紀伊国（和歌山県）、和泉国（大阪府）、河内国（大阪府）のものがこれに次ぐ」と記すように、吉野葛が有名である。むかし、修験道の山である吉野の大峰山へ入る行者が食料として葛根をとり、その後村人が自家製造したものを売ったものが吉野葛の始まりとされている。

　吉野葛といっても、奈良県吉野郡での生産は少なく、現在の主要な産地は、奈良県東部の大和高原にあたる宇陀《うだ》地方である。ここでは元和二年（一六一六）に吉野川流域の下市《しもいち》に居住していた南朝の遺臣の森野家が宇陀に移住し、葛粉の製造をはじめ、幕府に献上していた。また朝廷に上納していた京都の黒川家も、慶安三年（一六五〇）に宇陀に移住している。以来、奈良県宇陀地方が全国の葛生産の半分を占めるようになった。

『和漢三才図会』（寺島良安著、一七一二年自序）に、「葛根は和州金剛山より出る者良し、丹波これに次ぐ、葛粉は吉野の曝《さら》し葛最上となす。西国に亦多くこれ有り」と記されているように、古来から大和の吉野葛が天下に名高く、大和ではこれが自慢の一つでもあった。この地方には、「葛と娘はわしらが自慢、とって見せたい雪の肌」という民謡まである。このほかに京都の本山葛、福井県の熊川葛、福岡県の秋月葛、高知県の桜川葛などがあった。

江戸時代の画家である池大雅が、吉野に遊学したときの句に、

葛粉《くずこ》さらす水まで花のしずくかな

がある。花といえば桜花のことである。桜花は吉野山が特に有名である。そこから、葛の根をたたきつぶして何度もさらして精選するときの水も、桜花からしたたる滴であるというのである。吉野の桜花と葛粉とを同時に詠った、珍しい句だといえよう。

福岡県嘉穂郡筑穂町内野も葛生産地として知られており、荒巻家で作られた葛粉は領主の黒田家に献上されていた。

江戸時代の寛政（一七八九〜一八〇一）の頃には、水戸（茨城県）、津山（岡山県）、金沢（石川県）、津軽（青森県）、淀（京都府）、高崎（群馬県）、西尾（愛知県）、浜松（静岡県）、亀山（三重県）、などの諸藩が葛粉を特産として、幕府に献上するのが例となっていた。

半田賢龍は『花の文化誌』（雄山閣出版、一九九九年）のなかで、石川県押水町の宝達山の山麓に宝達葛と呼ばれるものがあると記している。言い伝えでは宝達山では金が産出されていたが、今から約三〇〇年

ほど前（元禄期か？）に金が出なくなり、そこで働いていた金山掘りの人たちの仕事が失われた。金山掘りなどの仕事に従事していた者の一人がクズの根を掘りはじめ、葛粉を作ったとされている。宝達金山では、重労働なので、人びとは一日に二〜三回は必ず葛粉を水にとかして飲み、栄養源としていた。

金山がダメになると、そこで働いていた人たちは、生活のために大がかりに葛粉の製造をはじめた。その頃は葛粉は春だけしか作れないとされていたが、今から一〇〇年ほど前に、宝達の人惣吾四郎兵衛、上野次郎兵衛などが、秋にも製造出来るわざを発明した。江戸時代後期に、小左衛門は特別入念に葛粉をつくり、毎年前田の殿様に献上していた。明治三九年（一九〇六）、村長の和田隆信は葛粉製造で良く知られた奈良県や和歌山県の産地にでかけ、製造法を研究してきた。以後はりっぱな製品ができるようになった、という。

クズを食べるいろいろな方法

葛粉《くずこ》は、当初は葛湯《くずゆ》が味がよくて精がつくと薬用に使われていたが、その後約八〇パーセントくらいが葛切《くずき》りなどの高級菓子の原料とされるようになった。

クズは、根を細かく刻んで蒸しても食べることができ、むかしは飢饉のときの救荒植物《きゅうこうしょくぶつ》としても知られる。救荒植物とは、山野に自生する草木で、凶作のときに食物とすることができる植物をいう。多くの山菜とよばれる植物群もそうだが、普段は食べない松の甘皮や、有毒のソテツの実なども食べられた。

クズの根をたたきつぶして、水を張った桶の中でもむと、水は灰色となり、根は筋だけとなる。これを樽に入れかき回してザルで漉《こ》し、木綿袋に注いで搾《しぼ》ると滓《かす》が袋の中にのこる。これを乾かしておいて、炊き上がるころの米飯に入れると、少し黒いが救荒食として立派な葛飯《くずめし》となる。

絞り出された方は、沈殿させると澱粉がたまる。沈殿した澱粉をさらに水洗いすると、上層は白く、下層では黒いものがたまる。下層のものを黒葛《くろくず》というが、これを生のまま蒲鉾《かまぼこ》のように固め、薄く（約六ミリくらいに）刻み、茹《ゆ》でて、塩または醤油か味噌などで食べる。また豆の粉、砂糖などを混ぜて食べることもできる。白い部分は乾かすと葛粉となる。

岡山県苫田郡阿波村（現津山市）では、黒葛の部分を鍋で焼いたものを「かねもち」という。黄粉《きなこ》をつけて食べる。囲炉裏《いろり》の熱灰のなかにそのまま入れて焼き、生味噌をつけて食べることもある。焼けると膨れ、よく焼いた方がうまい。福岡県筑穂町では、黒葛を「かんねもち」といい、煎餅のように焼いたり、メリケン粉を加えて茹でて黄粉を付けて食べる。

葛粉を少量の水で溶き、これに熱湯を加えた葛湯《くずゆ》は、病人や小児の栄養食としてむかしから重用されている。葛餅、葛粽《くずちまき》、葛そうめんなどは、むかし乏しかった食料を補うために用いられた名残である。

葛粉を使った料理と菓子

葛粉を用いる料理をその名産地の名にちなんで「吉野仕立て」とよび、吸い物、煮物など各種の料理に用いられている。葛粉で汁物に濃度をつけたものは吉野汁、煮汁に葛粉で濃度をつけた煮物は吉野煮とよぶ。

江戸時代の宝暦年間（一七五〇年代）の料理書『料理山海郷』（博望子《はくぼうし》著、一七五〇年刊）から、葛粉をつかった料理名を掲げると、葛吸い物、早葛切りという二つだけであって、意外とすくなかった。葛吸い物は、水を焼き塩で加減したところに、葛粉を堅くこねてちぎっていれる。浮いてきたら、摺り生姜《しょうが》をよく叩いて上にのせて出す。早葛切りは、まず湯をわかしておく。葛粉を盆に溶き、白の細寒天《かんてん》をこの葛粉でよくまぶし、湯の中に入れてすぐ上げる。本物の葛切りのようである。

葛餡《くずあん》とは葛粉でつくった餡のことで、だし汁を醤油や砂糖などで調味し、葛粉を水でといたものを加えて、とろ火で熱していく。葛だまりともよばれ、餡かけ料理にもちいられる。精進料理の一種に葛鰹《くずがつお》というものがある。葛粉に小豆《あずき》の煮汁をまぜて蒸し、銀箔《ぎんぱく》で巻き、鰹の刺身に似せたものである。からし醤油、わさび醤油などをつけて食べる。

葛菓子は葛粉を用いて作った菓子全般をいう。葛粉が菓子に利用されるようになったのは、室町時代ごろとされている。生菓子としては葛桜（葛まんじゅうの一種）、葛まんじゅう、葛ちまき、葛餅、葛団子などで、原料には精選した葛粉が用いられている。葛餅は江戸初期の寛永二〇年（一六四三）に刊行された『料理物語』（作者不詳、一六四三年刊）にその作り方が載っているほどで、古くから食べられた菓子である。夏の季節物だが、門前土産などでは常時売られている。

東海道の掛川宿と金谷宿の中間の日坂《にっさか》では、蕨餅《わらびもち》が名物とされていたが、実態は葛餅であると林道春は『丙辰紀行《へいしんきこう》』（元和二年＝一六一六刊）のなかで記している。

太田南畝も「日坂の宿の家々蕨餅をひさぐ。或は葛の粉に豆を和えるときけば、伯夷《はくい》がとれるものにはあらじ」と、売っている餅の名前は蕨餅であるが、実態は葛餅であると、名前と実態のちがいを述べている。なお伯夷《はくい》とは、弟の叔斉《しゅくせい》とともに、中国は殷《いん》の役人であり、周の武王が殷の紂王《ちゅうおう》を討つとき臣が君を殺すことは不可だと諫《いさ》めたがきいれられなかったので、周の天下となるや、山に隠れ蕨《わらび》を食べ、二人とも餓死したと伝えられる。伯夷《はくい》、叔斉《しゅくせい》といえば蕨が連想されるほど、江戸時代にはよく知られた故事であった。

また『東海道名所図会』（一七九九年）も、同じく日坂で売られていた蕨餅の実態は葛餅であると、次のように記している。

新坂《にっさか》あるいは西坂《にしさか》とも書す。金屋《かなや》まで一里二九町。この所の名物に、蕨餅を製して売るなり。「丙辰紀行」にいわく、この所の民わらび餅を売る。往還《ゆきき》の者、飢えを救うゆえに、いにしえより新坂のわらび餅とて、その名あるものなり。あるいは餅の粉をまじえて蒸餅《むしもち》とし、豆の粉に塩を和して旅人にすすむ。人その蕨餅なりとしりて、その葛餅ということをしらず。

現在ではどうなっているのか、フォトライターの八木洋行が、近畿大学民俗学研究所発行の『民俗文化』第一五号に、平成一四年（二〇〇二）ごろの蕨餅についてレポートしている。

「名物の餅はなにがしかの粉や餡を足し加えているのだが、日坂の蕨餅は大豆の粉に塩をまぶして餅にかけて売っていた。ところが蕨餅と銘をうってはいたものの、内容は葛粉餅であった。青大豆の粉をまぶして蕨餅のようにカモフラージュしていたものらしい。『茶屋　和良飛餅　いしや』の看板を伝える内田家の当主由弥さん（大正十三年生まれ）によれば、たしかに葛粉でこさえた蕨餅だったが、周辺で採れるわずかな蕨粉も混ぜてつかっていたという」と、報告している。そして「蕨粉も葛粉も、日坂や宿の周辺部にあたる粟ヶ岳と火剣山のカヤ場とよぶ採草地で採取されたものから、蕨粉は小夜の中山のムラで、葛粉は松葉のムラで作られていたと」その原料のもとまで調べている。

干菓子では、京干菓子にも用いられるが、現在有名なのは「吉野拾遺」などの一連の葛落雁《くずらくがん》である。葛粉をつかった地方菓子としては、京都市祇園の葛切りが有名である。本来は料理とされていたが、葛を煮て麺《めん》のように切り、冷たくして蜜《みつ》を付けて食べる。奈良県の吉野には、餡《あん》を葛粉で固めたクズの香りが高い羊羹《ようかん》がある。

なお、葛粉は生産量が少ないため高価となっている。最近では、市販されている葛粉は、葛粉と称されているが純粋のものは少なく、多くはサツマイモやジャガイモの澱粉である。吉野の観光名所である吉野山でも葛粉が売られているが、同じ量でも本物の葛粉とそうでないものとでは値段が二倍をこえる違いとなっている。

強靭な葛布の作り方

クズ利用の二つ目は、葛布《くずぬの》である。これはクズの内皮の繊維を糸として織るもので、白色をしており、強靭で、耐水力がある。むかしは被布《かぶりぬの》、狩衣《かりぎぬ》、袴《はかま》、襖《ふすま》、屏風《びょうぶ》、壁紙用、蚊帳《かや》、布団《ふとん》、窓掛《まどかけ》、張布《はりぬの》等に用いられた。

現在では襖張り、壁張り、表装地などに多く用いられている。

からみついて上へ登れなければ、地面をどこまでも這って伸長するクズの葉。葛布にはこのように地面を這うまっ直な茎が使われた。

古代の帷子《かたびら》（裏をつけない衣服のことで、夏は直衣《なおし》の下に着る）もこれで織られた。奈良時代の婦人用粗布はこの葛布で、『万葉集』巻七には「をみなへしさき澤の辺の真くず原いつかも絡《く》りて我が衣《きぬ》に著《き》む」（一三四六）と詠われているように、女郎花《おみなえし》が咲く沢近くの葛原《くずはら》のクズをいつかは糸に繰って自分の衣として着よう、というのである。クズを見るとそれで織った布が連想されるほど、織物とされる頻度が奈良時代には高かった。

葛布《くずぬの》に使うクズの採取は、五～六月から土用までである。採取するクズは、今年伸長した芽であって根株から直接発育したもののうち、地面を這っている蔓《つる》を根元一メートル分をすて、それ以上の二

～八メートルの真っすぐに伸びた茎を切る。これを一番苧《お》という。次は九月上旬までに二番、三番を採る。葛布を織る繊維に不適当な部分は、立ち木や草にからまった、俗に「立ち蔓」とよばれるもので、糸にしてもよじれの癖がついているため価値がない。

自然にまかせて放置しているクズのなかには、這いクズがないこともある。葛原があるので、手当たりしだいに採ってきて繊維をとっても、立派な葛布にはならない。這いつるのないときには、クズの芽出しの前に古い茎を刈りとって、勢いのいい這いつるを出させるように、人が手を加えてやるのである。良質のクズの繊維を採ろうとすれば、やはり目的に合ったつるを生育させるように、人手が必要になるのである。

採取したクズの茎を煮たのち、流水につけ、青草の中で発酵させ、水中で幾度も打ち、日光と空気中にさらして繊維としたものが葛苧《くずお》である。ふつう生茎一〇〇キロから葛苧二キロが得られる。苧《お》約四キロから布は一〇反織り出される。葛布はもともと経緯《たてよこ》ともクズをつかって織り、衣料や土ふるい用として使っていたが、現在では経《たて》糸には木綿または絹をつかい、緯《よこ》糸だけ葛糸を用いている。

葛布の著名な産地の掛川

葛布《くずぬの》の生産は、静岡県掛川市付近が江戸時代から著名であるが、佐賀県唐津市佐志《さじ》でも織られていた。掛川の葛布は、鎌倉末期の歌人である藤原為相《ためすけ》（冷泉為相）の歌に、

これぞこの所ならひと門々にくずてふ布を掛川の里　（『夫木和歌抄』）

と詠まれているように、歴史は古い。『東海道名所図会』巻四は、「名産葛布」という項目で、「葛布を色々に染めて、呉服の市店に出す。多くは鞠袴《まりばかま》に用ふ。これ掛川の名産なり」と記す。旧掛川町、日坂町、

大池村が中心地であった。一説に掛川の東大六山（一名葛の峰）には、クズの自然生が多いので、これが利用されたという。

江戸時代に編まれた『和漢三才図会』には、「葛布は遠州懸川（掛川）より出ず」と記されている。掛川城主の太田資順《すけのり》は殖産に熱心で、葛布の生産を奨励し、葛布問屋を保護した。掛川城の北側に所在する村々の農民たちは、夏の時期にはクズの蔓を採取し、葛苧《くずお》にして、城下の市で売ったのである。城下の人は、その葛苧を布に織り上げ、葛布問屋によって売られていった。掛川は東海道五十三次の宿場町であり、旅人が行き交うという地の利もあり、葛布の名声は広く知られていたのである。

明治維新で藩の保護を失った葛布は、混乱をきたし、転業や廃業するものが相次いだ。明治四年（一八七一）に平江茂一が三尺（約九〇センチ）幅に織れる織機を考えだし、襖《ふすま》地に向くようにして活路を見いだした。明治三〇年代には、アメリカにまで輸出した。

このように掛川には葛布の伝統があり、現在も葛布の生産が細々とではあるが続けられている。葛布は山間部ではかなり広く作られていたらしく、静岡県周智郡森町には「葛布」という集落がある。同県岡部町新舟では、「葛蔓《くずかずら》の芯で草履《ぞうり》を作り、履いていたが軽くて履き心地は良かったが、弱かった」と静岡県生まれの民俗学者・野本寛一はその著『生態民俗学序説』（白水社、一九八七年）で述べている。

半田賢龍は『花の文化誌』（雄山閣出版、一九九九年）において、朝日新聞石川版の「白山」の生活編をつぎのように引用し、白山山麓では横糸に葛皮を使った織物があったことを紹介している。

サックリと呼ばれるソデナシ（袖無し）が山麓一帯にあり、このサックリはタテ糸（経糸）を麻、横糸はノクズ（野葛）とかイラ草（蕁草）の上皮などをきたないままやわらかく打って織ったもので、サックリは炎天下の畑仕事でも汗をかかないし、荷をかつぐにも背にこたえない便利なものである。

（カッコ内は有岡が補った）

クズは、夏から秋にかけての緑葉を草木染めに利用することができる。緑色を染める植物の一つで、水で煎じ出したのでは薄色しか染まらないが、アルカリ水で煎じると緑色が染まる。アルミまたは酸媒染で萌黄《もえぎ》色、銅媒染で草色、鉄媒染で灰味の緑色が染められる。

クズの蔓《つる》の利用

クズは一坪（三・三平方メートル）に二～三本植えると、三年目には二〇〇本以上に増加するほどの繁殖力がある。根が土壌の深くまで入るという深根性であるため、堤防を洪水から守ることに大きな効果があるとして、昭和初期に治山治水対策、堤防保護のために植栽が推奨されたが、実績はあがらなかった。しかも、私鉄電車の土手などに植えられたところでは著しく繁茂し、毎年の刈り払い作業などに労力がかさみ、雑草として現在でも問題となっているところもある。

クズの蔓《つる》の繊維はしなやかで、なかなか切断できないので、草刈りにでかけたとき草束を縛ったり、薪の結束《けっそく》に使われてきた。静岡市田代では、葛蔓《くずつる》のことを「ジントク藤」といって粟の稈《かん》をしばって束ねたり、筏《いかだ》や稗《ひえ》や粟の穂、豆類を乾燥させるためのハンデ（いわゆる稲架《いなはぜ》のこと）を組むときに使った。川くらと呼ばれる河川の水防用の木組をしばって組みあげた。さらに吊るし柿の紐としても使われたという。

静岡県本川根村梅地では、農作物を獣の被害から守る鳴子《なるこ》引きとして葛蔓《くずつる》が使われていた。稲藁がない山間部では、真藤《まふじ》に対して葛藤《くずふじ》と称した。高知県本川村や池川町、奈良県吉野郡などでは、小豆や大豆を束ねることにも葛藤がつかわれた。

野本寛一の前に触れた著書によれば、「静岡県水窪町西浦観音堂の田楽のとき、観音堂正面の右端から仮設の楽堂にむかって、南北にクズの蔓でつくられた注連縄《しめなわ》が張られ、それと交わる形で楽堂の北端の位置にも東西に葛蔓が張られる。田楽は日の出直前に終わるのだが、田楽の番外「しずめ」が始まるまえに、観衆一同は南北に張られた葛蔓の注連縄の外にでなければ即刻死ぬと伝えられている。」野本は、「これを稲藁以前の古層の注連縄とみることもできよう」と分析している。

このようにクズはきわめて有用な植物であるが、林業面とくに植林地においては幼い林木に大きな被害を与えている。スギ、ヒノキ、マツ、カラマツ、クヌギ、ケヤキなどの植林木を真っすぐに伸長させないばかりでなく、全体を覆い尽くして陽光を奪い、枯死させてしまうこともしばしばである。刈っても刈っても芽が出て、植林木に巻き付いてくるので、春から秋までに三度も四度も刈り払うことが必要で、その労力は並大抵のものではなかった。クズを枯死させるため、種々の方法が考えられ、それらが実際におこなわれたのであるが、一部の成功したところ以外は、ほとんどの地域でクズを絶滅させることはできなかった。

いちめんクズに覆われた小河川の土手。真夏の日射しのもとで旺盛な生育ぶりを見せている。もともとは堤防保護の目的で植えられたのだが、いまや真葛原となり、手入れが大変である。

秋の七草では、フジバカマをはじめとして、絶滅が心配されている種が多いのであるが、遠い将来とも繁栄を続けそうな種がクズである。それかあらぬか、各地の河川の堤防や土手、あるいは山地で、今でもいわゆる真葛原を見ることができる。

第五章　ナデシコ（撫子）　清楚な日本女性と大和撫子

日本女性の清楚な美しさを譬える

かつて日本女性の清楚な美しさをたとえて大和撫子《やまとなでしこ》と言われたが、その撫子《なでしこ》が秋の七草の一つである。なお日本女性を大和撫子になぞらえるのは、後で述べるのであるが、大伴家持が、「君はなでしこが花に比《なぞ》へて見れど」と詠ったことから発している。

ナデシコには、河原撫子《かわらなでしこ》、野撫子《のなでしこ》、瞿麦《くばく》、形見草《かたみぐさ》、日暮草《ひぐれぐさ》、懐草《なつかしぐさ》など多くの名がある。古名として常夏《とこなつ》がある。平安時代に中国から「石竹」と表記するナデシコが渡来したのでこちらの方を唐撫子《からなでしこ》とし、これに対してわが国に自生しているものに「大和撫子」と名前をつけて区別したものである。

わが国には河原撫子《かわらなでしこ》、信濃撫子《しなのなでしこ》、藤撫子《ふじなでしこ》、姫浜撫子《ひめはまなでしこ》の四種が自生している。河原撫子は最も一般的で、単に撫子《なでしこ》とも、あるいは大和撫子《やまとなでしこ》とよび、これが秋の七草の一つとされている。

和名の由来について『大言海』（大槻文彦編、一九三二～三七年刊）は、「家経朝臣和歌の序にある鐘愛《しょうあい》衆草《しゅうそう》に抽《ぬき》んず、ゆえに撫子といふ。艶状千年に共す、故に常夏《とこなつ》といふ」を引用し、さらに「又、此草の花、形小さく色愛すへきもの故に、愛児に擬しナデシコといふ」と、愛児が小さく可愛らしいことと、この花の可憐さを同一視した説をとっている。そのほか、撫ぜさすりぐさ（撫擦草）の義だという説、密に茂るところからナズミシゲ（泥茂）の義だとする説、ナテチグサウ（南天竺草）の義だとする説などがある。

『図説　俳句大歳時記　秋』（角川書店、一九七三年）からの孫引きであるが、歌文集『年浪草』（似雲著、一七四八年）に「大鏡の裏書きにいう、染殿大后幼い時、容姿絶麗、瞿麦《なでしこ》の御《ご》と号す。美艶を取るのみ。いま瞿麦を改めて常夏と称す。けだし諱《いみ》を避くるなり」とある。染殿の后とは、藤原良房の娘である藤原明子《あきらけいこ》の異称であり、文徳天皇の女御であった。幼いときから美人の誉れ高かったので、「撫子の御前」と敬称をもって呼ばれていたのである。美人をたたえる言葉としても、ナデシコは使われていたことを示しているのである。

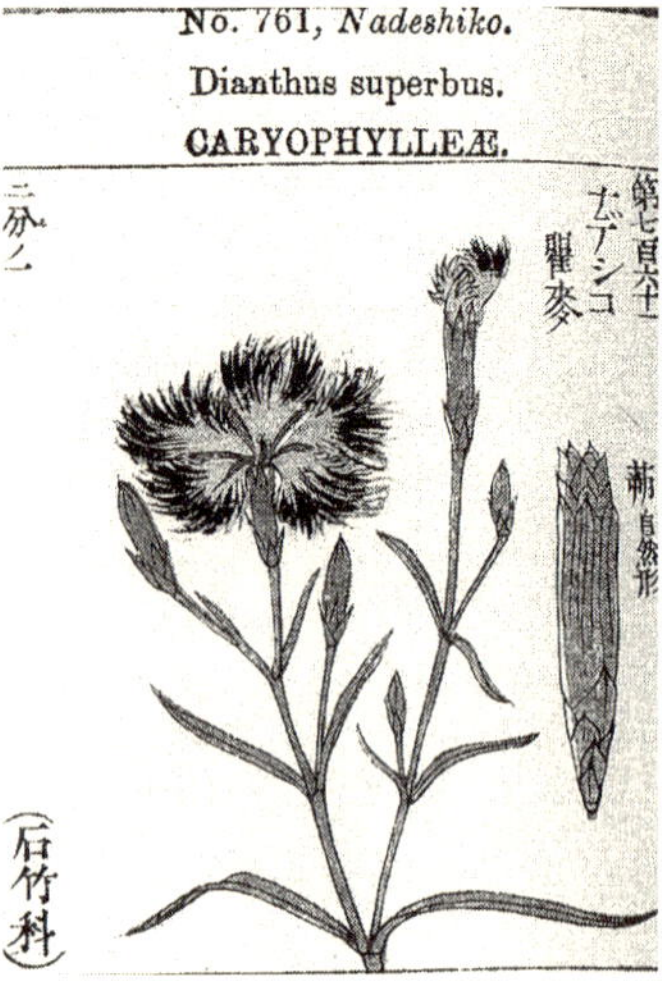

ナデシコ（『有用植物図説』）

ナデシコと唐ナデシコ

ナデシコはナデシコ科ナデシコ属の、山地や原野に生える多年草で、日当たりの良い場所を好む。分布はひろく、日本全土にみられ、誰でも知っているなじみ深い植物である。河原撫子は、名前に河原とあるが河原には少ない。人家にも栽培される。細い茎は節が高く、数本叢生して基部で折れ曲がるようにして伸び、地上に倒れ伏し、よく分枝して立ち上がる。小林一茶はナデシコのこの風情をみて、「なでしこのなぜ折れたぞよ折れたぞよ」と、詠んでいる。

高さ五〇～一〇〇センチほどになり、葉は緑白色を帯び、先のとがった広線形で対生し、葉の基部は連なって茎を抱いている。花は七～九月で、上部でまばらに分枝して茎のいただきに縁が細裂した径三～四センチの優雅な五弁花を開く。花の色は淡紅色、まれに白色もある。ナデシコの花はその名のとおり、可憐で美しく、一見弱々しい感じがする。しかし、実のところその性質はきわめて強靭で、真夏のカンカン照りの河原に好んで生育し、灼熱の熱さも乾燥もなんのその、平気で花を咲かせ、実を結ぶのである。

ナデシコ属はヨーロッパ、アジア、アフリカ北部、北アメリカ西部など北半球を中心に世界に約三〇〇種分布する。ナデシコ属の属名ダイアンスは、ギリシャ語のディオス（神）とアンサス（花）の複合したもので、つまり神の花、神より与えられた花、あるいは神聖な花という意味である。

唐撫子《からなでしこ》は石竹《せきちく》ともよばれ、中国原産で専ら人家に栽培される。鎌倉・室町時代には生け花の対象となっていた。茎は直立し、高さ三〇センチくらいである。初夏のころ、茎の頂きに美しい多彩な花をつける。花弁の端の切れ込みは、ナデシコほど深くなく、また萼筒《がくとう》もそれほど長くない。セキチクにも多数の園芸品種があるが、八重咲きのものは洛陽花といわれる。また四季咲き性のものを常夏《とこなつ》とよぶが、日本では常夏の語はしばしばナデシコの異名のように用いられることがある。

ナデシコが初めて文献に現れるのは、天平五年（七三三）の『出雲国風土記』の仁多郡《にたのこおり》の条で、「おおよそもろもろの山野にあるところの草木」について記述している部分である。そこに瞿麦《なでしこ》は、白頭公《おきなぐさ》、百合、百部根《ほとづら》、黄精《おうせい》、藤、李《すもも》、松などとともに全部で三二種が記され、薬用植物の一つとして載っている。

出雲国には九つの郡がおかれていたが、瞿麦《なでしこ》が記されているのは仁多郡のみである。

万葉時代から庭で栽培

『万葉集』に撫子《なでしこ》は、三〇件あり、そのうちには歌とともに題に記されているものが四件（二首）、同じ歌の中に二度詠われるものが二件ある。

大伴宿禰家持、同じき坂上家の大嬢《おおいらつめ》に贈れる歌一首

なでしこのその花にもが朝な朝《さ》な手に取り持ちて恋ひぬ日無けむ（巻三・四〇八）

丹生《にふ》女王、太宰帥大伴卿に贈れる歌一首

高圓の秋野の上の瞿麦《なでしこ》の花うらわかみ人のかざしし瞿麦の花（巻八・一六一〇）

野辺見ればなでしこの花咲きにけりわが待つ秋は近づくらしも（巻十・一九七二）

庭中の牛麦《なでしこ》の花を詠める歌一首　　大伴家持

一もとのなでしこ植えしその心たれに見せむと思ひ初《そ》めけむ（巻一八・四〇七〇）

『万葉集』において撫子の花が咲いている場所をみると、

妹《いも》が植えし屋前《にわ》の撫子（四六四）
わが屋前《やど》に蒔きしなでしこ（一四四八）
跡見《とみ》の丘辺のなでしこの花（一五四九）
わが屋前《にわ》のなでしこの花（一四九六）
高圓の秋野の上の瞿麦《なでしこ》の花（一六一〇）
わが見る屋戸《やど》のなでしこの花（一六一六・四四四二・四四四六・四四五〇）
野辺のなでしこの花（一九七〇・一九七二）
庭中の牛麦《なでしこ》の花（四〇七〇・四一一三・四一一四）

積もる雪でつくる巌に植えしなでしこの花（四二三一・四二三二）

このように、山野に自生している花を詠った歌は意外と少ない。山野から苗を引いてきて植えたもの（四六四）や、種を蒔いて育てたもの（一四四八）も見られる。大伴家持の「わが屋前《やど》に蒔きしなでしこ」（一四四八）は、山野に生育する植物の花を愛《め》でるために種子を蒔いて育てた最初の記録である。園芸的な意味でも貴重な記録だということができる。こんなところにも、和歌を読み解いていくと、意外な効用に出会える。

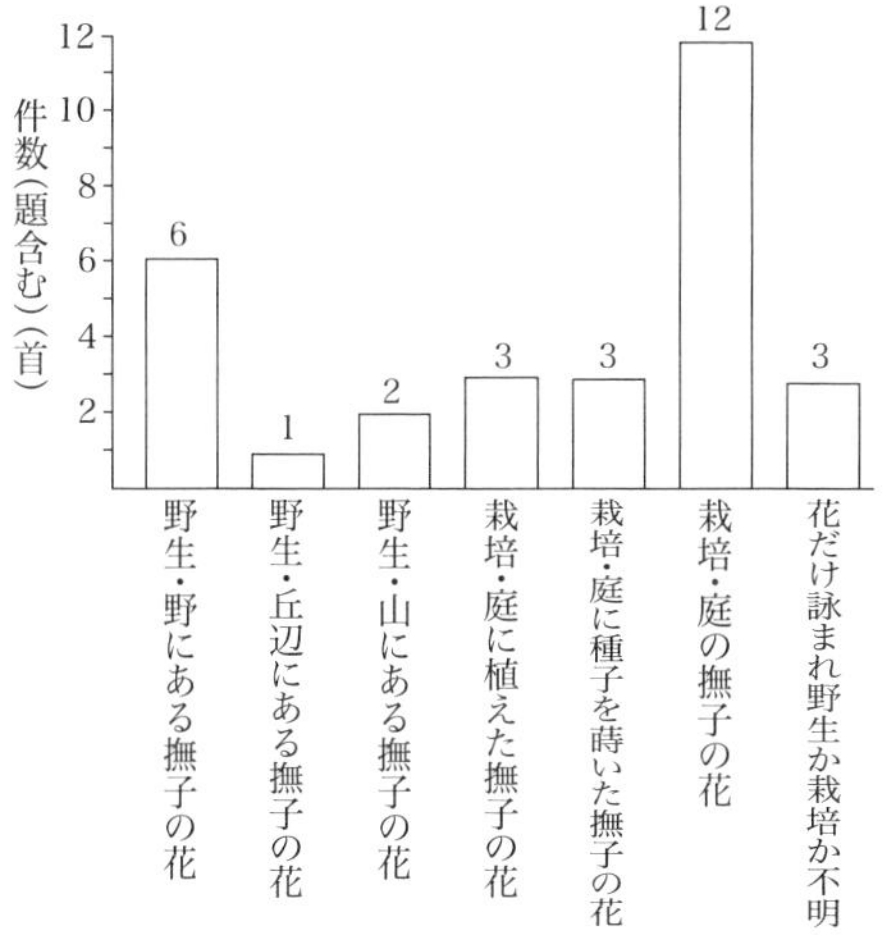

『万葉集』の歌にみるナデシコの野生植と栽培種
ナデシコの用例は全部で30件あり、そのうち野生のナデシコの花は三分の一にすぎない。

とくに大伴家持はナデシコをこよなく愛したといわれ、彼の歌が一一首ときわめて多い。そして『万葉集』巻一八には家持が天平感宝元年（七四九）閏五月二三日、越中国司の館において庭の花を見て作った長歌に、種子を蒔いて育てたナデシコと野に生育している小百合花を庭に移し植えたものが詠われている。

大君の　遠の朝廷《みかど》と　任《ま》き給ふ　（中略）
情慰《こころなぐさ》に　なでしこを　屋戸《やど》に　蒔《ま》き生《おお》し
夏の野の　さ百合引き植えて　さく花を　出
で見るごとに　なでしこが　その花妻に　さ
百合花　後もあはむと　慰むる　心し無くは
天《あま》ざかる　鄙《ひな》に一日も　あるべくもあれや
（四一一三）

このようにあって、妻を恋うる心をナデシコの花によって慰めている。そしてその長歌の反歌に、

なでしごが花見るごとにをとめらがえまひのにほひ思ほゆるかも（四一一四）

と詠い、明るい乙女の笑顔をナデシコの花に感ずると、その想いを述べている。

さらに「うるはしみ吾《あ》が思《も》ふ君はなでしこが花比《なぞ》へて見れど飽かぬかも」（巻二〇・四四五一）によって、わが国女性の清楚な美しさが詠われ、これが後世の「大和撫子」へとつながっていくのである。ナデシコは、『万葉集』では景物として詠まれるほか、「隠《こも》りのみ恋ふれば苦しなでしこの花に咲き出よ朝なさむ見む」（一九九二）のように、恋にからむ歌も見られる。

『古今和歌集』には、ナデシコを可愛いと思って賞《め》でる歌がある。

となりより、常夏《とこなつ》の花をこひにおこせたりければ、
惜しみてこの歌をよみてつかはしける　　みつね
ちりをだにすえじとぞ思ふ咲きしより妹《いも》とわが寝るとこなつの花（巻三・夏歌一六七）
我のみやあはれと思はんきりぎりす鳴く夕かげの大和撫子（素性法師、巻四・秋歌上二四八）

躬恒《みつね》の歌の常夏《とこなつ》とはナデシコのことであり、素性法師のきりぎりすは古歌ではこおろぎのことである。躬恒は、私はこのナデシコの花が咲いてから、塵《ちり》さえおかせまいと思っている、というのである。なお『和漢朗詠集』（藤原公任撰、一〇一二年ごろ成立）はこの歌を採用しているが、第三句を「うえしより」と作っている。『古今和歌集』の咲いてからよりも、植えてからのほうが、はるか以前から大切にしてきたので、差し上げるなんてことは想いもよらない、との意がより強く出されている。

そして素性法師は、私だけがこの大和撫子を可愛いと思うのだろうか、とその思いを詠う。なお大和撫子の名は、『古今要覧稿』（巻第四〇八）は素性法師が寛平の御時にきさいの宮の歌合わせで詠んだこの歌

が初めてのものだという。そしてつぎつぎと選集歌などにその名を詠む歌が登場したと述べている。

優雅で絢爛とした撫子合わせ

平安時代の寛和二年（九八六）七月七日、皇太后詮子《あきこ》は撫子合《なでしこあわせ》をされた。これは当時の貴族の間で流行した物合《ものあ》わせの一つで、『古今著聞集』（橘成季撰、一二五四年成る）巻第五和歌には、「東三条院撫子合事」として記されている。

当日のありさまを同書から意訳すると、少輔内侍少将のおもとを左右の頭《かしら》にして、大勢の女房たちも左右に分かれた。うすものの二藍襲《ふたあいかさね》と汗衫《かざみ》で正装した少女が四人、庭園につくられた池の洲浜にナデシコで籬《まがき》を植えてつくり、皇太后の御前に来たった。まがきのナデシコには、風流さまざまなものがつけられていた。

撫子に今日は心を通わしていかに貸すらむ彦星の空

時のまにかすと思へど七夕にかつおしまるるなでしこのはな

と歌を詠みそえ、まがきのナデシコに取り付けた。それから左右に分かれた人が和歌を詠みはじめた。

和歌は洲浜に立っている造りものの鶴に取り付けられたり、瑠璃《るり》の壺に花を差した台に紅等で葦の形を下絵にした紙に記して縫い付けられたりした。また、放った鈴虫の鳴声を聞きながら詠む者も、ナデシコのまがきに這いのぼった芋蔓《いもづる》に和歌を書き付けた者もいた。洲浜の心葉《こころば》に文字の尾を水の流れるように長く引く水手《みずて》という書き方で和歌をかきつける者、洲浜の先で七夕まつりをしたところに水手で和歌を書き付ける者、沈香《ぢんこう》の巌《いわお》を立てて黒方《くろほう》を土とした上にナデシコを植えたところで和歌を詠む者もいた。このように、優雅で、絢爛豪華な撫子合わせが行われたのであった。

物合わせで年中行事と特に結びついているものは、七夕の七月七日に行われるこの撫子合わせと、端午《たんご》の節句にあたる五月五日の菖《しょ》蒲根《うぶね》合わせである。

平安貴族のこうした物合わせなどの遊びは、鎌倉時代には衰えたが、室町時代の足利義満の時代になって再興された。花御会《はなのごかい》とよび、足利将軍家や公家の間で催されるようになった。室町時代前期の行事や世相が記されている『看聞御記』（後崇光院の日記のこと）には、年々の七夕の行事が記されている。その応永二七年（一四二〇）七月七日の条をみると、「花合」が明記されている。なお日記は漢文なので意訳して記す。

海岸の黒松の根元近くに、アメリカヤマゴボウとともに生育し、可憐な花を咲かせるナデシコ。

晴。早旦の書や勉学は例の如し。花合わせのため形のごとく座敷を餝《かざ》る。客殿は常御所で、相合わせ障子を撒く。屏風を立て回し七幅の唐絵を懸ける。種々置く物があるので厨子、棚、卓などを立て並べる。花瓶を一五立てる。楽器とする琵琶、箏、笛、太鼓を並び立てる。餝《かざり》は大概《たいがい》このようである。

そして和歌を七首詠み、楽を七曲奏し、朗詠をもって七夕の法楽《ほうらく》を終えたとしている。座敷には秋の七草などを一五もの花瓶に入れて立て並べ、管弦を奏して、七夕の牽牛・織女の二つの星を慰めたのである。『看聞御記』には「花合」とあるだけで、撫子合わせであったのかどうかは不明である。

『源氏物語』のナデシコ

『枕草子』の「草の花は」の段で「草の花は、撫子。唐のはさらなり。大和のもいとめでたし」とあり、清少納言はナデシコの美しさを、草花のなかでは第一級品であると評価している。それはまた前に触れた撫子《なでしこ》合わせの行事がおこなれるほど、貴族間にナデシコが広まっていたことを示している。さらにこの文は前にも触れたように、唐《から》つまり中国からこの時代にはセキチクが渡来し、そうとう栽培され、人びとは渡来のセキチクと山野に自生する河原撫子とを比べ、どちらがナデシコかセキチクか判別することができたことを示している。

そして「絵にかき劣りするもの」の段で、「なでしこ。菖蒲《あやめ》。桜。（以下略）」と、絵には実物よりも美しくは描けないものの一つとして、ナデシコの花を菖蒲や桜とともに掲げている。実物を目でみるとき、花の美しさと同時に、その花に可憐さが脳裏をかすめる。この可憐さを紙に絵画として表現することの難しさがあるため、実際に絵として描かれたものは、脳裏のものと比較して劣るなぁと、感じたのではなかったか。

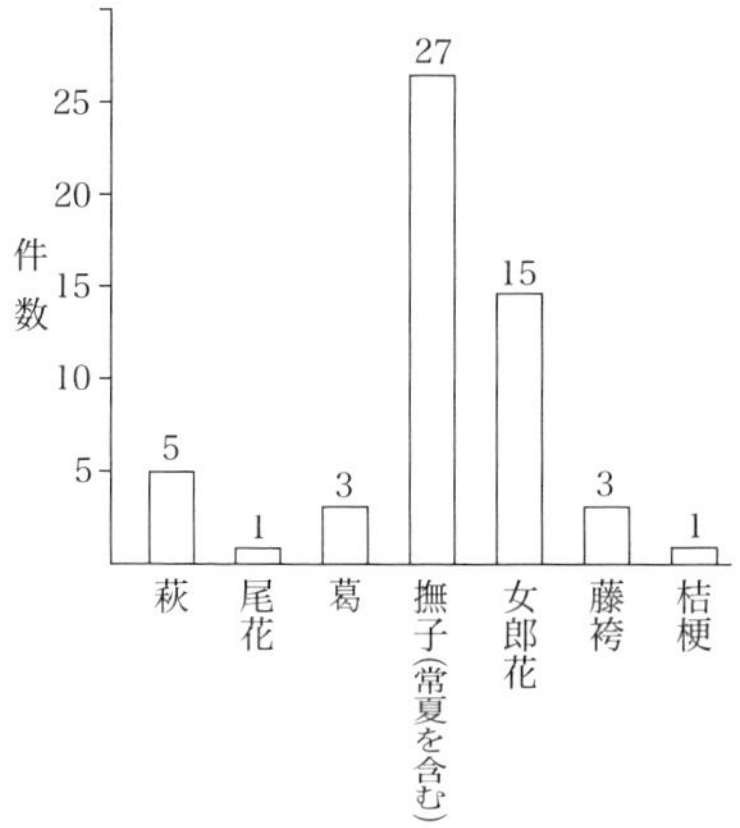

『源氏物語』に現われる秋の七草の用例件数
秋の七草はすべて出現するが、なかでも撫子（常夏を含む）の出現数がとび抜けて多い。

『源氏物語』ではナデシコの出現が二二例あり、うち「なでしこの花」が三例と「やまとなでしこ」が三例含まれている。これに常夏五例を加えると、全部で二七例となる。秋の七草では、萩が五例、尾花が一例、葛《くず》が三例、女郎花が一五例、藤袴《ふじばかま》が三例、桔梗《ききょう》（山上憶良の歌でいう朝顔のこと）一例となっているので、ナデシコが最多となる。

この物語での撫子の出現例の多さは、ナデシコの名に因んで可愛い幼児や子供に擬する表現が、帚木《ははきぎ》の巻、夕顔の巻、末摘花《すえつむはな》の巻、紅葉の巻、玉鬘《たまかづら》に記されていることが大きく関係している。『源氏物語』には、ナデシコの古名である常夏《とこなつ》という巻もあり、常夏の出現が五例ある。したがってナデシコは合せて二七例という圧倒的な出現数となる。

帚木《ははきぎ》の巻では、ナデシコを子供（幼児）にたとえ、常夏を妻や愛人の象徴として使い分けする記述が一つの場面になされている。

（頭中将が）「心には忘れずながら、消息《しょうそこ》などもせで、久しく侍りしに、むげに思いしおれて、心細かりければ、幼き者などもありしに、思いわずらひて、撫子《なでしこ》の花を折りて、おこせたりし」とて涙ぐみたり。「さて、その文の言葉は」と問ひ給へば、（頭中将は）「いやさ、異なることもなかりきや」

（女）山がつの垣ほ荒《あ》るともをりをりにあはれをかけよ撫子の露

思ひ出でしままに、（女の家に）まかりたりしかば、例のうらもなき物から、いと、物思ひ顔にて、荒れたる家の、露繁《しげ》きをながめて、蟲の音《ね》にきほへる気色《けしき》、昔物語めきて、おぼえ侍りし。

（頭中将）咲きまじる花はいづれとわかねどもなほ常夏《とこなつ》にしくものぞなき

大和撫子《やまとなでしこ》をばさし置きて、まづ「塵《ちり》をだに」など、親の心を取る。

（女）うちはらう袖も露けき常夏《とこなつ》にあらし吹きそふ秋も来にけり

と、はかなげに言ひなして、まめまめしく恨みたる様も見えず。

頭中将の内気な女（夕顔）との経験談の一くさりであるが、頭中将と女との間には幼い娘がいた。和歌の部分での「山がつの垣ほ」は、我が身を卑下しての譬えであり、ナデシコを幼児になぞらえて愛児に情けをかけてくれと訴えたものである。頭中将の和歌は、乱れ咲く花はいずれが美しいのか分からないが、常夏《とこなつ》よりも良いものはないと詠む。ここで同じ花でありながら、ナデシコと常夏という二つの呼び方ができてきた。

終わりに女が詠んだ歌の常夏は、共寝《ともね》の「床《とこ》」と類似した音によって、愛すべき妻や恋人を連想させた。それだから女の歌では、床に塵《ちり》のかかるのは夫婦仲の悪くなる凶兆なのでその塵を払いのける袖も、涙を拭いたため露で濡れたようにしめってしまった。その袖も、嵐が吹き飛ばす秋の季節がやってきた、というのである。季節の秋に、男の「飽き」が掛けられている。

「大和撫子をばさしおいて」とは、唐撫子があるので敢えて大和の言葉を冠しているだけであって、「女のいうことをばさしおきて」という意味である。

唐土が原に大和撫子

『源氏物語』当時のナデシコは、寝殿造りの庭に数多く植えられていたので、野外に出ることなく、秋になればその花を見ることができたことも、大きく影響したのであろう。

葵《あおい》の巻には、霜枯れ前栽《せんざい》の「枯れたる下草の中に、竜胆《りんどう》・撫子などの咲き出でたるを、折らせ給ひて」とある。

少女《おとめ》の巻では、六条院の北の東の庭の造りの一部を「山里めきて、卯の花咲くべき垣根、ことさらにし渡して、昔思《おぼ》ゆる花橘《たちばな》、撫子、薔薇《そうび》、くたに（リンドウの異称）などやうの花、くさぐさを植えて、春秋の木草、その中にうちまぜたり」と記している。

また常夏《とこなつ》の巻では、「おまへに、乱れがはしき前栽なども、うえさせ給はず、撫子の、色をととのへたる唐の大和の、まぜ（交ぜあわせ）、いとなつかしく結《ゆ》ひなして、咲きみたれたる夕映《ゆうばえ》、いみじく見ゆ」と、当時の寝殿造りの庭園には、唐撫子と大和撫子の両方が混ぜて植えられていることが記されている。

なお、『源氏物語』には装束である襲《かさね》の色目としてのナデシコが四例ある。襲の色目とは平安時代の貴族の女性が十二単《ひとえ》など、重ね着をする際に、表と裏、上と下などの色の組み合わせの配色例をいう。各組み合わせごとに、自然界の現象や、動植物、器物などを連想させる典雅な名前がつけられ、年齢や季節などによって分類されている。ナデシコは若年の色とされ、青系統と赤系統がある。青系統は、表を紫の薄色で、裏を青または紅梅とし、多くは男の襲とされた。赤系統は、表を紅梅とし、裏を赤または青とし、女子の襲に多い。

菅原孝標《たかすえ》の娘は『更級日記』（一〇二〇～一〇五八年の追憶記）の中で、父の任がはて、上総《かずさ》（現千葉県）の国府を発って京へもどる途中にみた、河原撫子《かわらなでしこ》の自生の姿を伝えている。

にしとみといふ所の山、絵よくかきたらむ屏風をたてならべたらむやうなり。片つ方は海、浜のさまも、寄せかへる浪の景色も、いみじうおもしろし。

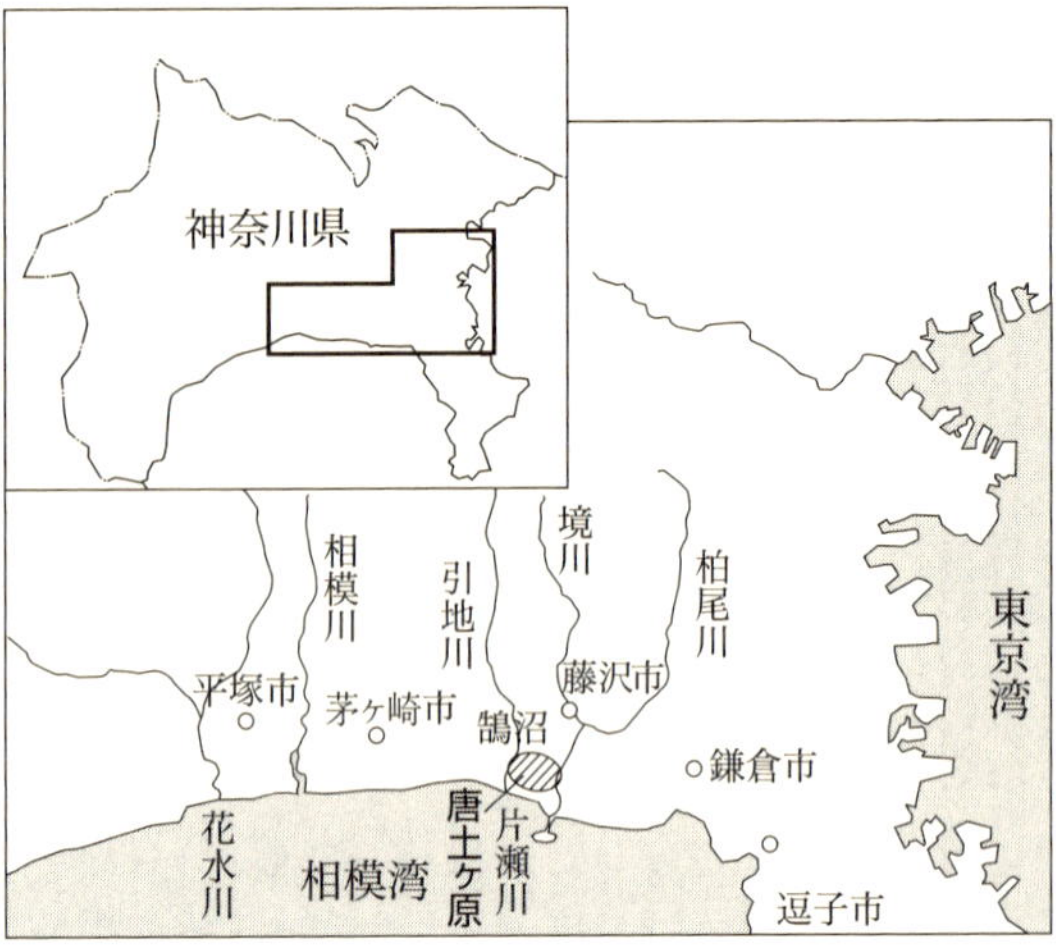

唐土の地に大和撫子が咲いていると『更級日記』がおかしがった唐土ケ原の位置。文献によってズレがある。

もろこしが原といふところも、砂子いみじう白きを二三日ゆく。「夏は大和撫子の濃く薄く錦をひけるやうになむ咲きたる。これは秋の末なれば見えぬ」といふに、なほところどころにうちこぼれつつあはれに咲きわたれり。

このように、海に近い現在の神奈川県大磯あたりでの風景を描写している。唐土《もろこし》の原と、唐《から》（中国）という地名のついた原野に、大和撫子が咲いているのが面白いというのである。「もろこしが原」は、神奈川県藤沢市鵠沼《くげぬま》の南にある唐土ケ原というところにあてられている。『東海道名所図会』（秋里籬島著、竹原春泉斎画、一七九七年刊）は、諸越原《もろこしがはら》とも書き、片瀬川の東をいうと記している。

『夫木和歌抄』のナデシコ

『夫木《ふぼく》和歌抄』巻第九夏部三には、紫陽花《あじさい》、瓜、蓮、菱、蝉、夕立などとともに瞿麦《なでしこ》の題が設けられ、六五首もの歌が収められており、『万葉集』のように秋の花としないところが現実的である。

『万葉集』において山上憶良は、ナデシコを秋の野の花と位置づけたのであるが、実際に咲きはじめる時期は、現在の暦の七月初旬である。私も七月上旬、静岡県の三保松原で開花しているナデシコを見た。全面開花ではなかったが、それでも三分、四分咲きという状態とみられた。したがって『夫木和歌抄』のナデシコの季節は、夏の部と分類されたのであろう。編者の季節感の確かさが、よくたしかめられる。そこには、発芽したばかりの二葉のナデシコ、庭の苔の上に唐錦《からにしき》のようなしとねを敷く常夏《とこなつ》の花、植えられている垣根撫子、今は亡き人が恋しいときの形見草となるもの、夏草として浦人がかざしにする岬に生えた大和撫子などが詠まれている。

そのなかでのナデシコの表現は、やまとなでしこが一一首、なでしこの花が一五首、なでしこが一一首、

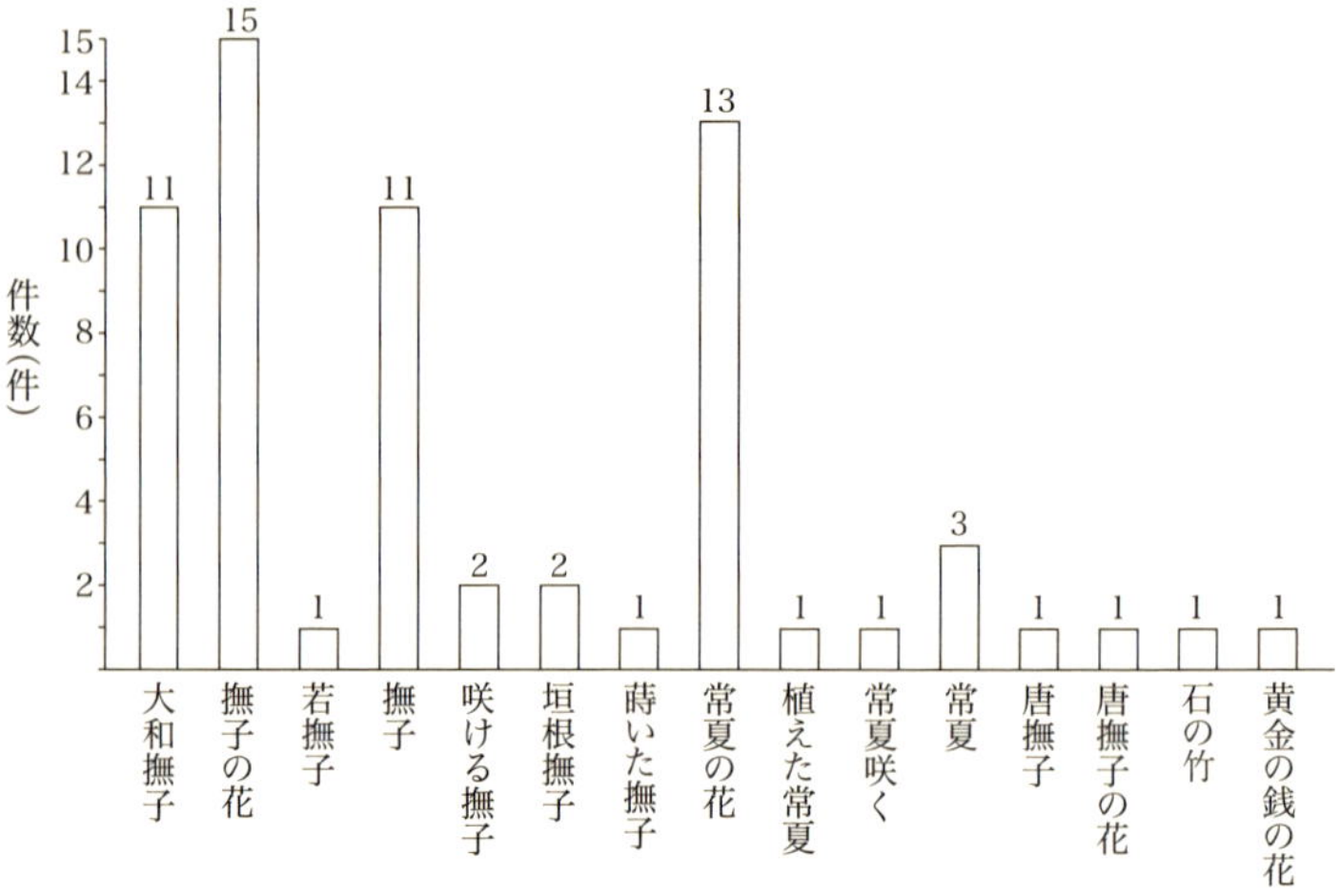

『夫木和歌抄』にみるナデシコの表現法ごとの件数（全数65）。類歌の集成であるこの歌集は実に多様な表現でナデシコを詠った和歌を集録している。

とこなつの花が一三首、とこなつが三首となっており、そのほか石の竹、唐なでしことという詠み方もみることができる。

ほとゝぎす鳴つゝかへるあし引のやまとなでしこ咲にけらしも　能宣朝臣

二葉なるわか撫子もあはれなりいくその秋にあはんとするらん　たゞみね

今朝も又いさみにゆかんさゆりはに枝さしかはすなでしこの花　俊頼朝臣

夕かすみたなびくやまの春よりもいろの千種にさけるなでしこ　順徳院御製

たつのすむ浜べに匂ふとこなつはいとゝのどけき影ぞみえける　中務

旅ねするひとにしらるななつかしき伏見のさとのとこなつの花　源淳国

『夫木和歌抄』の歌の詞書きをみると、「六月内裏のぜんざいほりにまかり侍りけるにさがのにて撫子を」という歌がある。天皇が住まいされている御殿の庭先に植える草花を採取するため、朝臣《あそみ》という位をもつ人

（平安時代以後は皇子や皇孫にあたえられた）がはるばると嵯峨野まで出掛けて、ナデシコの咲いているものを見つけて歌にしたものである。天皇の子や孫だといっても、うかうかとしておれず、野山の珍しいもの、美しいものを天皇の庭先に献上し、ご機嫌を取り結ばなければならなかったことがこの詞書きから分かってくる。

ナデシコを形見草というういわれは、むかし大和国にナデシコを愛で栽培している人が亡くなった。その人の親がわが子の育てたナデシコをみて、「きてみればなきよの人のかたみ草いくたびわれけ袖ぬらすらん」という歌を詠んだ。ここから形見草という名が出たと云われている。

撫子合わせという和歌詠みの試合が行われたことは前にふれたが、『夫木和歌抄』中六五首の撫子（瞿麦）の歌のうち、歌合わせのときのものが二五首もあり、歌合わせの題材としていかにも好まれていたのであった。

『夫木和歌抄』には、「はらひあけぬ葎《むぐら》の下はかくせともこかねのせにの花はやつれす」と、ナデシコもナデシコの別称も全くない源仲正の歌を収録している。この歌では「こかねのせにの花」（黄金の銭の花）ということばがあり、これはナデシコの花を指していうのであろうか。ナデシコの花は淡紅色で稀に白花もあるが、「こかねのせに」とは似てもいない。どこからの類推であるのか見当がつきかねている。

江戸期にナデシコの品種分化

ナデシコは、はやくも『万葉集』に種子を蒔いて育てた花の歌が収められているように、万葉の当時から人びとはわが家の庭に植え、花を楽しんできた栽培植物の一つと云っていいだろう。

ナデシコの栽培品種が数多く分化していくのは、江戸時代からである。元禄八年（一六九五）に江戸は染井の種苗家伊藤伊兵衛が著述し刊行した『花壇地錦抄《かだんちきんしょう》』四、五の草花夏之部は「瞿麦《なでしこ》のるひ」として、白八重なてしこ、紅八重、紫八重、するが撫子、かわらなでしこ、白かわら、すそ野、ちやうせん、しやぐま、鷺《さぎ》撫子、ふちなてしこという一一品種の簡単な特徴を記している。

続いて「石竹《せきちく》のるひ」として、おらんだ、郭公《ほととぎす》、牡丹石竹、武蔵野、京小袖、江戸紫、紫かのこ、つま白という七品種をかかげ、ほかにオランダセキチク（カーネーションのこと）一品種と、フジナデシコを載せている。なお、郭公との品種名をあげているが、この字ではカッコウのことであるが、同書では「ほととぎす」とふり仮名をつけている。なお、石竹の品種について同書は、「せきちくハたねを植ルに十本ハ花十色十五年ハ十五品ニ咲て不定なるゆへ古来雑花《ぞうか》の内ニ入リ。其年の花の様子によりて名をよぶ」としている。つまり、当時は、石竹といっても特定の品種として固定されていなかったことが語られており、伊藤伊兵衛が苦労して七品種に一応とりまとめていたのである。

『増補地錦抄』に載せられているナデシコ（左）とセキチク（右）。江戸の元禄期に分化した品種が多い。

元禄八年（一六九五）刊の『花壇地錦抄』
　瞿麦のるひ　（一一品種）
　　白八重なてしこ、紅八重、するが撫子、かわらなでしこ、白かわら、すそ野、ちやうせん、しやぐま、鷺撫子、ふちなてしこ
　石竹のるひ　（七品種）
　　おらんだ、郭公、牡丹石竹、武蔵野、京小袖、紫かのこ、つま白

宝永七年（一七一〇）刊の『増補地錦抄』
　瞿麦のるひ　（一四品種）
　　紅なでしこ、小つゞみ、桃なでしこ、大和なでしこ、鷺森、大鷺、かさゝぎ、嵐、しやうじやう、唐子、田楽、おく霜、みやぎ野、後出てうせん
　石竹のるひ（類）　（三品種）
　　太神楽、太太神楽、らせうもん

江戸期のナデシコの品種分化。ナデシコは元禄期から宝永期までの15年間に11品種から26品種に増加し、セキチクは7品種から10品種に増加した。

ところが、同じ人によって一五年後に刊行された『増補地錦抄』巻之六「瞿麦るい」はナデシコにおいては一四品種と、セキチクにおいては三品種が追加されているのである。一五年間という期間に、これだけの品種数が増えたのであり、ナデシコ栽培と、珍しい品種を作り出そうとするブームとも言うべき栽培熱があったことがわかる。

江戸時代末期に生まれた伊勢撫子という珍花は、花弁が糸のように細かく裂け、縮れて垂れ下がり、ときに三〇センチに及ぶものも見られるという。この品種は花形を単弁狂い、吹詰、単弁細鬚、剣咲、剣咲性毛咲、匂い咲、燕尾咲の七種に区別されている。伊勢地方の伝承によると、伊勢国（現・三重県）松阪に住んだ紀州藩の武士継松栄二《つぐまつえいじ》（一八〇三～六六）が河原撫子（唐撫子の誤り？）を栽培していたところ、偶然花弁の長い変種が出現した。これを改良したものであるという。伊勢から有栖川宮家に贈られ、さらに光格天皇（一七七一～一八四〇）に献上された。天皇の皇女三摩地宮が宝鏡寺（京都市に現存）に入られるときに、天皇から賜ったものとされ、御所撫子とよばれた。

貝原益軒は『花譜』（一六九四年自序）巻之中の四月に、石竹としてつぎのように記しているので意訳して紹介する。

古唄にも、源　順《みなもとのしたがう》の『和名抄』（承平年中（九三一～三八）に撰進）にも、なでしこ又はとこなつといっている。『本草綱目』（明の李時珍著、一五九六年刊）から考えるに、石竹と瞿麦《くばく》とは一物である。『万葉集』では、石竹をなでしことよんでおり、一つの物である。いま現在で、野にある大きなものだけを撫子というのは、誤りである。大和撫子は野にある花、紅色をしていた大きな花をいう。唐撫子は、世に多い石竹をいうのであろうか。野の撫子にも品類が多い。

そしてさらに益軒は「『古今和歌集』のナデシコを詠む歌に、「みどりなるひとつ草とぞ春はみし秋は色々の草にぞありける」とある。『草花譜』（作者、成立年不詳）に言う、単弁なるを石竹と名付ける。千弁なるは洛陽花と名付ける。また言う、石竹は毎年根を起こして種を分かつならば、すなわちよく茂ると。つねの撫子も、千葉《せんよう》の石竹も、枝をさせば活《いきつ》きやすい」と、その繁殖方法についても述べている。

ナデシコの詩歌

ナデシコは秋の七草の一つではあるが、前に触れたように和歌や俳諧での季節は夏とされている。生け花の花材とされ、花は七月ごろから咲き始め、立秋のころは日中はまだまだ暑いが、夕刻などにサッと吹き抜ける風にたなびくナデシコの花はいかにも清楚で秋の訪れを感じさせるため、夏の花材とされている。季節を先取りして花を生けるのが生け花であり、季節を過ぎてからでは死花だとされる。

をのこじも君が袖だにさへましを撫子の花もちれる秋風　賀茂真淵
蟬のなく松の木かげに一むらのうす花色の撫子の花　伊藤左千夫
朝な朝な一枝折りて此の頃は乏しく咲きぬ撫子の花　正岡子規
移し植しにはのなでしこ朝露のおけるもねたくおもほゆるかな　樋口一葉
水の隈《くま》うすくれないに河郎《かわろう》が夜床《よどこ》にすらんなでしこの花　与謝野晶子
酔うて寝むなでしこ咲ける石の上　芭蕉
撫子や植けん母の土目利《めきき》　支考
御地蔵や花なでしこの真中に　一茶
撫子や海の夜明の草の原　河東碧梧桐
岬角や撫子は風強いられて　秋元不死男

秋撫子富士にふさぎの虫ひと日　篠田悌二郎
撫子や吾子にちいさき友達出来　加倉井秋を

明治一八年（一八八五）に発行された文部省音楽取調掛編になる『小学唱歌集　初編』の第三十一には、「大和撫子」と題された歌が載っている。

第三十一　大和撫子

一　やまとなでしこ。さまざまに。
おのがむきむき。さきぬとも。
おほしたてゝし。ちゝはゝの。
庭《には》のをしへに、たがふよな。（二以下省略）

この歌の前半は大和撫子と秋の七草の一つを歌っているようであるが、後半の歌詞において日本の国の少女たちにむけてのメッセージとなっている。それは、少女たちはいろいろなところで、それぞれ環境にあわせて成長し、小学生となったのであるが、生み育ててくれて父母が日ごろ教えてくれたことに違《たが》うことなく、すこやかに成長してくれ、という教訓がこめられている。

安藤一郎が昭和一八年（一九四三）に刊行した詩集『静かなる炎』の中に「撫子」と題した一編がある。

撫　子

どこへ旅したときだったのか
山路に差しかかって
汽車は喘《あへ》ぎつつのろくなった
急にあちこちで鳴くきりぎりす

窓から顔を出すと
すぐ崖の手も届くところに
一輪　小さな撫子が咲いていた
もう遠い過去のことながら
御免なさいあなたに初めてお逢ひして
ふとそれが頭に浮かんできたのです

安藤は、はじめて逢った女の人に、いまは遠くなったむかし、汽車の旅で、窓から手のとどきそうな崖の撫子の花を思い出したというのだ。この詩をよむひとは、作者が逢っている女の人の姿が、想像できるであろう。

薬用とされるナデシコ

ナデシコは、花を鑑賞するばかりでなく、病を治す薬用植物でもあった。前に触れた『出雲国風土記』は薬用植物を列記しているのだが、ナデシコも瞿麦《くばく》の名で薬草の一つとして載せられていた。

『延喜式』三七の典薬の条には、「諸国進年料雑薬」として、伊賀国（現・三重県）からは二三種の貢納薬のうちの一つとして瞿麦《くばく》六斤が、上総国（現・千葉県）からは二〇種の貢納薬のうちの一つとして瞿麦三斤が、下総国（現・千葉県北部および茨城県の一部）からは三六種の貢納薬のうちの一つとして瞿麦六斤が、近江国（現・滋賀県）からは七三種の貢納薬の一つとして瞿麦一斤二両がそれぞれ上納されている。

ナデシコの薬用部分は全草で、薬草名を瞿麦《くばく》といい、種子も薬用とされ瞿麦子《くばくし》という。九月ごろ、果実ごと全草を採取し、通風のよい場所に陰干しする。よく乾燥したら手で静かにもんで種子だけを集め、種子はさらに一～二日日干しして十分に乾燥させる。これらを通風のよい場所に、紙袋などにいれて保存する。

成分にはサポニンを含み、加水分解するとキプソゲニン酸を生ずる。薬理効果は未詳だが、動物実験では腸管興奮、心臓抑制、血圧降下作用が認められた。駆虫効果もある。他に顕著な利尿作用があり、塩化物の排出量が増加する。全草、種子ともに消炎、利尿、通経薬として水腫、小便不利、淋疾、月経不順などに用いられる。妊娠している婦人が服用することは禁忌で、多量に用いると流産することもある。

江戸時代の享保四年（一七一九）に刊行された『広益地錦抄』（前に触れた『増補地錦抄』の続編とみられている）巻之四は薬草五六種を掲げているが、その一つとして瞿麦《くばく》の付けたりとして石竹を載せているので引用する。同書にはまた、石竹《せきちく》と瞿麦《くばく》の図も載せられている。

瞿麦《くばく》　薬種には、田野に多くあるむらさきひとえなる物、実をとりて用い、是《これ》をかわらなでしこと云う。花壇に植るは、八重、ひとへ、色々あり、本草になでしこ一種とあり。各別なり。田野に生るもの、花大きく、銭のごとく、紅紫色なり。是薬種に用い、人家に植るもの花、撫媚《ぶび》、是せきちくなり、と本草にあり。又弘景《こうけい》が云、両種あり。一種はひとへ大きく、花のへりにまたありといへり。是かわらなでしこ花のへりに切込のまたなきは石竹なり。（以下略）

なお、『広益地錦抄』巻之八は、草花としてナデシコの三品種を載せている。

ナデシコの方言と民俗

ナデシコは、名前がよく知られているわりには方言が意外と少ない。古名の瞿麦《くばく》をそのまま受け継いでのものとおもわれるクバク（山口県）、唐撫子のことをいうセキチク（長野県、山口県）、ノラセキチク（愛媛県）である。そのほかアメリカソー・アメリカナデシコ（岡山県）、ウチノ（高知県）、カルカヤ（群馬県）、シャボンバナ（岐阜県）、チャセンバナ（東北地方）、テンツキバナ（山形県など）、トコロテンバナ（新潟県、岐阜県）、ナガヒコなどがある。

宇都宮貞子は『草木ノート』（読売新聞社、一九七〇年）のなかに、奈良盆地南部では苗代の水の出口に、苗を育ててくれるお礼として撫子を挿す風習があるという。明日香村桧前のMさんの話に「籾種《もみだね》を苗代に蒔くと、昔は水口にカヤの枯穂とマツガイをさしましてん。マツガイは神さんに上げた松の枝ですねん」と。桜井市の車谷辺で私（宇都宮のこと）が見た時は、水苗代のアトクチ（出口）に、芒《すすき》の枯穂七〜八本と、ナデシコ、キンセンカが各々一本、お札をつけた棒、幣《へい》をつけたサカキの枝などがさしてあった、と述べている。

ナデシコの仲間であるセキチクは、別名唐撫子と呼ばれる。家庭でよく栽培される。

ナデシコもセキチクも同じナデシコ属であり、この属の花は大半が一季咲きの多年草なので、栽培する場合は春に種子を蒔いても一度冬の低温にあった後でないと開花しない性質があることを知っておく必要がある。しかし、市販の各種の園芸品種の中には、四季咲き性の強い性質に改良されていて、一年草のように扱われているものもある。こちらの方は、春蒔きすると、早いものでは三カ月後、遅くとも秋までには開花する。ナデシコは一般に冬の寒さにはよく耐えるが、高温には弱い。生育には温暖、冷涼な環境と、十分な光量および通風が望まれる。土壌はとくに水はけをよくし、中性か弱いアルカリ性に調整する。水のやり過ぎは根腐れの原因となるので、むしろ乾燥気味に管理するのがよい。

ナデシコの仲間

ナデシコ科ナデシコ属のなかで、わが国に自生している植物は四種一変種である。一般的には種間交雑しやすく、また種自身が変異性に富むものもあって、園芸品種が数多い。

シナノナデシコ（信濃撫子）は、またミヤマナデシコ（深山撫子）といわれ、本州中部以北の高原に生えている多年生草本である。高さは二〇～四〇センチ、だいたいの形はアメリカナデシコを思わせる。茎はにぶい稜のある四角柱で、強剛、赤紫色に染まり、わずかに軟毛がある。花は真夏ごろに咲き、茎の頂きに密集した集散花序をなし、紅紫色である。シナノナデシコは信州（長野県）に多いからで、ミヤマナデシコは深山に生えるからつけられた名である。

フジナデシコ（藤撫子）は、またハマナデシコ（浜撫子）ともいわれる。一般に海岸地、あるいはその付近に生える多年生草本である。茎はふつう数本叢生して直立し、高さ二〇～五〇センチほどで、強壮である。七～八月ごろ、茎の頂きに集散花序を出し、多数の紅紫色の花を密集する。この種はしばしば庭園に植えられ、切り花用とされる。これの栽培品は分枝もややまばらで長く、葉も長い。しばしば白花品がある。フジナデシコは花の色にもとづいたもので、ハナナデシコは海辺に生えるからつけられた名である。なおハマナデシコには同名の別種がある。

ヒメハマナデシコ（姫浜撫子）は、またリュウキュウカンナデシコ（琉球寒撫子）ともいわれる。日本南部の海岸の岩の上に生える多年生草本で、根茎は長いものや短いものがあり、長さが定まらず、木質でしばしば粗大となり、下に根をおろしている。茎は群生し、高さは一七～三〇センチ、下部はしばしば横に伏している。夏から秋にかけて茎上に集散花序を出し、数個の紫色の花をつける。ヒメハマナデシコは、ハマナデシコすなわちフジナデシコに似ているが、小型であるから姫と冠がかぶせられた。またリュウキユウカンナデシコ（琉球寒撫子）は、琉球に産し、耐寒性があって冬でも緑葉をもっている。タカネナデシコ（高嶺撫子）はカワラナデシコの一変種である。本州の中部以北の高山帯の石礫地にみられる多年生草本である。茎は立ち、高さ二〇センチ内外、多少叢生する。花は一～二輪で大型、径四センチにもなる。花弁は濃紅色で美しく、花弁の周縁は著しく細く裂けている。真に可憐で愛すべき花である。タカネナデシコは、高山に生えることからつけられた名である。

栽培品のカーネーションの和名はオランダセキチクで、西洋種の石竹という意味である。江戸時代に渡来してきた。元禄八年（一六九五）に出版された『花壇地錦抄』の瞿麦類の石竹のなかに「おらんだ」という品種が載せられている。これがカーネーションのことだと推定できる。当時は鎖国中であったが、ただ一国オランダとは交易していたので、西洋種という意味でオランダといわれた。園芸品種がひじょうに多く、花色、大小など一様ではない。重弁のものが一般に植えられている。

アメリカナデシコは江戸時代末期にわたってきたヨーロッパ原産の多年生草本で、鑑賞用花として栽培されている。花色はたいてい紅色で、中心には濃色の斑紋があり、ときに白色あるいは絞り、あるいは重弁などがある。アメリカナデシコは、舶来したナデシコという意味での名である。

第六章　オミナエシ（女郎花）　美女をも圧倒する花色

東北アジアに咲くけれど鑑賞は日本だけ

オミナエシ（女郎花）は、『万葉集』において山上憶良が秋の野の花七種の一つとして歌に詠んで以来、優雅な花として愛好されてきた。和歌に詩歌に、わが国の人びとに親しまれる秋の山野での代表的な草花である。

初秋からこずえに黄色な花をたくさんつけるオミナエシは、一、二本だけでもけっこう美しさを感じさせる花であるが、本当に美しいのは大群落を形成して、野原一面が黄色に彩られた光景であろう。しかし、現在ではそんな光景を目にすることはほとんど不可能である。公園などある程度の広さの場所に、百本くらいの本数がまとまりをもって植え込まれたオミナエシが、びっしりと咲いているのを見かけるが、これがオミナエシの集団の美しさだと感じさせるものである。

オミナエシはオミナエシ科オミナエシ属の多年草で、日本全土のやや乾燥した日当たりの良い山野にごくふつうに見られる草であって、庭に植えたり、切り花用としても栽培される。千島、サハリン、朝鮮半島、中国、シベリア東部、モンゴル、ウスリーにも分布し、山野の林縁や半湿性草地などに生育している。

公園に集植されているオミナエシ。黄色の花が他の植物の緑に映えて目に鮮やか

茎は高さ六〇〜一〇〇センチ、直立して細く、ほとんど毛がない。葉は細かく切れこんだ羽状複葉で対生する。八〜一〇月、上部の枝分かれした先に淡黄色をした多数の小花を傘状につける。花は五弁で、雄蘂《おしべ》は四本、雌蘂《めしべ》は一本である。

　オミナエシは晩秋には地上部が枯れ、地中の根元にあるやや太い根茎で冬を越す多年草である。地上部が枯れたころ、根株のあたりをよく見ると、あちこちに菊の冬至芽のような若芽ができているのに気づく。寒い冬には、この芽の葉が煮えたように黒くなって、その株はもう駄目かと思われるが、春の到来とともに、すくすくと芽を伸ばしていく。けっこう冬の寒さには強い植物である。

　晩夏から高さ一メートルほどの茎に、黄色い粟粒のような小花を多数つけ、わびしくゆれ動くさまは、か弱く女性的で、いまにも倒れたり折れそうにみえるが、なかなかどうして、草姿とは相違してきわめて丈夫な草である。さすが厳冬を乗り越えることができる強靭な生命力をもっている。まさに女性的な生命力の強さといっていいであろう。

　アイヌはオミナエシを「タプカル・キナ」（舞踏する草）というが、これはこの草が長い茎の先端に多くの花を平らにつけるさまが、あたかも酋長が上にあげた手をひろげて舞踏する様子に良く似ているからとしてつけられたものだという。

　オミナエシは中国大陸のいたるところの草原に生えており、「黄花竜芽」と称されている。まえに触れたように、シベリアや中国、モンゴル、朝鮮半島にも生えているのであるが、これを美しい花として鑑賞するところはほとんどない。日本人好みの、日本の秋草を代表する花といえよう。

『万葉集』のオミナエシ

『万葉集』には女郎花《おみなえし》を詠んだ歌が一四首あり、女郎花、娘子部四、佳人部為、美人部為などと記されている。このほか古典には敗醤《おほつち》、於保都知《おほつち》、血眼草《ちめぐさ》、女良花、姫部思、姫部志、美妾、娘部思、娘部志、乎美奈敝之などの漢字があてられている。また女郎花を、をみなめし、をみなべし、じょろうばななどと読ませている。このように用いられた漢字と、読み方も他の植物に類を見ないほど多い。オミナエシはこのようにさまざまな書き方がなされていたが、『古今要覧稿』（屋代弘賢編、八二一～四二年に調進）は、平安時代初期の延喜（九〇一～九二三）の頃から、もっぱら「女郎花」の三字を用いるようになったと記す。

女郎花《おみなえし》の語源には、いろいろな説がある。

花の色は美女をもヘス（圧す）つまり美女を圧倒する美しさという意とする説、

オミナである女がウエシ（植）とする略だとする説、

オミナメ（女見）キーシベ（蘂）の義とする説、

オトコエシに対し全体が優しい感じだからだとする説、

オミナエシのオミナは女で、花のやさしさを見立てたものという説などがある。

オミナメシともよばれたが、花の色を粟飯《あわめし》に見立てたからだともいわれる。小さな黄色い花が固まってつくことから、粟花《あわばな》、蒸粟《むしあわ》とも呼ばれることもあった。

をみなへしさく澤に生ふる花かつみかつても知らぬ恋もするかも（中臣女郎、巻四・六七五）

ことさらに衣は擦らじをみなへしさき野の萩ににほひておらむ（巻一〇・二一〇七）

手に取れば袖さへ匂ふ女郎花《おみなえし》この白露に散らまく惜しも（巻一〇・二一一五）

秋の田の穂向《むき》見がてり吾背子がぬさ手折りける女郎花《おみなえし》かも（大伴家持、巻一七・三九四三）

秋の野にあって、繊細な風姿はどこか女らしさを感じさせるところから、万葉歌人たちは優雅な花だとして愛好していたことは、巻一〇の「手にとれば袖さえ匂ふ女郎花」（二一一五）の和歌に見られる。

歌人たちの格別な感興

『万葉集』に詠まれた女郎花《おみなえし》の歌は一四首であって、秋の七草の中ではハギ（萩）の一四一首、ススキ（薄）（尾花の一九首、かやの一〇首を含む）の四六首、ナデシコの二六首につぐ数であるが、貴族たちの間での女郎花《おみなえし》愛好は、平安京へと都が変わってもますます深まっていった。花姿の優雅さに加えて、「をみな（女）」の名をもつことが、歌人たちに格別の感興をもよおしていた。

最古の女郎花《おみなえし》合わせが行われたのは昌泰元年（八九八）で、宇多上皇が主催された盛大なもので「亭子《ていじの》院《いん》女郎花合」と呼ばれている。また延喜五年（九〇五）から同八年の間に、二つの女郎花合わせがおこなわれたことが知られている。前栽《せんざい》合わせというものがあるが、この最古のものとされる本院左大臣時平前栽合わせを初めとする前栽合わせにはそれぞれ「女郎花」の題が設けられている。

『夫木和歌抄』巻第一一秋部二には「女郎花」との題のもとで、九三首の和歌が収められている。歌合わせによる歌がことのほか多いので整理してみた。

昌泰元年（八九八）亭子院歌合女郎花

昌泰三年（九〇〇）五條関白前栽合女郎花

延喜一九年（九一九）八月壺女御歌合女郎花
長元二年（一〇二九）白川歌合野花
永久三年（一一一五）太神宮禰宜歌合女郎花
永久四年（一一一六）七月忠隆家歌合
永久四年（一一一六）七月雲居寺歌合女郎花
元永二年（一一一九）七月内大臣家歌合草花

『古今和歌集』の夏歌と秋歌にみる秋の七草の件数

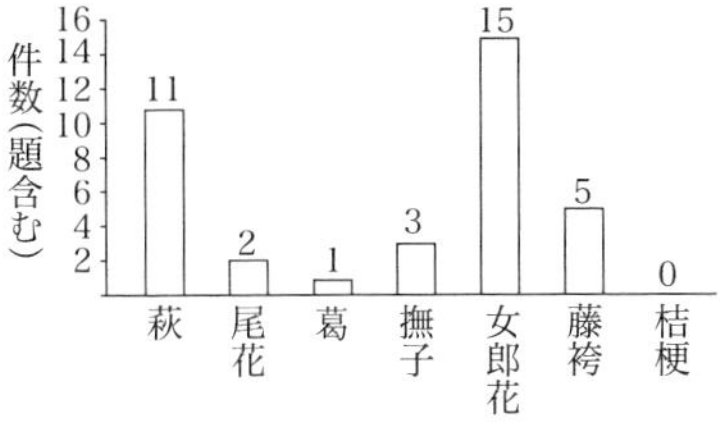

勅選和歌集の夏歌・秋歌からみる女郎花への関心

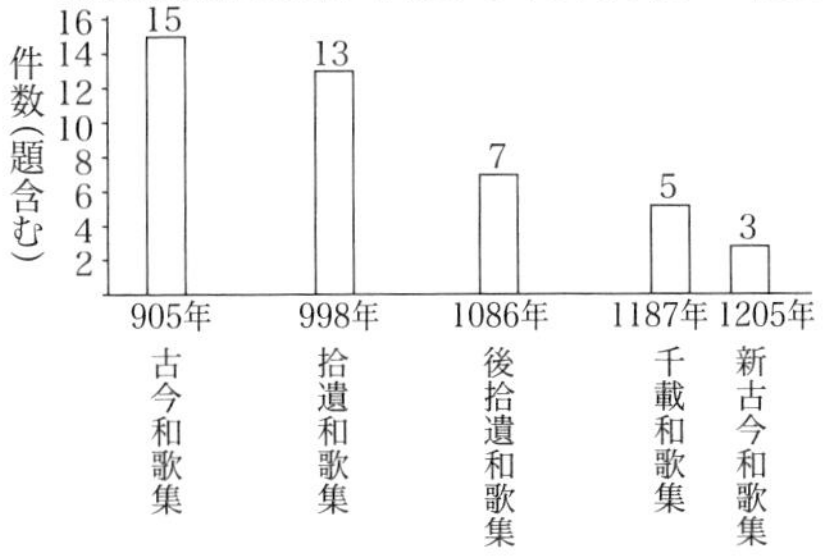

オミナエシは『古今和歌集』および『拾遺和歌集』においては、秋の七草中でてその出現件数が第一位であるが、以後は漸減していく。

大治三年（一一二八）
　八月廣田社歌合女郎花恋
保延四年（一一三八）
　権中納言経定卿家歌合
仁安二年（一一六七）
　八月経盛家歌合草花
承安五年（一一七五）
　三月重家卿家歌合草花
建長二年（一二五〇）
　八月十五夜三首歌合
永仁二年（一二九四）
　太神宮禰宜歌合女郎花
これ以外に開催された年代がわからない

歌合に、規子内親王家野宮歌合、院北面御会故郷女郎花、原草花古来歌合があり、合計すると一七もの歌合わせの中でオミナエシは詠われている。

これは『夫木和歌抄』という、類歌を収録した歌集に記されているものであり、実際には主催者がかわり、場所が変わるなどで一年に何度も開かれていたに違いない。ただ、それらの歌合わせでは後の世にのこるほどの秀歌が詠まれなかったから、記録上からは消えているのだ。それにしても昌泰元年（八九八）という平安時代前期から、政権が武士へと変わった鎌倉時代の永仁二年（一二九四）という四〇〇年に近い長年月にわたって、女郎花合わせや歌合わせにおいてオミナエシは歌の題材とされてきたのである。

『古今和歌集』巻第四秋歌上は、ハギの花散る歌の後にオミナエシの花を置き、一三首を連続して載せている。同和歌集の夏歌と秋歌に収録されている秋の七草の件数（題を含む）は三七件であり、そのうち一五件をオミナエシで占められている。なおキキョウ（桔梗）を詠った歌の収録はない。

題しらず　　僧正遍照

名にめでて折れるばかりぞ女郎花《をみなへし》我おちにきと人にかたるな（二二六）

僧正遍照がもとに、奈良へまかりける時に、男山にてをみなへしをみてよめる　ふるのいまみち

をみなへしうしと見つゝぞ行きすぐる男山にしてたりと思へば（二二七）

朱雀院のをみなへしあはせによみてたてまつりける　左のおほいまうちぎみ

女郎花《をみなへし》秋の野風にうちなびき心ひとつをだれによすらん（二三〇）

引用した三首の歌はいずれも女郎花《おみなえし》を女として、詠っている。遍照はいい名前だと感心して折り取っただけだよといい、いまみちは男山（京都府南部の石清水八幡宮のあるところ）の名前からこれを男としオミナエシは女としている。最後の歌は、オミナエシが風に吹かれて靡《なび》いている姿を、女の人が誰かに心を傾

けていると詠んでいる。
オミナエシを詠った歌は、『古今和歌集』および『拾遺和歌集』においては秋の七草中第一位であるが、『後拾遺和歌集』『千載和歌集』『新古今和歌集』と時代が下るにつれて歌数が減少している。

『源氏物語』のオミナエシ

『源氏物語』における女郎花《おみなえし》は、野分、夕霧、匂宮、総角《あげまき》、宿木、蜻蛉《かげろう》、手習という七つの巻の一五か所に和歌などとして登場してくる。ここでのオミナエシはほとんど例外なく、女に譬えられているのである。野分の巻の一場面である。

花は限りこそあれ、そそけたる蘂《しべ》なども、まじるかし。人（玉鬘《たまかずら》）の御かたちのよきは、たとへむかたなきものなり。（玉鬘の）お前に、人の出でこず。（源氏は）いとこまやかに、（玉鬘と）うちささめき、語らひ聞え給ふに、いかがかあらむ。まめだちてぞ、立ち給ふ。女君（玉鬘）、

吹きみだる風のけしきに女郎花《をみなへし》しをれぬべき心地こそすれ

（夕霧には）くはしくも聞えぬに、（源氏がその歌を）うち誦《ず》じ給ふを聞くに、（源氏が）にくきものの、をかしければ、なお、見果てまほしけれど、「近かりけりと、（源氏に）見えたてまつらじと思ひて、（夕霧は）立ち去りぬ。（玉鬘への）御返り、

下露になびかましかば女郎花《をみなへし》あらき風にはしをれざらまし

なよ竹を見給へかし。

手習の巻には、小野に隠れ住む浮舟の家を「かの夕霧のみやす所のおはせし山里よりは、今すこし入りて、山に片懸けたる家なれば、松蔭しげく、風の音も、いと心細き」というものであった。その「心細き

住まひの、つれづれなれど、住みつきたる人々は、物清《ものきよ》げに、をかしうなして、垣ほに植えたる撫子《なでしこ》も、おもしろく、女郎花《をみなへし》・桔梗《ききょう》など、咲きはじめたるに」と、家の垣根には、ナデシコやオミナエシ、キキョウなど秋の野の花が植えられていた。垣根に植えられていたナデシコ、オミナエシとみても差し支えないが、やはりここでも花々は住みついた人々、つまり浮舟や妹尼たちに譬えられているのである。

　この場面のすこし後に、中将が「前近き女郎花を折りて、「なに匂ふらん」とくちずさびて、ひとりごち立てり」というところがある。中将が言った「なに匂ふらん」とは、『拾遺和歌集』の雑秋に収められた遍照僧正の「ここにしもなに匂ふらん女郎花人の物言ひさがにくき世に」からきたもので、こんな所にどうして美しい女（浮舟）いるのであろうか、の意味である。やはり、『源氏物語』のオミナエシは、女に譬えられて描写されたものである。

　『紫式部日記』（紫式部著、一〇〇八～一〇一〇年に至る見聞・感想の書き留め）は「秋のけはひ入り立つままに」と、秋の季節が一層深まってくる藤原道長の邸宅である土御門殿の趣の描写からはじまり、三段目に道長と紫式部とのオミナエシの歌の贈答の場面となる。

　渡殿《わたどの》の戸口の局《つぼね》に見いだせば、ほのうちきりたる朝《あした》の露もまだ落ちぬに、殿ありかせたまひて、御《み》随身《ずいしん》召して、遣水《やりみず》払はせたまふ。橋の南なる女郎花《をみなへし》のいみじう盛りなるを一枝折らせたまひて、几帳《きちょう》の上《かみ》よりさしのぞかせたまへる御さまの、いと恥づかしげなるに、わが朝顔の思ひ知らるれば、「これ、遅くてはわろからん」とのたまはするにことつけて、硯《すずり》のもとに寄りぬ。

　女郎花さかりの色を見るからに露の分きける身こそ知らるれ

「あな、疾《と》」とほほえみて、硯召し出ず。

　白露は分きてもおかじ女郎花《をみなへし》心からにや色の染《そ》むらむ

渡殿の戸口にある部屋から外を眺めていると、殿（道長）はもう庭を歩かれていた。今が盛りのオミナエシを一枝折り採って几帳の上から顔をのぞかせ、「この女郎花の歌をすぐに……」と云われ、硯に身を寄せ「女郎花が美しい花の盛りの色をみせているが、露が私を分けへだてしています」と詠んだ。殿は「とても疾《はや》いこと」と云い、硯を取り寄せた。そして「白露に分け隔てはなくて、女郎花は自分の心をもって色美しく咲いているのだ」と返された、というのである。

紫式部は自分が著した『源氏物語』においてオミナエシは、一五例とも女のことになぞらえているのであるが、日記の中ではオミナエシを秋の美しい花として扱っている。外向けの表現と、自分限りで書き留めておく表現とに差をつけていたことがこれからわかる。紫式部は、物語における描写ではオミナエシを、世間でいわれているように女に譬えながらも、自分自身の記録としてはやはり花の美しさ、優しさを優先したものと考えられる。

オミナエシは女に譬えられる

『枕草子』は、「草の花は」の段でまずナデシコをかかげ、ついでオミナエシを記し、以下キキョウ、アサガオ、カルカヤなどの秋の草花を順に述べ、「いとをかし」と結論付けている。また「野分けのまたの日こそ」の段では、台風に吹き倒された大木や折られた枝などが、ハギやオミナエシの上に横倒しになっているさまを描写している。こちらも紫式部と同様に、オミナエシをもって女に譬えることはしていない。女としての感性がそうさせたのであろうか。

鎌倉時代の建長四年（一二五二）に成った『十訓抄《じっきんしょう》』（六波羅二臈左衛門入道の撰述か）は、和漢における古今の教訓的説話を一〇項目に分けて収録したものであり、そのなかに歌合わせの判定にあたった源《みなもとの》

オミナエシはその漢字表記から、しばしば女性にたとえられる。

順《したごう》（九一一～八三）が、女の側に贔屓《ひいき》をしたと男の側から見られ、オミナエシに靡《なび》いたと、非難された説話が載っている。

野宮《のみや》歌合の判者は、源順であった。男女に分かれての歌合わせだったようで、女房をたくさん勝たせたので、男方より、

　霜枯の翁草《おきなぐさ》とは名のれ共女郎花には猶《なお》なびきけり

と云われた。これは、源順が『本朝文粋』（藤原明衡撰、平安後期の漢文集）巻一雑言詩に収録された「詠女郎花」に、

　花の色は蒸せる粟のごとし
　俗《しょく》呼ぼうて女郎《ぢょろう》となす
　名を聞きて戯ぶれに偕老《かいろう》を契《ちぎ》らむとすれば
　恐《おそ》るらくは衰翁《すいおう》が首《かうべ》の霜に似たるを悪《にく》まむことを（『和漢朗詠集』巻上秋にも収録されている）

と詠んでいることから、男方が非難の歌を贈ったのであった。『十訓抄』には、「いと面白し、同難なれども、やさしくおぼゆかし」と述べている。源順の詩は、「花の色は蒸した粟のようで、俗に女郎花《おみなえし》とよぶ。私は女郎という名を聞き、戯れに夫婦の契りをしたいと思ったが、すでに私の頭髪も霜のように白くなっているので、先方から嫌がられはしないかと心配だ」との意味である。女郎《じょろう》はもと女中の郎の意で、女性を尊称したものであるが、源順の詩では唐代の妓女とされている。

『和漢朗詠集』（藤原公任撰、一〇一二年ごろ成立）巻上秋には「女郎花」の題があり、この源順の詩とともに和歌が二首収められている。その一つは『新古今和歌集』（源通具・藤原有家・同定家・同家隆・同雅経らが一二〇五年に撰進）巻第八哀傷歌に、「廉義公《れんぎこう》の母なくなりて後、女郎花を見て清慎公《せいしんこう》（小野宮関白実《さね》頼《より》）」と出ている歌である。

をみなへしみるに心はなぐさまでいとゞむかしの秋ぞ恋しき

廉義公とは清慎公の子の三条関白頼忠のことである。歌は、やさしい女郎花の花を見ても心は慰まないで、かえって女郎の言葉に心が動かされ、今は亡き人が在世の頃の秋が恋しく思い出されるというのである。

男を恨み身投げした女の女郎花塚

『都名所図会』（秋里籬島著、竹原春湖斎信繁画、一七八〇年刊）巻之五には、女郎花《をみなめし》塚《づか》について記されている。なお、同図会は江戸時代の安永九年（一七八〇）に京都の書肆吉野屋為八から出版され、挿絵を主とした名所図会の始まりである。女郎花塚のある場所は、京都の南部にある石清《いわし》水《みず》八幡宮の南麓にあたる。平安京へ遷都を実行された桓武天皇の第一皇子であり、平安京二代目の天皇となられた平城天皇（在位八〇六〜八〇九）の時代、小野頼風《よりかぜ》という優しい人が、京都盆地の南部で山上に石清水八幡宮がある男山のふもとに住んでいた。京に女をもち、互いに連理《れんり》の契《ちぎ》りは浅くないものがあった。連理の契りとは、一本の木の幹や枝が他の木の幹や枝と連なり木理を通じていること、つまり合体として同一の幹や枝となっていることを連理というところから、男女の深い契りのことをいう。

その女が八幡《やはた》（石清水八幡宮のある土地の名）へ訪ねてゆき、頼風のことを尋ねた。あたりの意地悪な者

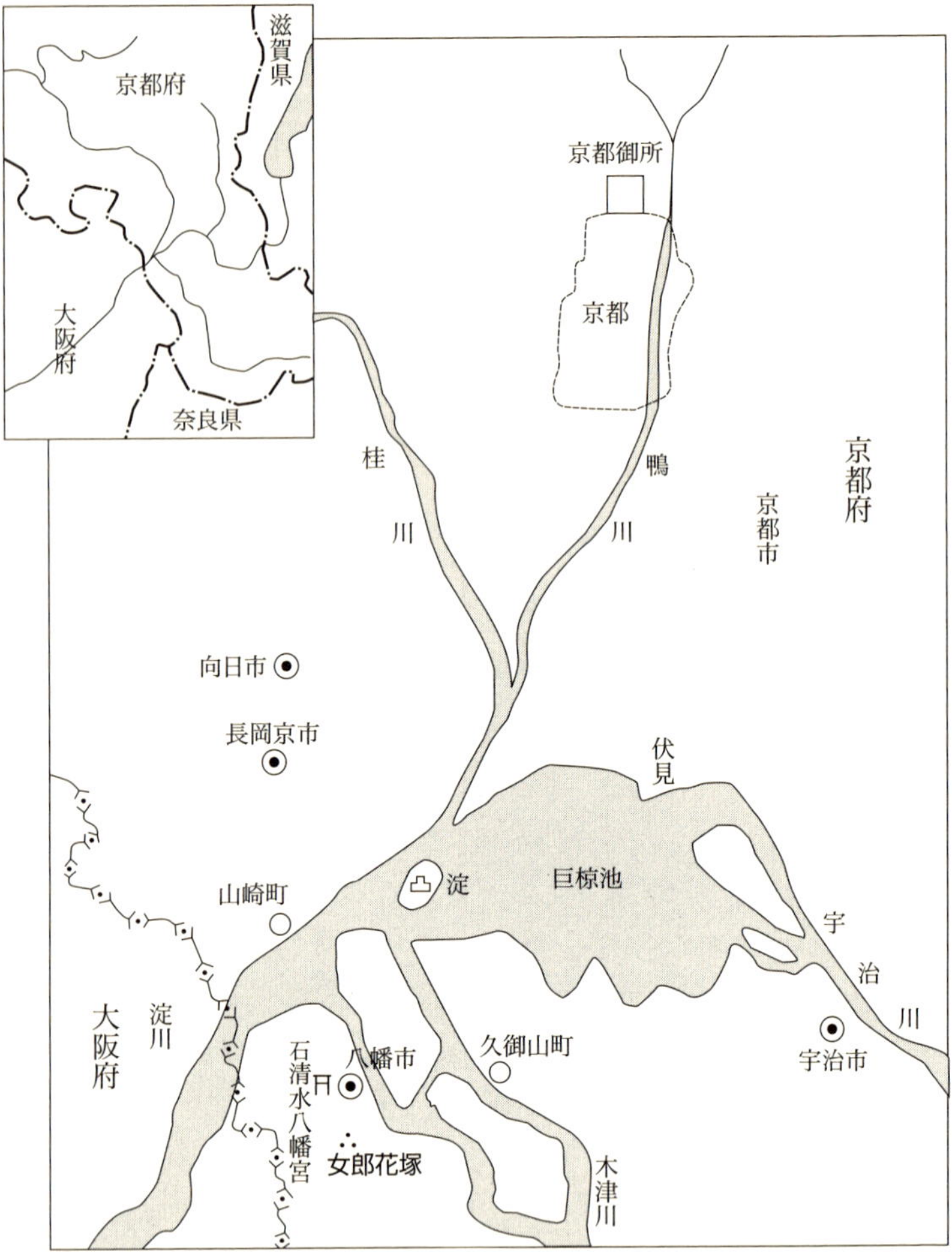

平安時代のごく初期、京の町から石清水八幡宮あたりまでたずねてきた女が、男の不実を恨み、身投げした。その衣からオミナエシが生い出たと云い伝えられる女郎花塚。巨椋池は 1941 年、干拓によって消滅した。木津川も現在は流路は 1 本であり、川中島はみられない。

が答えて、「このほどはじめた女房があり、その所へ行き給う」という。女は頼風を恨めしく思い、胸がせまり、ついに放生川の端に山吹襲《かさね》の衣を脱ぎすて、川に身を投げて水死した。その衣がやがて朽ち、オミナエシが生い出てきた。頼風がこの花のところに立ち寄れば、オミナエシの恨めしげな風情がある。頼風はこれを哀れんで、これもまた川に身を投げて死ぬ。その所を涙川という。放生川の上《かみ》である。そうであるから、中国の漢の時代、何文《かぶん》の女《つま》の塚にオミナエシが生えた逸話が思い出されるというのである。

『都名所図会』は、女郎花塚の解説のあと、『古今和歌集』の次の和歌と句を記している。

女郎花うしと見つつぞゆきすぐるをとこ山にしたてりと思へば　ふるのいまみち

哀れなり餓鬼にもならず女郎花　斑竹

また『古今和歌集』の序にも、男山のむかしの頼風と女のことを思い出して、「男山の昔を思ひいでて、女郎花《おみなへし》の一時《ひととき》をくねるにも、歌をいひてぞなぐさめる」と書かれている。『古今和歌集』巻第一九の俳諧歌にある僧正遍照の「秋の野になまめき立てる女郎花あなかしがまし花もひと時」(一〇一六)は、美をきそっている女郎花よ、ああかまびすしいものよ、花も美しい時期も、という意であり、身を投げた京の女の美しさの短かったことを詠んだようにも考えられる。

『益軒全集』(益軒全集刊行部、一九一〇年)の「南遊紀行」上には、「山城国清水町の女郎花の墳《はか》は通りの左の田の中にあり、これは女塚の方である。小野頼風の塚は、道の右にあり、その間三〇間(約五一メートル)あまりあって、これを男塚という。今は男塚の側に寺をたて、常念仏を唱える。萬稱寺と号す」と記されている。現在は女郎花の女塚の場所はさだかでないが、八幡市の男山(石清水八幡宮)の南に女郎花という町名がのこっている。その地ではないかと推定される。現在の木津川の流れが改修されている状態では、女郎花という町名のあるところは、人が身投げするほどの川はまったくない。図には河川改修される以前の江戸時代の流れを復元しているので、それを見れば、身投げした川がよくわかる。

益軒は『花譜』（一六九四年自序）下巻の八月・女郎花の項において、「七月に花をひらく。本朝源順詩ニ、女郎花を詠ず。朗詠（『和漢朗詠集』のこと）にみえたり。和歌にも多く詠ず。もろこしには賞せず。本草に敗醤《はいしょう》あり。女郎花なるべし。敗醤は白花のよしみえ侍る。されども花の色は所によりかはる事あり」と記し、唐土《もろこし》つまり中国では、この女郎花の花の美しさは鑑賞されることはないという。

江戸時代の宝永元年（一七〇四）、芭蕉の遺志をついで許六が編んだ最初の俳文撰集である『風俗文選』巻之三譜類に収められた本人の「百花ノ譜」も、女郎花は古来より女に譬《たと》えられていると記す。そしてつぎのように、こきおろしている。

この女郎花といへる物、花にしてはちと請取《うけとり》がたし。たとへば声のうつくしきを撰《えら》みて、小歌を習はせ、髪をおろして是《これ》を比丘尼《びくに》という也。おおむねは女色にして、かざりなければ、大象をつなぐべき、執心のきづなもなし。さればとて、男色のかたづまりたる類にもあらで、男女の中にたてる風俗也。この花百花に類する姿なし。古人蒸《むせる》粟《あわ》のごとしといえるは、草の実のたぐひに比すべきか。茎も花も等しく黄にして下葉すくなによろめきたるは、かの比丘尼のたぐひとや見む。

まことに痛烈な表現であるが、人でも花でも好き嫌いがあって、好きなものであれば良い方にばかり目がいくものであり、嫌いであれば何がなんでも欠点ばかり目立つものである。『風俗文選』も、ほとんど欠点をあげつらっているのだが、それも覚めた見方をすれば、少しは頷かれるものもある。

オミナエシの句歌

女郎花《おみなえし》は俳諧では初秋の季語とされ、をみなべし、をみなめし、粟花、妻恋ふる鹿、嵯峨野、蒸せる粟、男山、馬より落つ、旅寝などもオミナエシの表現とされている。俳諧の書『山之井』(季吟著、一六四八年)は、「女郎花は、美人草・姫百合のなつかしさにも越えて、戯れかたに言いなして、露霜を結びては、玉のかんざし薄化粧などみなし、大江山にしほるるを鬼や奪ひしととぶらひ」と述べている。

ひょろひょろと猶《なお》露けしや女郎花　芭蕉
茎の色花のかたみやをみなへし　杉風
盆の外通らぬ道やをみなへし　蘆本
夕立やけろりと立し女郎花　一茶
裾山や小松が中の女郎花　正岡子規
歌の国の野に男郎花《をとこへし》女郎花　松瀬青々
刈干に結び込まれし女郎花　川崎展宏
折れたるか折られたりしか女郎花　志賀次郎

和歌の世界ではオミナエシを女にたとえてさまざまなことを詠うのであるが、俳句では文字数の制限もあって秋の花という視点から詠じた句が多い。

わが机袖にはらへどほろろ散る女郎花こそうらさびしけれ　与謝野晶子
一株のうらがれにける女郎花の花を背にして物思ひする　前田夕暮
秋の風そよろとふけばそよろそよろおぼつかなげの女郎花かな　田波御白

オミナエシの細い茎は風が吹くたびに美しく揺らぎ、そのさまは秋の到来を賛美するかのような趣がある。細い茎と、その茎の先端に黄色の粟状の小花をつけた優しくて美しい姿が、生け花の花材として好まれてきた。しかし茶花(茶席に生ける花のことで、季節の花を投入れにする)としては、むかしは利休居士の歌に詠まれた禁花（花を用いることを禁ずる）のうちに数えられてきた。けれどもそれは、白花のオトコエシの方の誤りであったことが最近わかってきた。また名前がなまめかしい感じがするために、茶席では嫌われるという。現在では、陰暦八月十五夜の名月に対して、九月十三夜を栗名月というが、オミナエシはその季節の花で、ススキ、ハギ、キキョウ、クズなどの花物と取り合わせて籠類に入れて生けられている。

若山牧水は最も秋を早く知らせるものとして、オミナエシをあげている。「この花ばかりは町中を通る花屋の車の上にのっていても、いかにも秋らしい。同じ車の上にあって、キキョウなども秋を知らせないではないが、どうもそれは概念的で、オミナエシのように感覚からこない。ましてこのオミナエシが野原の路ばたなどに、一本二本とかすかに、風にそよいでいるのをみると、しみじみそのところに新しい秋を感ずる。この花、一本あるもよく、群がって咲いているのもわるくない」とエッセーの中で述べている。

室町末期から元禄の文化爛熟期にかけて、広く人びとに愛好された歌を収録したものに『松の葉』という集成本があり、オミナエシが詠われている。

召せ召せ草花何々ぞ、
夫《つま》待つ夕顔白菊の、
花咲き初めて美人草に恋草、
ずんど秋風の立たぬ間に、
靡かさんせ女郎花、
お差合《さしあい》は御座せぬかい野、
ちょっと苅萱《かるかや》（第二巻長歌　四十九　恋草）

歌のなかの秋風とは飽風《あきかぜ》のことで、私が飽きがこない間に、心を寄せて下さいよオミナエシさんよ、と詠われるのである。この歌では恋しい美人のことをオミナエシにたとえ、秋の野の花々を折りこんで一つの物語歌にみごとに仕立てあげている。

盆花か粟花か二つの呼び方

オミナエシはところによって、盂蘭盆《うらぼん》のお墓に供えられたりしている。筆者の子供のころ、八月一三日からの盂蘭盆には、お墓に供える花を山田につづく里山から採ってくることが子供の仕事だった。筆者も幼い妹弟を引き連れて、わが家の山田の畦《あぜ》や、それに続く里山の麓ばかりでなく、近所の山田の畦に生えたヤブカンゾウ（ワスレグサ）やミゾハギ、オミナエシなどを採っていた。いま思い返せば、せっかくわが家の盆花にと草刈りのときに刈り採らず残していた田の畦《あぜ》のオミナエシを、子供たちが勝手に採ってかえることは腹の立つことだったに違いない。それが黙認されるおおらかで幸せな時代だったのである。

ネギやダイズなどの作物とともに、畑の所有者が楽しむために栽培しているオミナエシ。

オミナエシの地方名も、ボンバナ・ボニバナ（盆花）・オボンバナやホトケグサ（仏草）と呼ぶ地方が東北地方から、関東、東海、近畿、中国、九州南部というひろい範囲にまたがっている。これに次ぐのが花が粟粒に似ているところからの命名によるアワバナ（粟花）・アワグサ（粟草）・アワゴメバナ（粟米花）・アワボー・アワボンバナ・アワモリと呼ぶ地方が盆花とほぼ同じ地域に広がっている。この二つの呼び名の地域が、大きな範囲を占めている。

古来からの名前であるオミナエシ（岡山県）とそれから変化した呼

び方では、オミナイシ、オミナメシ、オメナメシ、オモナメシや昔から女に譬えられるという意味をふくめてオンナエシ（和歌山、岡山、福岡、佐賀、熊本）、などとも呼ばれている。

小粒の花の集合体であることから、穀物のなかでもっとも小さなアワ（粟）のような花だとみた名前としてアワバナ（静岡、長野、青森、岩手、秋田、山形、福島、群馬、新潟、岐阜、和歌山、鹿児島）が広い範囲を占めている。またアワゴメバナ、アワグサ、アワボンバナ、アワンバナ、アワモリなどがあり、主食の米が粉々にくだかれたコゴメバナという名前もある。

花の色が黄色からつけられたとみられる名前に、キーバナ・キバナ（黄花）、キカネハナ（黄金花）、コガネ（黄金）、コガネバナ（黄金花）（主として東北地方）、米麹《こめこうじ》の色の黄色いことからこれに似ているとしてコージグサ（麹草）、コージバナ（麹花）とよぶ地方がある。

このほかにアオバナ（青花）、アカバナ（赤花）、アネバナ（姉花）、カルカヤ、チトメクサ（血止草）、ツキミクサ（月見草）・ツキミバナ（月見花）、デシノハナ、ナワバナ、ノバナ（野花）、ミソバナ（味噌花）などと呼ばれている。

オミナエシは平安時代には寝殿造りの庭に植えられていたようであるが、現在では、個人の庭に栽培されることはほとんど見あたらない。公園などではわりあいに見ることができる。私の住む大阪府東部の枚方市では、畑に栽培しているオミナエシを見かける。販売するのではなく、自分の楽しみのために植えているようで、二〇～三〇株ほどの数である。孫娘との散歩のとき所有者の老人が畑にいた。立派なオミナエシですねと話しかけると、これは野生のものを植えたので来年咲いてくれるかどうか分らないと、答えてくれた。そして、自分が若い頃は、このあたりは、オミナエシもフジバカマもキキョウも鎌で刈るほど生えていたと話してくれた。所有者の老人は心配していたが、翌年その畑のそばを通ったとき、立派に黄色い花が咲いているのが見られた。

オミナエシの出す変なにおい

オミナエシもまた薬草である。薬用部分は根と全草で、根は敗醤根《はいしょうこん》と、全草は敗醤草《はいしょうそう》とよばれる。九〜一〇月に根を掘りあげ、水洗いしたのち日干しにする。成分としては、根にサポニンのスカビオサイドA〜G、精油のパトリネン、イソパトリネンのほか、パトリノシドC、C_1、D、D_1、オレアノール酸、ヘデラゲニン、アラビノースなどが含まれる。

根と全草には鎮痛、抗菌、消炎、浄血などの作用があり、消炎、鎮痛、浄血薬として腸炎などによる腹痛、下痢、肝炎、腫痛、婦人病などに用いられる。また結膜炎などの眼科疾患に外用するが、サポニンによる溶血作用があるため、連用は避けたほうがよく、強度の貧血の場合には用いてはいけない。

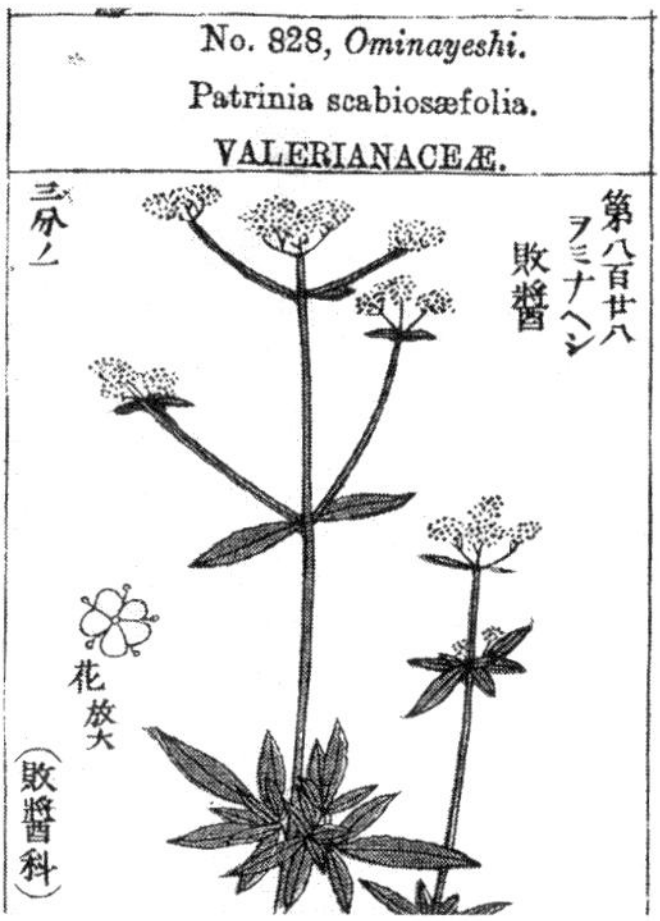

『有用植物図説』のオミナエシ。

江戸時代の『広益地錦抄』巻之七の薬草四七種には、オミナエシは敗醤《ばいしゃう》として載っている。

敗醤《ばいしゃう》とは、をみなへしの事なり。秋、黄花が咲く。蒸《むせる》粟《あわ》のようだという。春の葉のやわらかなものは、湯引きて菜《さい》として食べる。味はすこし苦く醤《ひしお》の気味があるので、敗醤《ばいしゃう》と名付けると『本草』はいう。花や実の香気は、婦人の歯黒《かね》(お歯黒のこと)のかおりがある。時珍《じちん》(『本草綱目』の著者の李時珍のこと)は白花が開くというが、これは白をみなへしの事である。草たち、葉も、共に似て、花が白い。俗によんで、おとこめしと云うと源順はいっている。この敗醤のにおいについて、かつて千葉大学園芸科の教授であった浅山英一は、その著『花ごよみ 秋の花』（創元社、一九八一年）のオミナエシの項で、オミナエシが放つ不愉快なにおいをかいだことを記している。

あるとき、私はオミナエシを花びんにさして室内に飾っておいたことがある。花びんの水がなくなってオミナエシは枯れてしまったが、ちょうどそのころから、室内がどうも不愉快なにおいがただよってどうにもならなくなった。窓をあけて風を通しても、なにものか腐ったような、強いていえばネズミの巣のようなにおい、糠味噌の腐ったような臭さに悩まされた。原因を排除しようと室内をくまなくかぎまわった結果、最後にこれだと枯れたオミナエシの花が、その張本人であることを突き止めたのである。オミナエシは枯れるとそのようなにおいがするのである。

そして浅山は、オミナエシを別に敗醤と書くことに気づき、『漢和大辞典』（三省堂、一九一八年）を引いた。そこで敗とは破れる・腐るの意。醤《しょう》とは、米や麦あるいは豆などを蒸して、塩で成熟（発酵）させた食品で、味噌やひしおの類いであることがわかった。果たして、敗醤は味噌やひしおができそこなって、腐ったにおいのことであることがわかったのである。

オミナエシの仲間のオトコエシ

オミナエシと同じ仲間に、同科のオミナエシ属のオトコエシがある。オミナエシに対して強剛であるので、男性にみたてられての名前である。北海道から沖縄および朝鮮半島、中国に分布している。日当たりのよい山野に生える多年草で、全体に毛が多い。茎は直立し、高さ一メートルくらい、根元から長いつる枝（走出枝）をのばし、新苗をつくり繁殖する。花は八〜一〇月に、茎頂部にオミナエシと同じような花序に多数の白色の小花をつける。別名にオトコメシ、シロアワバナなどがある。

　和歌山県東牟《む》婁《ろ》郡熊野川町の小口地区では、むかしは冬から春にかけてオトコエシの、やわらかな根生葉を食べたという。同県日高郡龍神村では、オトコエシをツチナといい食用にする。オウツチナとはオトコエシの古名であるが、それがほぼ原型のまま、龍神村では残っているのである。中国の南方でもオトコエシを若いうちに採り、日にさらして蒸して菜として食べる。味はわずかに苦く、古い醤《ひしお》のようなにおいがあり、別名を苦菜というと、『中薬大辞典』は記している。

白い花のオトコエシも秋の野に咲く花である。
この花も最近野で見ることは少なくなった。

　江戸時代の元禄期に出版された伊藤伊兵衛の『草花絵前集』に、「女郎花、花は蒸粟《むせるあわ》のごとし、六七月にさく、又、花の白きあり、おとこめしといふ」とあり、「女郎花の仲間で白い花のものをオトコメシ、つまり男郎花《おとこえし》という」と記されている。あくまでも美しく女性的で人気のあるオミナエシがまずあって、それに対応するかたちでのオトコエシとなっていることがわかる。

　オトコエシは水あげの悪い花で、山歩きにでかけたとき、オトコエシの花が野に咲いているのを見つけたので家への土産にしようと切り取ってかえった。さいわいお昼の弁当をたべたコンビニのレジ袋と、ティッシュがあったので、谷川でティッシュを濡らし、切り口を包んだ。一時間半くらいで家に帰りついたが、水に浸かっていた花はしゃんとしていたが、浸かっていなかったものは、首をうなだれ、ついに戻ることはなかった。あまり美しい花とはいえないが、花瓶で野性味を楽しむためには、切り取るとすぐに水につける必要がある。

中薬ではオトコエシとオミナエシの根のついた全草を、敗醤《はいしょう》とよび薬用とする。これに含まれた精油には一五種以上の成分がふくまれ、鎮静および催眠作用の有効成分であるバトリネンとイソパトリネンとなっていると分析されている。

処方されるものは、腹内の腫れ物、産後の悪露《おろ》が七〜八日止まらないものの治療、産後の腰痛、産後の針を刺すような腹痛の治療、吐血の治療などに用いられる。このほか敗醤は、癰《よう》（腫れ物）、乳腺炎、リンパ管炎などに対しても薬効があると『中薬大辞典』は記している。

第七章　フジバカマ（藤袴）　秋の七草いちばんの香草

フジバカマは絶滅危惧植物

フジバカマ（藤袴）は秋の七草の一つとして、名前はよく知られている。鑑賞のため、しばしば庭園に植えられる。自生するときは川べりの土手に生えているとされるが、現在ではほとんど見かけることがない。フジバカマが生育するような平地の自然草地が、開発によってほとんど姿を消したことが要因だと見られている。

秋の七草とよばれている草花は、すべて国産の花と考えられがちであるが、ハギやオバナ、クズ、オミナエシ、キキョウの六種は日本原産の花である。ところがフジバカマは、中国原産のキク科ヒヨドリバナ属の多年草である。そのため、古い時代に、かの国からわが国に移されたものと考えられ、はじめは庭園に広く植えられていたと思われる。

多くの人びとに愛され、あちこちの庭園で栽培されていたのだが、いつしか逸出して繁殖適地に生育した奈良時代には、フジバカマはすでに山野に自生し花を咲かせていた。そのことは、『万葉集』に収められた憶良の秋の野の花の歌に詠われ、評価されていることからもわかる。

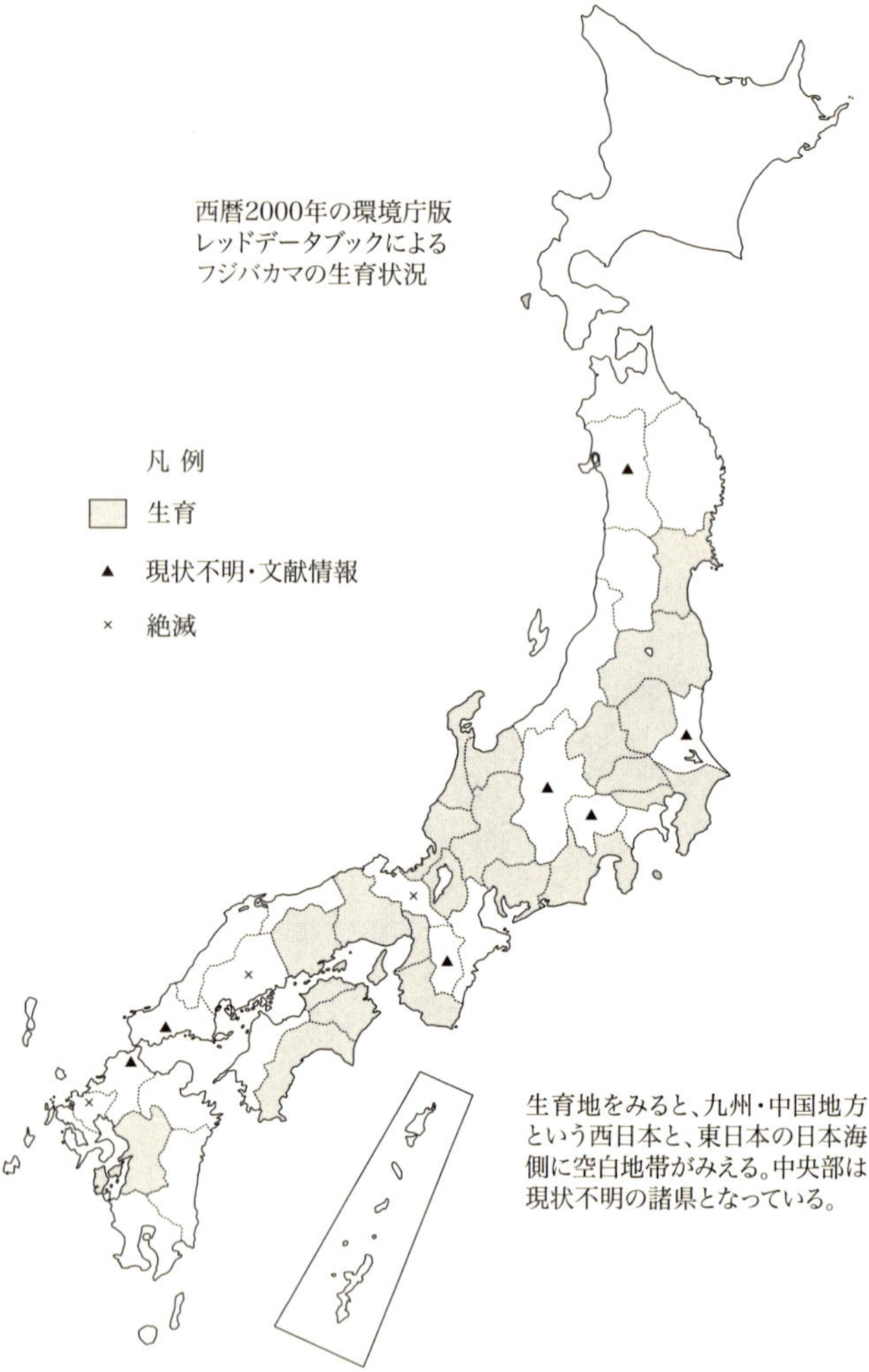

生育地をみると、九州・中国地方という西日本と、東日本の日本海側に空白地帯がみえる。中央部は現状不明の諸県となっている。

現在では自生種が激減しており、平成一五年（二〇〇三）現在では二二都府県で確認されているが、既知の産地のうち一四か所で絶滅、二六か所で野生絶滅となっている。現在の平均減少率は約五〇パーセントで、シュミレーションによる一〇〇年後の絶滅確率は九九パーセントと推定されている。西暦二〇〇〇年（平成一二年）の「改訂・日本の絶滅のおそれのある野生生物　植物Ⅰ（維管束植物）」（通称は環境庁版レッドデータブック）では、絶滅危惧《きぐ》Ⅱ種となっている。この花が見たくても野生のものを見ることはほとんどできなくて、植物園へ行くより仕方がないようだ。

一五〇〇年以上もさかのぼる古い時代から栽培されてきたように、フジバカマの栽培は容易にできる。柳宗民は『柳宗民の雑草ノオト』（毎日新聞社、二〇〇二年）のなかで、「栽培してみると、意外に丈夫でよく殖える。なぜ、野生のものが影をひそめてしまったのか不思議に思えてならない」と述べている。そして、「帰化植物にはブタクサなどもそうだが、一時は栄えても、その後衰退するものがあるようだ」と記している。

衰退する理由の一つとして考えられるものに、その植物が発散する化学物質による影響がある。植物はそれぞれ、他の植物に影響をおよぼす他感物質というものを発散している。樹木の場合には、その樹の根元部分に草も生えない裸地をつくるものがある。例えばサワグルミがそれである。また松葉の雫《しずく》の落ちる場所に植木鉢を置くなと云われるが、松からしたたり落ちる成分が、植木鉢の草木の生育に影響を与えるのである。この現象はアレロパシーと呼ばれている。

空き地や河原に生育して、秋には一面まっ黄色な花であたりを彩るキク科の外来植物であるセイタカアワダチソウだが、三〇年近くも経過すると春に芽生えたものが五～六月ころには先端部が黒くなり萎れた状態がみられるようになり、それから数年も経過すると、全草が見えなくなってしまう。セイタカアワダチソウは、他の植物の生育を阻害する物質であるデヒドロ・マトリカリア・エステルという植物の発芽をおさえる物質を根から発散させ続けている。長年の間にそれが蓄積し、結局は自らが自家中毒をおこし、消滅していくのである。

大陸のようなとてつもなく広いところでは、他感物質を発散し自家中毒をおこす植物であっても、種子を散布して新たな場所を開拓し、そこを生活場所とすることができる。大陸には、そんな草木が数多く生育している。わが国のように土地の狭いところでは、一カ所の自生地がなくなると、ほかに移ることができないので、絶滅する。それが帰化植物の運命である。

失われるフジバカマの繁殖地

フジバカマは、本来は低地や河川沿いの平地で河川水位が高くなったときに水をかぶる氾濫原《はんらんげん》、あるいはその土手に見られる植物であったが、現在ではそんな場所は河川の堤防として護岸工事が施されている。また、宅地や道路になったところもある。建造物がないところでも、河川の水量調整がおこなわれ、洪水による氾濫が起きないところがほとんどである。河川の氾濫原では氾濫によって草丈《くさたけ》が長くなるような植生が伏せ倒れたりして、陽光がよくあたるような部分ができる。フジバカマはそんな所を生育地としてきたのである。

筆者の住んでいるところの近くを流れている淀川の河川敷も、かつてはフジバカマの生育地とされていたが、現在ではほとんどはゴルフ場や公園などとなり、人間の手によって植生が管理され、野生種の植物が侵入する余地はない。そうでないところでは、逆に人手が入らず、自然の推移に委ねられていて、河川の氾濫による障害を受けないため、ヤナギやクヌギなどの高木が繁茂していたり、セイタカアワダチソウが侵入してフジバカマの生育に必要な太陽光線を遮っている。

また、淀川に流れこむ小河川の土手ではどうなっているのかと、散歩のついでに会った地元のひとに植生の変化を聞いてみた。私より年上の七五歳前後とみられるその人は「川土手には、むかしはオミナエシも、フジバカマも、ススキも、鎌で刈るほど生えていたのだが、近ごろはさっぱり姿をみない。どうしたんだろうか」と、逆に聞き返されてしまった。

森林総合研究所北海道支所で森林の育成についての研究をしている河原孝行は、自然更新の難しさを次のように述べている（『林業技術』第七三八号、二〇〇三年九月号、「レッドリストの生き物たち9　フジバカマ」）。

かつてはフジバカマの生育地とされていた淀川の河川敷。草刈りや芦焼きなどの人手が入らないため、ヤナギやクヌギが生育し、フジバカマの保育環境が不適の状態となっている。

> フジバカマは元来洪水による攪乱《かくらん》で光環境が好転するのを待つ植物と考えられます。しかし、水量調節が行われ、また農業目的での柴刈りや火入れなとが行われなくなった昨今の状況では、フジバカマの自然更新は著しく困難です。

フジバカマは日本以外では中国、朝鮮半島、ベトナムでも知られている。中国のフジバカマは、標本では中国全土にわたっており、あちこちから出てくるのだが、栽培されたものが逸出したと考えられるものが多くて、正確な自然分布は不明だと、河原はいう。

わが国では関東以西の本州、四国、九州の平野部の川畔でしばしば観察されるのであるが、丈夫で勢いよく育つわりには、その分布はひじょうに偏っている。それでフジバカマは中国原産で、奈良時代以前にわが国に帰化した植物ではないかと疑われたり、中国から日本にかけて分布する自然野草の一種とする考えかたもされている。この疑いは、日本と中国のフジバカマのDNA塩基配列を比較することによって、解決できるのかもしれない。

フジバカマの命名は花弁の筒の姿

フジバカマは、キク科ヒヨドリバナ属に属し、おなじ仲間にヒヨドリバナ（鵯花）やヨツバヒヨドリ（四葉鵯）、サワヒヨドリ（沢鵯）などがある。

フジバカマは川辺の氾濫原《はんらんげん》に生える多年生植物で、地下茎は長く這い回り、茎は直立し、草丈は一〜一・五メートル、大きいものは二メートルに達する。葉はふつう三裂し、短柄で対生する。花は夏の終わりから秋にかけて、淡紅紫色の頭花を散房状につける。頭花はふつう淡い紫色の管状花五個からできている。花は蕾《つぼみ》のときは紫がかった薄いピンク色で、花が咲くと白っぽくなる。弁の形が筒となっていて、袴《はかま》をはいたようなので、藤袴《ふじばかま》と名付けられた。花には、蝶や虻《あぶ》、甲虫《こうちゅう》が訪れる。

花は、ちょっとオミナエシの首を縮め、白色ないしは薄紫色のものを小さくして、たて長の花をびっしりつけた形である。花の頭がそろっているので、小さな笠をさしたようであり、雌蘂《めしべ》が鬚《ひげ》のようにのび、上面にもじゃもじゃした毛を装うようなすがたをしている。雅《みやび》な風格をそなえ、群生したものを遠くから見たときには、霜が降ったようである。淡く雅な佳い香りを放つので、庭草とし、通常切り花とする。地下茎が長く伸びて繁殖する。

フジバカマとよく似ているのがサワヒヨドリやヒヨドリバナで、ふつうの人はこれをフジバカマだと誤認することが多い。

前記の河原が調べたところによると、日本産のヒヨドリバナ属植物のうちフジバカマ以外の七種では二倍体が確認されているが、フジバカマは四倍体しか知られていない。二倍体とは、植物はそれぞれ異なった染色体からできた基本染色体セット（ゲノム）を二組もっているものをいう。基本染色体セットを三組、四組ともっているものを、それぞれ三倍体、四倍体とよぶのである。

ヒヨドリバナ属植物の二倍体では花粉を受ける有性生殖をおこなうが、倍数体では受粉を必要とせず、体細胞から胚《はい》を形成するという無融合種子生殖がふつうにおこなわれる。日本のフジバカマもやはり無融合種子生殖を主におこなっていると考えられると河原は指摘する。

フジバカマのつぼみ

またフジバカマは、種子による繁殖以外にも地下茎をのばして、無性的に繁殖しており、このようにして維持される個体が多いと考えられている。無性的に繁殖したものはクローンであり、その遺伝的性質は同一なので、ちょっと見たところ個体数の多い集団でも、一つあるいは数株の藤袴だということがある。同一クローンばかりだと、病気や害虫の被害を一斉に受ける可能性がきわめて高いのである。

かつてはフジバカマが繁殖していたところでは、人が植生を攪乱することによって光条件がよく整い、種子による繁殖が続けられていたが、人手が入らなくなって、フジバカマよりも草丈の大きな植生が繁茂するなどで環境が悪化し、種子生産ができなくなり、無性繁殖を繰り返して同一クローンで構成される集団を維持してきていた。そのような集団では、病気や害虫から攻撃をうけると一たまりもないであろうことは十分に想像できる。こんなところにフジバカマの弱点があったのだった。

フジバカマは香りを楽しむ草

フジバカマの茎や葉は生《なま》のときには香りはないが、刈り取ってしばらくおいて生乾きになったとき、桜餅の桜葉とおなじくクマリンの佳い香りがする。

フジバカマは古い時代には蘭《らん》、蘭草《らんそう》、「らに」と書かれた。中国では古くから蘭とよばれ、紀元前の『易経《えききょう》』や『礼記《らいき》』にその名がみえる。中国では、この花の一枝を女の子が簪《かんざし》にしたり、香袋《かおりぶくろ》にして身につけていたという。

中国ではまたフジバカマの香りが良いので、浴湯料としたり、頭髪を洗うのにも用いられていたという。紀元前の古代楚国（長江の中流域）の民俗を記したとされる『楚辞』九歌、雲中君篇に、「蘭湯に浴《ゆあ》みし、香芷《こうし》に髪洗い、五彩の衣に杜若《かきつばた》の花を飾って、神を迎える」という歌がある。これは香りの高いフジバカマや芷の湯《よろいぐさ》で沐浴《もくよく》し、神霊を迎えようとする情景を詠んだものとされている。中国ではフジバカマの花はほとんど鑑賞の対象とならず、もっぱら草にふくまれる香気を愛好していたのである。同じ草本植物を愛《め》でながら、その国によって花なのか香りなのか、それぞれ愛《め》でる部位が異なっている。それこそが、古いむかしから、それぞれの祖先から伝わってきた植物を愛でる文化の違いであったといえよう。

わが国でもむかしは、男女ともに髻《もとどり》（髪を頭の頂にたばねたところ）の下にフジバカマを挟んだといわれ、香気を利用するため厠《かわや》（便所）に吊るすところもあった。また和室の欄間《らんま》は、隣の部屋の蘭《らん》の香りを通わすために作られたという説がある。中国文化を受け入れてきたわが国は、フジバカマの花を愛するとは云いながらも、やはりその香りの良さに惹かれ、日常的に用いられてきた時代もあったことが、これらから理解することができる。

貝原益軒は元禄七年（一六九四）出版の『花譜』巻之下、七月・蘭《らん》の項で、「もろこしの古書に、蘭といへるは、ふぢばかまの事也。古歌に、らにとよめるもふぢばかまなり。此花（注・現代の人が云うところの蘭のこと）にはあらず」と、記している。

また同書の草の項では、もう少し詳しく説明している。

蘭草　ふぢばかまとも、らにとも、あらゝぎとも、古歌によめり。同じ草なり。野に多し。秋花さく。葉かうばし。

○時珍云、二月に宿根より苗を生ず。水辺下湿の所に生ず。蘭草、沢蘭一類二種なり。

○『潜確類書』（中国の古書、成立年不詳）に、蘭は百草の長とす。篤信案ずるに、本草綱目、いにしへの所謂蘭草は、いまの世に人の賞翫する花、かうばしき蘭に非ずといへり。和俗に、ふぢばかまといふ物の事なり。此草葉かうばしく、さかへやすし。詩経、易、礼記、楚辞などに蘭といへるはこれなり。

益軒は『潜確類書』において蘭は、もろもろの草のなかで最も頭となるものだとしているが、むかしの人がいう蘭はいまの人が賞翫する蘭花《らんか》ではないという。草の葉の香りがよい蘭とは、わが国でいうフジバカマのことだと、記している。

芳香をもつ蘭草（フジバカマ）と蘭花

蘭《らん》とは現在ラン科の植物をいうが、古代の中国ではフジバカマをこう呼んでいたのであり、『楚辞《そじ》』（二世紀までに成立）には「蘭草大都似澤菊」（蘭草はだいたい澤菊に似る）の記述があり、キク科であることがはっきりとわかる。それが現在のランと同じ名でよばれたのは、双方ともに芳香を持つからである。二世紀以降、中国では時代がさがるつれてラン科植物の蘭が愛好されるようになり、区別するためフジバカマに蘭草を、ランに蘭花をあてられることとなった。キク科の蘭は花よりも茎や葉に香りがあるため「草」がつけられ、ラン科の蘭は花に芳香をもつものが多いため「花」がつけられたのである。

現在私たちがラン（蘭）とよんでいるラン科の植物の名前について、明治八年（一八七五）三月文部省編纂の『小学読本　巻之三』（榊原芳野編次）の第四十四は、

蘭は、原蘭草《もとふぢはかま》の名より出て、香ある草の名となり、終《つい》にサ綱一目の草を、蘭科《らん》と称するに至れり、其始は、蘭花より起りて、桜蘭、葉蘭の如き其類ならざる者も、皆称《な》を冒《おか》せれり、サ綱一目とは雄蘂《をしべ》の直に、雌蘂《めしべ》に着ける花をいふ

と、蘭《らん》という名前のよってきたるところは、フジバカマの方にあることを説明している。

古代中国では、香草はその香りを楽しむという目的以外に、悪疫や邪気を防ぎ、神を降ろし、また身に帯びたり、庭に植えて身の高潔をあらわし、人に贈って意中をつたえるなど幅広い用途をもっていた。香草のなかでも、フジバカマと蕙草《けいそう》（カミメボウキ）はその代表である。

フジバカマは同属近縁種のサワヒヨドリ（漢名では澤蘭《たくらん》とよばれる）とともに都梁香《とりょうこう》として、陰干しにして身に佩《お》びたり、湯に浸けて沐浴（蘭湯《らんとう》という）したり、油につけて整髪用や頭痛や風邪、通経などの薬用として用いられた。蘭を身に佩《お》びることを佩蘭《はいらん》といった。澤蘭の「澤」は、この植物が水辺を好む性質をしめすほか、髪油をつくり髪の光沢《つや》出し用としたからといわれている。

サワヒヨドリの根は、地笋《ちじゅん》といわれ、食べられる。フジバカマと同じように香気のある蕙草は、霊陵《れいりょ》香《うこう》として現在でも用いられている。

『日本書紀』にフジバカマの栽培事例

フジバカマがわが国の文献にはじめて現れるのは、『日本書紀』巻第一三の允恭《いんぎょう》天皇の条である。允恭天皇二年春二月一四日、忍坂大中姫《おしさかおおなかつひめ》は皇后となられた。

皇后がまだ母と一緒においでになったときの話である。一人で苑《その》の中で遊んでおられた。そのとき闘鶏《つげの》国造《くにのみやつこ》（奈良県山辺郡都祁《つげ》村か？）がそばの道を通り、馬に乗ったまま垣根越しに語りかけ、嘲っていうに「汝《なんじ》はよく薗《その》をつくるか」と。また「そこの蘭《あららぎ》を一茎呉れ」と云った。そこで皇后は一本の蘭《あららぎ》をとり、馬に乗った男にやり、「何のために蘭を求めるのか」と尋ねられた。「山へ行くときにヌカガ（人の目のまわりを飛び回る小さい羽虫）を追い払うのだ」と答えた。大中姫は、馬に乗った男の言葉の無礼なのを、不快に思われたというのである。

『日本書紀』では蘭をアララギと訓ませているが、アララギはまた樹木のイチイ（一位）の別名である。允恭天皇は古墳時代の天皇であるから、フジバカマはすでにこの時代から苑に植えられ、それを賞でられていたことがこの説話でわかる。

『万葉集』でフジバカマが詠まれたのは、山上憶良の、

萩の花　尾花葛花　瞿麦《なでしこ》の花　女郎花《おみなへし》　また藤袴　朝貌《あさがほ》の花」（巻八・一五三八）

がただ一首だけである。しかし、単に和歌にフジバカマをよく詠みこんだだけではなく、秋の野に咲く七種の花を取り揃えているところに、意味があった。七という霊数の一つに組み込まれ、さらに茎や葉からの芳香が庭草として好まれるようになった。

奈良時代の長屋王《ながやのおおきみ》の漢詩には、「金蘭《きんらん》」として表現されている。養老七午（七二三）八月に作られたとみられている。長屋王の邸宅左保楼《さほろう》で新羅《しらぎ》の客を送別する宴《うたげ》の詩である。「於寶宅宴新羅客　賦得烟

字」と題されたもので、八連の漢詩だが、前半のみ掲げる。

高旻《かうびん》　遠照《えんしょう》開き、
遥嶺《えうれい》　浮烟《ふえん》靄《たなび》く。
金蘭《きんらん》の賞《はやし》を愛《め》づること有り、
風月の筵《むしろ》に疲《つか》るること無し。

高い秋空のもと夕映えが遠くひろがり、はるかかなたの嶺にはけむりのように靄《もや》がたなびいている。堅い金石や香しい蘭（フジバカマ）にも似た客との、親しい交友を楽しみつつ、清風名月をめでるこの風雅な宴では、疲れをおぼえることもない、というのが詩の意味である。金蘭とは、『広辞苑』によれば『周易』（繋辞上）の「二人心を同じくすれば、その利《と》きこと金を断つ。同心の言、その臭きこと蘭のごとし」を引用し、（金のように堅固で、蘭のように芳しい意）親しく固い交わりをいう、とある。

衣服の袴と同一視する和歌

『延喜式』巻三二・大膳上には、神祭の雑給料として、他のものとともに蘭《らに》が記されている。

園韓神《そのからかみの》　祭　雑給料　春冬并同
蒜一斗。葱二斗。蘿蔔五十把。芹六斗。萵苣《ちさ》五斗。芸薹《をち》二斗。胡菜五升。蘭《らに》十把。蔓菁六斗。葵《ふゝき》二斗。己上十種・内膳司所進。
春日祭　雑給料　春冬并同
蒜一斗四升。葱三斗。蘿蔔七十把。芹六斗。萵苣《ちさ》七斗。芸薹《をち》三斗。胡菜五升。蘭《らに》十把。葵《ふゝき》三斗。己上九種・内膳司所進。

園韓神《そのからかみの》祭の雑給料として、現在では野菜類として考えられているものが掲げられているのである。それらは蒜《のびる》、葱《ねぎ》、蘿蔔《だいこん》、芹《せり》、萵苣《ちさ》、芸薹《をち》、胡菜、蘭《らに》、蔓菁《かぶ》、葵《ふふき》（蕗のこと）であり、春日祭でもほぼ同じ内容となっている。

食べられる野菜類の中に、別の趣がただよう蘭《あららぎ》が掲げられていることは、野菜類ばかりでなく、芳わしい芳香を漂わす植物が求められていて、最終的にフジバカマが採用されることとなったのであろう。

『古今和歌集』には、フジバカマの香りの良さと同時に、フジバカマという名前に含まれた袴《はかま》に掛けて詠む歌が詠まれている。まず香りの良さから取り上げる。

　　これさだのみこの家の歌合によめる　　としゆきの朝臣
なに人かきてぬぎかけし藤袴くる秋ごとに野べをにほはす（巻四・秋歌上・二三九）
　　ふじばかまよみて人につかはしける　　つらゆき
やどりせし人のかたみか藤袴わすられがたき香ににほひつつ（巻四・秋歌上・二四〇）
　　ふじばかまをよめる　　そせい
主しらぬ香こそにほへ秋の野にたがぬぎかけし藤袴ぞも（巻四・秋歌上・二四一）
　　寛平の御時きさいの宮の歌合のうた　　在原むねやな
秋風にほころびぬらし藤袴つゞりさせてふきりぎりす鳴く（巻一九・雑躰・一〇二〇）

四首ともほぼ同じ趣向である。三首目の素性法師の歌は、秋の野にだれの香りかわからないが芳しく匂っている。このかぐわしい藤袴は誰が脱いでかけておいた袴なのだろうか、という意味である。

むかしの貴人はそれぞれに自分の好む薫香《くんこう》を衣に焚きしめていたので、その香りをかげば持ち主が誰であるのか分かるといわれた。ここでは野に咲くフジバカマは、袴《はかま》という名があり、芳香があるにもかかわらず、その袴の持ち主が誰とは知れないので「ぬし（主）知らぬ香」と素性法師はいったのである。

最後の歌では、秋風が吹いてきたのでフジバカマが咲いたらしいと、まず上の句で詠む。そして、花が咲くことを蕾がほころぶというが、ここでは藤色の袴がほころびる意味として詠い、ほころびを綴り糸で刺せと、キリギリス（当時はコオロギのことをいう）が鳴いているというのだ。植物の名前のフジバカマが、衣服である袴に掛けられている。

二首目の紀貫之の歌について、麓次郎著『四季の花事典』（八坂書房、一九八五年）からの孫引きであるが、飛鳥井雅親の『古今栄雅抄』（雅親の講釈を基礎に、子息雅俊が飛鳥井家の古今集注を集大成したもの。室町時代後期に成立）にはつぎのような伝説が載せられているという。

昔、臈《ろう》たけた美しい姫が秋の雨の降る夕暮れにさめざめと泣きながら野辺をさまよっていた。雨の一夜が明けたとき、姫の姿はいずこともなく消え失せて、そのかわりに名も知れぬ可憐な薄紫の花が咲いていた。これを見た里人達は、この花はきっとあの美しい姫の精に違いない、といって、姫のはいていた藤蔓を晒して織った袴に因んで、藤袴と名付けたという。

この悲しい物語を興味深く聞いた紀貫之が詠んだ歌が、前掲の歌（『古今和歌集』二四〇）であるというのである。『古今和歌集』の成立は九〇五年または九一四年とされているので、飛鳥井雅親（一四一六～九〇）は、ずいぶん古い伝説をとりあげていたのだ。

『源氏物語』に「らに」の事例

『源氏物語』藤袴の巻には、夕霧が父親である光源氏の使いで玉鬘《たまかずら》を訪問し蘭《らに》の花をもち求愛する場面がある。六条院に養われている玉鬘が自分の異母姉ではなく、内大臣（旧頭中将）の娘であることがわかった。この場面では、夕霧が改めて、言い寄るのである。
ここでフジバカマを蘭《らに》の花と呼んでいることが示されており、蘭《らに》とよばれる文献上の初めての事例となっている。

「かゝるついでに（打明けん）」とや、（夕霧は）おもひよりけむ、蘭《らに》の花の、いとおもしろきを、持ち給へりけるを、御簾《みす》の前よりさし入れて、

夕霧「これも、（御身は）御覧ずべき故はありけり」

とて、（花を）とみにも許さで持給へれば、（玉鬘が）うつたへに、（花を）思ひもよらで取り給ふ御袖を、（夕霧）はひき動かしたり。

夕霧「同じ野の露にやつるゝ藤袴あはれはかけよかごとばかりも」

「道のはてなる」とかや。（玉鬘は）いと、心づきなく、うたてなりぬれど、見知らぬさまに、やをら、（奥に）ひき入りて、（以下略）

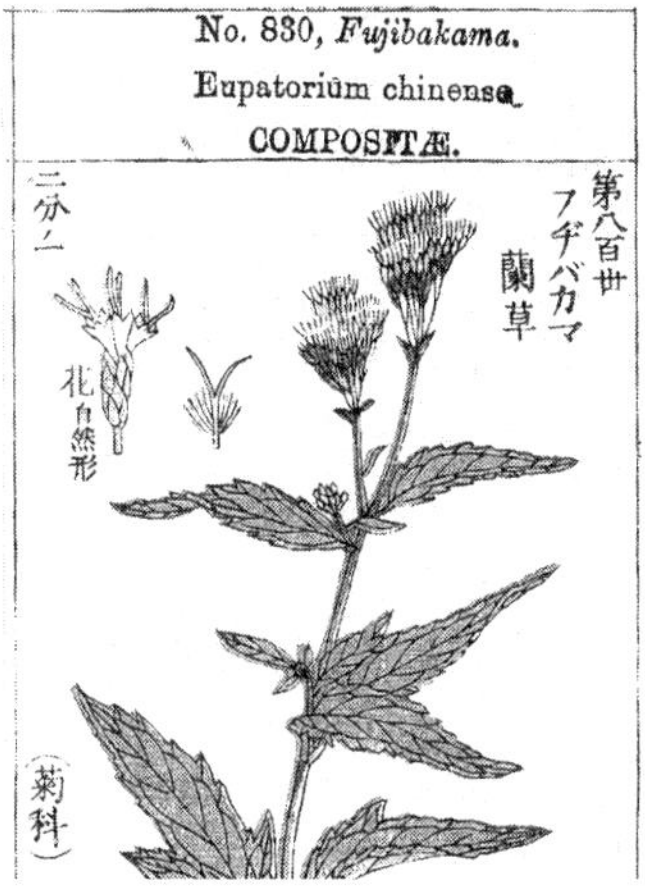

フジバカマ（『有用植物図説』）

この場面での夕霧の歌にある藤袴は、喪服の藤衣《ふじごろも》に掛けてあり、夕霧にとっても玉鬘《たまかずら》にとっても祖母にあたる大宮の死を前提にして、同じ孫であるという縁者同士の交誼を、申しわけ程度にも掛けてくださいよ、というのである。

『滑稽雑談』（四時堂其諺著、正徳三年）は、「栄雅抄に云、漢書に、ある女、野に行きて死にたりけるが、藤にて織りたる袴を著《き》てはべる。その中より生ひ出でたりと

いふ」とある。この話にもあるように、藤衣は平安時代の当時喪服を意味していたので、ここでは夕霧の歌に詠まれ、巻名とされているのである。

『源氏物語』匂宮の巻では、匂宮の体臭や薫の衣服の薫香の表現としてフジバカマの香りが触れられている。

御唐櫃《からびつ》に埋もれたる香《こう》の香《か》どもも、この君（薫）のは、言ふよしもなき匂ひを加へ、お前の花の木も、（薫が）はかなく袖ふれ給ふ梅が香は、春雨の雫《しずく》にも濡れ、身にしむる人多く、秋の野に主なき藤袴も、もとのかをり隠れて、（薫の）なつかしき追風殊に、（薫の）をりなしからなむ、（藤袴の香は）まさりける。（中略）お前の前栽にも、春は、梅の花の園をながめ給ひ、秋は、世の人の、色に愛《め》ずる女郎花、小《さ》牡《を》鹿《しか》の妻にすめる萩の露にも、（匂無ければ）をささ、御心移し給はず、老いを忘るゝ菊、衰へゆく藤袴、物げ無き吾木《われも》香《こう》などは、いと、すさまじき霜枯れの頃ほひまで、（其香を）おぼし捨てずなど、わざときめきて、香に愛《め》づるをなむ、たてて好ましうおはしける。

匂宮の巻の「衰へゆく藤袴」について、『河海抄』（四辻善成著、一三六七年撰）は『和漢朗詠集』巻上秋の「蘭」の題で収録された漢詩と和歌の最初にとられている『白氏文集』（唐の白居易（楽天）撰の詩文集、八二四年に成立）の「杪秋《びょうしゅう》独夜」の次の詩から採られていると解説している。

前頭《せんとう》には更に蕭条《じょうじょう》たる物あり
老菊衰蘭《ろうきくすいらん》三両叢《さんりょうそう》

暮秋九月の夜、前方をすかしてみると老いた私より更にものさびしい物がある。よくみれば、霜に枯れた菊とともに、衰えた蘭《らに》が二株《もと》三株残っている、という意味である。これをもとにした藤原定家の『拾遺愚草』（定家の自撰家集、一二一六年成る）員外雑歌上には「ふじばかま嵐のくだく紫にまた白菊のいろや

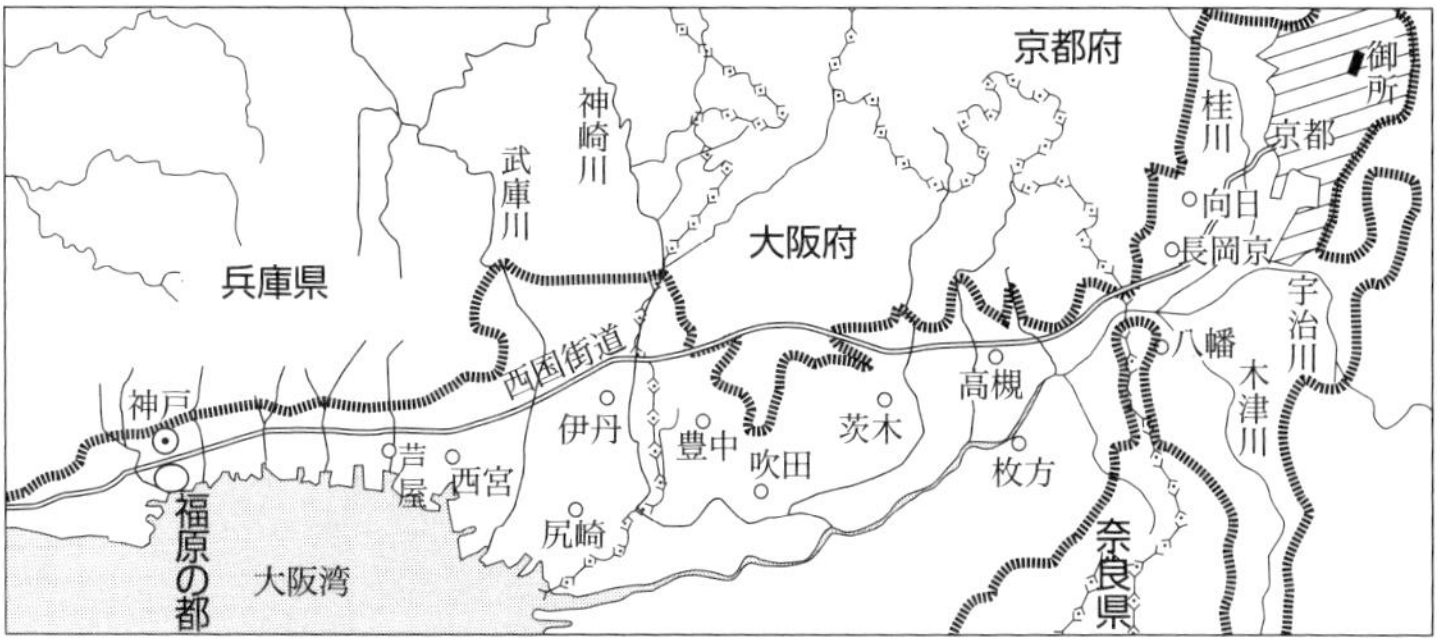

福原の都。治承四年、平清盛は福原に遷都した。都恋しと旧都に戻った公卿の見たものは、庭いちめんキクやフジバカマの茂る荒庭であった。

ならはむ」と詠まれた歌がある。

『平家物語』にみえる廃都のフジバカマ

『平家物語』（琵琶法師によって語られた軍記物語。原本の成立は一二一九〜一二四三年の間とされる）巻五の月見の事の条には、平清盛による福原遷都のため、平安時代の政治の中心であった都が衰微していった一つの証しとして、貴族の邸宅内に栽培されているフジバカマが、述べられている。

　六月九日の日、新都の事始、八月十日の上棟《じょうしょう》、一一月一三日遷幸と定められる。古い都は荒れていくけれど、今の都は繁昌す。（中略）

　中にも、徳大寺の左大臣実定《じってい》の卿は、旧き都の月を恋ひつゝ、八月一〇日あまりに福原より上り給ふ。何事も皆変わりはてて、稀に残る家は、門前草深くして、庭上滋《しげ》し。蓬が杣《そま》・朝茅《あさじ》が原・鳥の臥所《ふしど》と荒れはてて、虫の声々怨みつつ、黄菊《くわうきく》、紫蘭《しらん》の野辺とぞなりにける。

『古今和歌集』以降の平安時代の代表的な和歌集には、フジバカマはどう詠われたのか調べてみた。古今・後撰とつづく三代集の一つ『拾遺和歌集』では、部立が秋及び雑秋には皆無であり、巻第七「物名」の部に「らに」の題で一種載っていたが、歌の中には「らに」も「ふじばかま」も詠いこまれていなかった。

八〇年の空白の後に成立した第四勅撰集『後拾遺和歌集』では、フジバカマの歌は見当らなかった。平家が都落ちするとき、平忠慶《ただのり》が藤原俊成に新しい勅撰集に一首なりとも撰ばれれば生涯の面目と云い、歌集を托していった逸話のある第七番目の勅撰和歌集『千載和歌集』では、巻五・秋歌下に、たそがれどきに匂うフジバカマが一首詠われている。

武家政治の鎌倉時代に入って撰集された『新古今和歌集』では、巻四・秋歌上に「蘭をよめる」との題でこれも一首のみ収録されている。

これらからみると、フジバカマは秋の七草の一つと云われながらも、和歌として詠む題材としてとりあげられなかったようにみられる。その原因は、フジバカマが組み合されたものは人が身につける袴ということばを、その草名にもっていることに結びついていたからである。袴についた香りを詠むだけでは、類推歌が多くなって、良い歌が詠われなくなったことがあげられよう。

平清盛は治承四年（一一八〇）六月に、現在の神戸市福原へ都を遷したのである。公卿のひとりがむかし懐かしさの感慨を胸に抱いて、古い都に上った。ほとんどは、福原への遷都のため、邸宅をこわして運んでいたのだが、稀にそのまま邸宅を残しているものもあった。しかしそこでは、ヨモギが繁茂したり、カヤの原となり鳥の巣作り場所となるなど、荒れ果てたさまであった。秋の虫の声がしきりに聞こえる菊や紫蘭《しらん》（藤袴のこと）の生え茂る野辺となっていたというのである。

なお紫蘭《しらん》とは、ラン科の多年生で、五月ごろ紅紫色の花をつけ、鑑賞用として各地で栽培されるシランのことであるが、またフジバカマの異称でもある。ここでは秋に咲く菊とフジバカマが対応して述べられたのである。

清盛による福原遷都によって、政治をつかさどる人々が、平安京から福原へと住居を移したため、もとの平安京はすっかりさびれ果て、かつては栽培され絢爛《けんらん》たる花の庭にあったものが、手入れがされないままノギクやフジバカマが繁茂して、ほとんど野生状態の野原、というよりもこれらの墓場と変わっているというのである。『平家物語』からも、平安時代には公家の邸宅には、フジバカマは前栽の一つとして相当な規模で植えられ、そして愛《め》でられていたことがわかるのである。

『夫木和歌抄』は二五首を収録

『夫木和歌抄』巻一一・秋部二は蘭《らに》の題で、二五首の歌を収録しており、歌には「ふちはかま」、「ふち袴」、「藤はかま」、「藤袴」の四種類の詠われ方がされている。

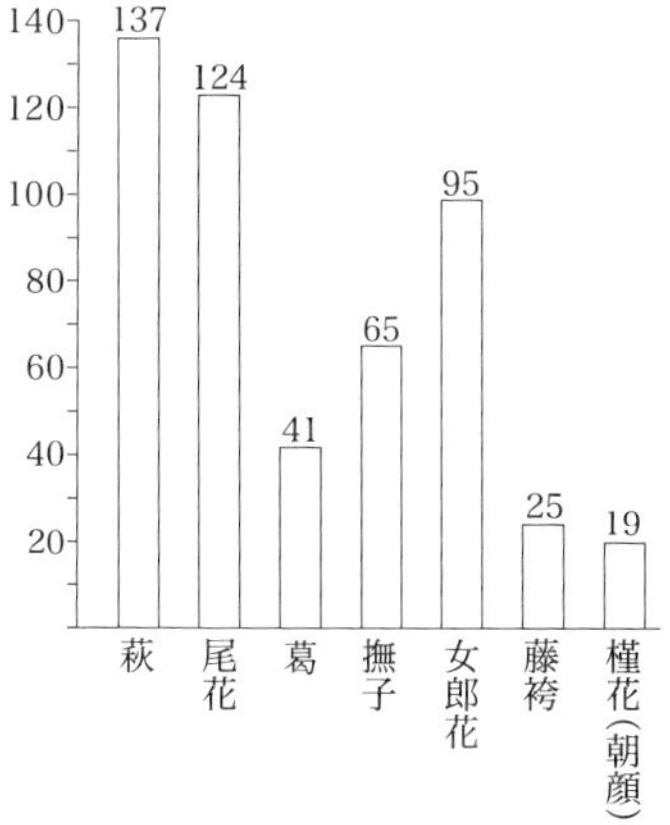

『夫木和歌抄』収録の秋の七草の出現件数。類歌を集めたこの歌集の性格からみて、フジバカマは和歌の題材としてあまり注目されなかったことがわかる。朝顔（現在はキキョウに比定）は槿花としてまとめられている。

詠まれたときをみると、

天永二年（一一一一）七月内大臣家歌合草花
大治三年（一一二八）八月広田社歌合蘭恋
長治元年（一一〇四）五月季広朝臣歌合
天仁二年（一一〇九）一一月顕季卿歌合蘭
長寛二年（一一六四）白河殿歌合草花
千五百番歌合

という六つの歌合わせの席で詠まれている。また前にふれた『和漢朗詠集』に収められた白楽天の

「老菊衰蘭両《ろうぎくすいらんりょう》三叢《さんそう》」ということについて詠んだ歌が二首あるので、それをとりあげておく。

秋の霜にうつろひゆけは藤はかまきてみる人もかれがれにして　慈鎮和尚

ふちはかま嵐のくたくむらさきに又しらきくのいろやならはん　前中納言定家卿

江戸時代に貝原益軒が著した『大和本草』（宝永六年＝一七〇九・正徳五年＝一七一五刊）巻八・芳草は、フジバカマを真蘭《しんらん》とし、香りの良いこと、若葉が食べられることなどを記している。

真蘭　和名ふぢばかま、又あらゝぎとも云ふ、古歌にらにともよめり、八雲抄にも蘭をふちばかまらにと云と書玉ふ。葉は麻に似て両岐あり香よし、干して弥かうばし、是真蘭也《これしんらん》。野にあり、秋紫白花を開く、古歌にふぢばかまを多くよめり、国信の歌に、秋の野にむらむら立る蘭むらさき深く誰か染めけん。若葉はゆびきて食すべし。その芳香美味、凡《およそ》菜にすぐれたり、試に食してその香味を知べし。嫩葉《わかば》を採て之を佩《はく》と云へり。その性亦好。詩経楚辞などに詠ぜし蘭《らん》是なり。上代は沈香檀香竜麝など、諸香中華より来る、故に蘭を甚賞す。今の蘭と云ものは、葉は大葉の麦門《ばくもん》の如く、花の香よき物也。上代の真蘭《しんらん》にはあらず。

そして同書は、『禅僧圓月東海一漚集』、『筑前州神山移蘭記』にも、神山に蘭多き事を記されていると、蘭がたくさん生育している場所を述べている。さらに蘭草は漢方薬として用いることはないが、性質もよく、上品な芳草である。園圃《えんぽ》（庭園や畑のこと）には必ず植えることとして、その栽培法についても触れている。

薬用とされるフジバカマ

俳諧では、フジバカマは蘭草、紫蘭、蘭、らに、香草、香水蘭、あららぎ、秋蘭などと詠まれる。

秋の野ににほひて咲ける藤袴折りておくらむその人なしに　上田秋成
秋風にこころほどけて藤袴ほころびにけり著る人なしに　大愚良寛
うつろへる程似た色や藤ばかま　北枝
何と世を捨てても果てずや藤袴　路通
星の夜よ花火紐とく藤ばかま　其角
藤袴此夕暮のしめり哉　園女
寝用意も夜寒に成りて藤袴　千川
香は古く花は新らし藤袴　素檗
幾代経し蔵の罅《ひび》かも藤袴　松井葵紅
むらさきのひともと咲くは藤袴　てい子

フジバカマの方言は意外と少ない。お盆に供えられる花の一種としてボンバナ（福井県）がある。その花の形態からの名とみられるコメバナ（青森県）、モチバナ（福島県）がある。またウリギノサトーグサ（青森県）、イトイゴロシ、スゲホコリがある。

フジバカマも薬草の一つであり、薬用部分は全草で蘭草とよばれる。八～九月の花期に地上部の全草を刈りとり、二～三日干したのち、香りが出たら風通しのよい場所で陰干しする。乾燥後は、容器に密閉して貯蔵する。成分はクマリン、o（オミリオン）―クマリン酸、メチルチモールエーテル、チモールハイドロキノン、ネリルアセテートなどが、根にはオイパリンが含まれる。その他茎葉部の水性エキスからコハク酸、マンニトール、茎のメタノール抽出部からフマル酸が単独分離されている。

水性エキスには血糖降下作用、利尿作用があり、利尿、解熱、通経薬として、糖尿病、浮腫、月経不順などに用いられる。また神経痛、皮膚のかゆみ等に外用し、浴湯料などにも用いられる。皮膚のかゆみには、乾燥した全草二〇〇～五〇〇グラムを細かく刻んで布袋に入れ、はじめに鍋で煮出してから、袋ごと風呂に入れて入浴する。かゆみの部分は、この袋でこすると効果的である。糖尿病の予防と治療には、乾燥フジバカマ、垣通し（カキドオシ）、ビワの葉、タラノキの樹皮各々五グラムを水四〇〇ミリリットルで半量に煎じ、一日三回に分けて服用する。

フジバカマは簡単に栽培できる

フジバカマは生け花にも使われ、茶花としては八月～九月の花である。華やかな花ではないが、ひっそりと咲くこの花をみると、自然の秋の移ろいを感じられるという。

栽培も簡単で、植える時季は三月下旬から四月である。この花は丈がすこし高くなるので、庭のすみなどで、風通しのよい場所に植える。地植えでは大きくなる。丈が高くなるので、鉢植えは風で倒れ易くなる。そこで二〇センチぐらいに伸びたら、先端二節ぐらいを切って挿し芽する。挿し芽としたものはすぐに発根するので、上手に移植して育てると、親株も挿し芽苗も丈が低い状態で開花する。

フジバカマは種子による繁殖以外にも、地下茎をのばして無性的に繁殖しており、自生しているものはこの繁殖方法によるものが多いと考えられている。挿芽《さしめ》の場合もそうであるが、個体数が多い集団でも無性的な繁殖のばあいは、クローンであり遺伝的にも同じであるため、病気や虫などで一斉に被害をうける可能性がある。栽培しているものも、野生のものも同様である。

フジバカマは近年園芸的に改良されて、華やかな花を咲くものが現れている。

前に触れた河原孝行が、園芸店で売られているフジバカマについて、日本産ではないかも知れないと注

庭園に栽培されているフジバカマ。株が大きく広がっており、旺盛な生育をみせている。

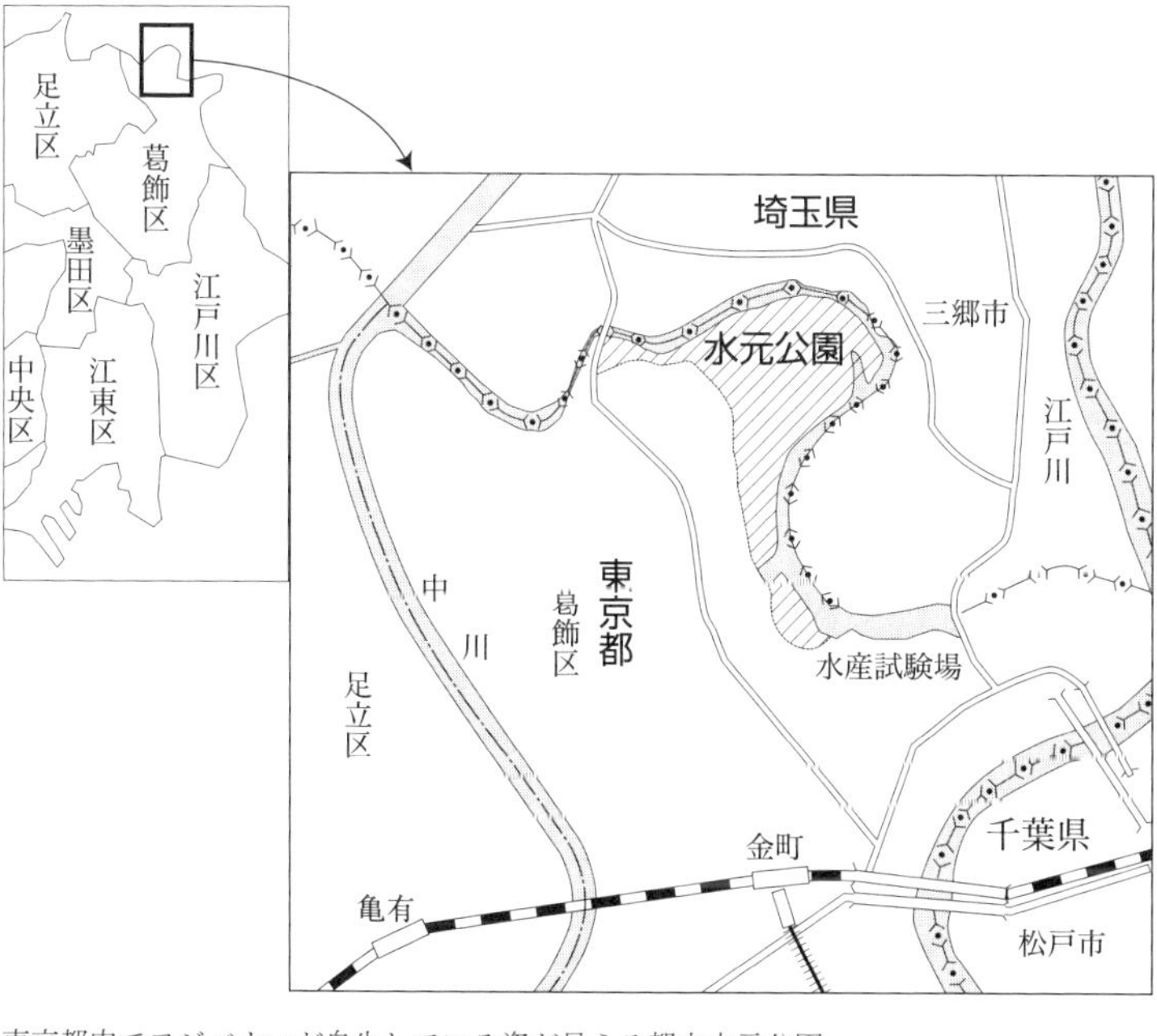

東京都内でフジバカマが自生している姿が見える都立水元公園

意を促している。

園芸店で売られているものは全体に小型で葉の色が濃く、自生のものと印象が少し異なります。RAPDマーカーやアイソザイムを使ってこの園芸フジバカマと自生フジバカマを調べてみると、大きな違いがみられました。園芸フジバカマは日本産ではないかも知れません。

この園芸フジバカマが誤って自然下に移植されたり、逸出して自生のものと置き換わったりしていかないように、注意が必要である。

と、園芸フジバカマを栽培するする人に注意を促している。園芸フジバカマが逸出すると、現在野生している日本産のフジバカマの生態に影響をあたえる可能性が高いというのである。

京都市西京区大原野春日町の大原野神社には、公家の姫君が十二単《ひとえ》のふところに忍ばせていたといわれる香り高いフジバカマの園が、平成一六年（二〇〇四）秋に完成し公開されていると、『朝日新聞』（二〇〇四年九月一〇日付）は記事にしている。

フジバカマ園をつくった人々は、「乙訓《おとくに》の自然を守る会」である。同会の藤井肇は、以前は乙訓地域でもフジバカマの生育はたくさんあったが、近ごろの河川工事や農地開発などにより、その数はとても減少していたので、四年前の平成一二年ごろから同会のメンバーが長岡京市の畑に株を移して増殖してきたのだという。フジバカマ園の広さは約三〇平方メートル（約一〇坪）で、約五〇〇本が生育しており、野生種であるため淡い色合いの花をつけ、甘い香りをほのかに漂わせるという。満開は九月中旬だとされている。

東京都葛飾区の北端で埼玉県三郷《みさと》市との間にある都立水元《みずもと》公園では、関東では珍しくなってしまったフジバカマの群生が観察できると、東京都公園協会の広報誌『緑と水のひろば』第四四号（二〇〇六年）は伝えている。この公園をとりまくように設けられたさくら堤の改修が昭和五八年(一九八三)に行われたが、そのとき、当時すでに希少となっていたフジバカマなどの野草の自生地が失われていくことを恐れた区民の野草愛好家の保護要請をきっかけに、自然植生をまもる機運がたかまり、堤の一部が平成元年(一九八八)に葛飾区の自然保護区に指定されたからである。

皇居内には数えきれないほどの草木が生育している。そのなかで昭和天皇が住まいとされていた吹上御苑は、人手がほとんど加えられていないので、野生の草木が、四季おりおり、さまざまな花を咲かせる。秋には野原いちめんススキが白い穂をなびかせ、その間に白山菊《しらやまぎく》や山萩《やまはぎ》が咲き乱れている。こんな皇居の中なのに、フジバカマは少なく、数株を数えるにすぎないと、入江相政編『宮中歳時記』(一九七九年)は述べている。

フジバカマの仲間のヒヨドリバナなど

キク科ヒヨドリバナ属のフジバカマと同じ仲間は、わが国では約八種が自生している。同じ仲間の草花にヒヨドリバナ、サワヒヨドリ、ミツバサワヒヨドリ、ヨツバヒヨドリバナ、ヤマヒヨドリバナなどがある。

ヒヨドリバナ(鵯花)は、北海道から九州に至る日本全国の山野に生える多年草で、葉は光沢がなく、裏面に腺点《せんてん》がある。八〜一〇月ごろ、白色の花を上部の枝先に多数つける。ヒヨドリバナという名は、ヒヨドリが鳴くころに花を開くからつけられたという。フジバカマに似ているが、本種は葉が羽裂しないところが違うが、フジバカマも裂け目のないものがあり、外見では見分けがつかないこともある。しかし、生乾きにしてにおいを嗅いでみると、ヒヨドリバナはほとんど香りがないので、区別ができる。利尿剤、胃腸薬として用いられる。

サワヒヨドリ（沢鵯）は、日本全土の日当たりの良い湿地に生える多年草で、葉は披針《ひしん》形で対生、表面は毛が多くてザラつき、裏面はちぢれた毛と腺点がある。花は白色から淡紅紫色である。中国名は沢蘭《さわらん》というが、これはフジバカマに似ていて、沢に生えるという意味である。野生のフジバカマが、ほとんど見つからなくなった現在、秋の七草を生ける時など、このサワヒヨドリを代わりに使うことが多い。『万葉集』には、サワアララギの名前で巻一九の四二六八の歌の題詞に出ている。平安時代にはサワアララギと称され、その美しい花と四季の移り変わりを賞されていたので、このころからサワヒヨドリは栽培されていたかもしれない。

また茎の下部の葉が、三小葉のように全裂するものがあるが、これをミツバサワヒヨドリ（三つ葉沢鵯）という。

ヨツバヒヨドリバナ（四つ葉鵯花）は、本州中部以北の深山にはえる多年草で、茎は直立して枝分かれせず、数茎群れ立ち、高さ一メートル内外に達する。晩夏から秋にかけて茎上部に淡紫色の頭花を、散房状に密につける。この名は、葉がふつう四枚輪生することに因んだものである。

本州中西部と四国の山地には、葉の幅が狭く一〜二センチで、披針形または線状披針形となるホソバヨツバヒヨドリ（細葉四つ葉鵯）が分布している。花序の集まりもまばらである。

第八章　キキョウ（桔梗）　好まれる美しい桔梗色

日本全国に生育するキキョウ

キキョウ（桔梗）はオミナエシなどとともに秋の七草の一つとされ、秋の山野草を代表する草花である。キキョウ科キキョウ属の多年草で、日当たりのよい山の乾いた草地にふつうに生える。キキョウは日本全国に自生するほか、朝鮮半島や中国東北部にも分布する東アジア固有の一属一種の植物である。

直立した緑色の茎の高さは、四〇センチから一メートルあり、上部で分枝する。葉は広披針形《こうひしん》で、葉の縁に鋸歯《きょし》があり、裏面は白色を帯びる。茎や葉は、傷つけると白い乳液を出す。枝元にある蕾《つぼみ》は初秋にふくらみ、明日にでも咲こうとする花は、いかにも開くとき音をたてそうな形をしている。

千代女《ちよじょ》も「桔梗の花咲く時ポンと言ひさうな」と詠んでいる。筆者も子供のとき、紙風船のように膨らんだ蕾《つぼみ》を、親指と人差し指でつまんで強く押さえたことがある。この句のようにほんとうにポンと音がした。面白かったが、つぎつぎと押さえるキキョウの蕾がなかったので、欲求不満のままにすごした。お盆前の墓掃除のときであったように記憶している。

結城哀草果の歌に「たわむれて指につまめば音たてて桔梗の蕾割れにけるかも」とあり、彼も膨らんだ蕾を押さえてみる誘惑には勝てなかったことを歌によんでいる。斎藤茂吉もやはりその一人で「むらさきの桔梗のつぼみ割りたれば蕋《しべ》あらはれてにくからなくに」と詠んでいる。

キキョウの花は鐘状、五裂に開き、色は青紫色で、開花期は六〜八月で秋草としては早いほうである。花は形がよく整い、輪郭が正しいので、ナデシコのやさしさは見られないが、力強い感じで、花いろは青みがかった紫色ですがすがしく見える。根は太く黄白色をしており、多肉質となり、薬用とされる。また花を鑑賞するために栽培されており、庭でもよく育つ。二重咲き、白花などの園芸品種が多い。

キキョウの花とつぼみ。つぼみを指で強くつまむとポンと音がして開く。秋草としては開花が早い。

サミダレキキョウ（五月雨桔梗）は五月から七月にかけて咲く極早生種で、切り花とされる。二重咲桔梗は、花が二つ重なって咲く。これに白だけのもの、白に紫の斑の入るもの、紫だけのものがあり、珍しい。アポイキキョウは北海道アポイ産のごく矮性《わいせい》で、山草の愛好家がよろこんで栽培する種類である。ふつうのキキョウの草丈は六〇〜一〇〇センチであるが、この種は草丈がせいぜい二〇〜三〇センチで花が咲く。葉は輪生するのが特徴である。

桃色キキョウは淡いピンクの花が咲く外来種である。マリエシーも外来種で、草丈が低く、花が椀型となる。

キキョウの栽培は秋に市販の種子をまいて、春に移植して植え付けると六〜七月に草丈一〇〜二〇センチで開花する。市販されているキキョウは、だいたいに早咲きである。

一年育てたキキョウの苗は、小指くらいの白い根ができており、前年の茎の両側に芽があり、次の年はそれが伸びて花が咲く。草丈は前の年の倍以上に伸びるので、草丈を短く育てたいのであれば、春から伸びた芽が一〇センチくらいになったとき、芯を摘むとよい。側芽が数本でて、これにそれぞれ花が咲くので、花数は多くなり、草丈も短くなる。しかし、花の咲くのは、芯を摘まないでそのまま延ばしたものよりは遅くなる。

朝咲く美しい花と『万葉集』

『万葉集』に収録されている山上憶良が詠んだ秋の野の七草の「朝貌《あさがお》の花」は、わが国に自生し、夏の終わりから初秋にかけて咲くキキョウのことだとされている。

『万葉集』の「あさがお」は、

　朝顔は朝露負《お》ひて咲くと云えど夕陰《ゆうかげ》にこそ咲きまされり（巻一〇・二二〇四）

と詠まれ、朝に咲くうつくしい花という意味に使われている。そしてその花は、夕陰になっても凋《しぼ》むどころか、なおも美しく咲いているとしているのである。

『万葉集』に収録されたこの歌の「あさがお」とはなにものかについては、朝顔（牽牛花）説、木槿《むくげ》説、桔梗《ききょう》説がある。牽牛花も木槿も花は一日花で、夕方までには萎んでしまうし、また万葉時代には未だわが国に渡来していない。さらにはどちらの花も栽培植物で、憶良のいう自生した「野の花」にはあたらないので、木槿も牽牛花も、『万葉集』のいうところの「あさがお」には該当しない。

この時代にキキョウを「あさがお」の名でよんだことは、『新撰字鏡』（八九二～八九九年に成立）に「桔梗　阿佐加保《あさがほ》　又　岡止々支《おかととき》」とあることからわかる。

キキョウの古名には、アリノヒフキ（阿利乃比布岐）とか、オカトトキ（乎加止々岐）、朝顔、桔梗《きちこう》などがあり、歌には一重草《ひとえぐさ》がある。お盆に山野から採ってくるので、盆花《ぼんばな》と呼び習わしているところが各地にある。

アリノヒフキの名は、『倭名抄』や『延喜式』にも記されている古い名である。キキョウはふつう青紫色の花を咲かせるが、その色素はアントシアニン系で、酸にあうと赤く変色する。アリ（蟻）は口から蟻酸《ぎさん》をだすので、この花を蟻塚に押し込むと蟻が花を噛んで花弁の青紫色が見るまに真紅に変色するので、「蟻の火吹き」の意味だという。

別の説では、キキョウからこぼれ落ちた種子を、蟻にみたててつけたものといわれる。櫻井元は、『やぶれがさ草木抄』（誠文堂新光社、一九六九年）のなかで「キキョウの果《み》が、秋に稔りきれば、果皮の上の方はいつか破れ、ものが触れるとか秋風にゆれれば、そこから照りのある、あの黒胡麻の如き小粒の種子を、あたりに撒きちらす。そのようすは、いかにも蟻の児をばらまくように思えた。古人は自然への観察は細かい。きっと、このありさまをみて楽しく思いついて名づけたにちがいない」という。

まったく別の説では、アリは昆虫の蟻ではなく上代では「小さい」という意味があり、ヒフキは鍛冶屋などで用いられる送風用の鞴《ふいご》のことで、その形がキキョウの膨れた小さな蕾によく似ているところからこの名がついたのだという。

キキョウとは漢音と呉音の交じり訓み

オカトトキは、岡に生えているトトキ（ツリガネニンジンのこと）という意味だとする。『万葉集』巻一〇には、朝顔の花が二首連続して収められている。

　こいまろび恋ひは死ぬともいちしろく色には出でじ朝顔の花（二二七四）
　言《こと》出でていはばゆゆしみ朝顔の穂には咲き出ぬ恋もするかも（二二七五）

前の歌で朝顔は原文では朝容皃之花《あさがほのはな》と記され、後の歌には朝皃乃《あさがほの》と記されている。歌の意味は、前の歌は死ぬほどの恋だが朝顔のように色には出さないでというのであり、後の歌は言葉に出して云ってはならないと思い慎んで、朝顔のように人目につく振舞はせず、ひたすら胸のなかで恋しく想っているというのである。

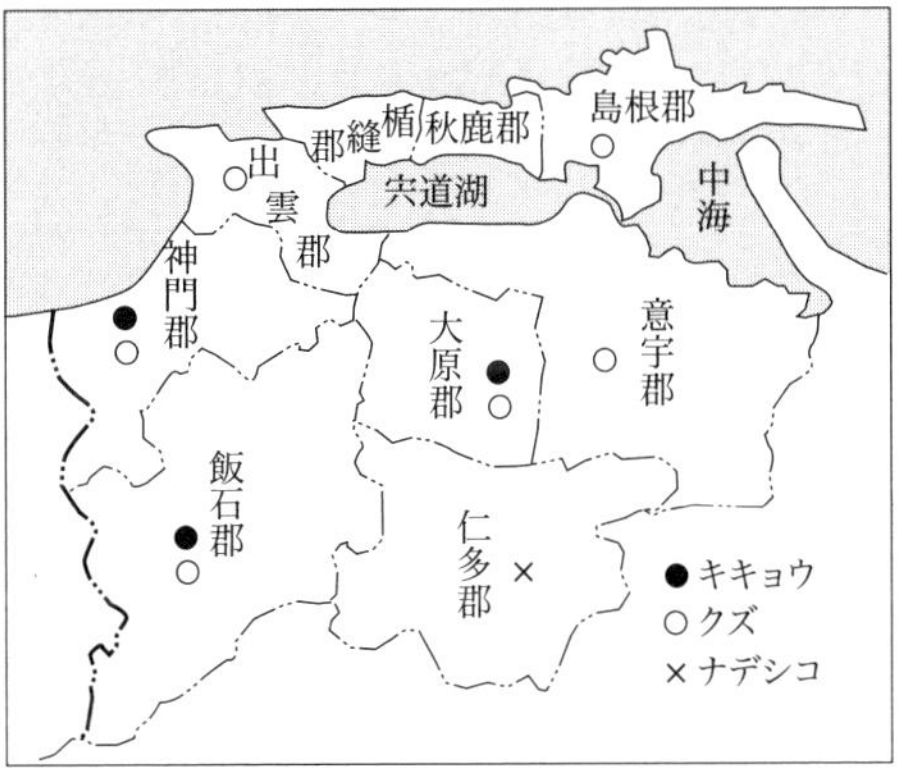

『出雲国風土記』にみえるキキョウ、クズ、ナデシコの所在郡。中国山地の山深い仁多郡にキキョウもクズも見られないのは不思議である。

　キキョウは漢字で記すと桔梗となる。これは現代の中国でも同じであり、キキョウという名のもともとは中国の呼び名に由来している。桔梗は呉音《ごおん》ではケチキョウとよみ、漢音《かんおん》ではキチコウとよむ。なお呉音とは、ふるく中国の南方系の音が伝来したもので、「行」をギョウとするなどの読み方である。平安時代には後につたわった漢音を正音としたので、和音《わおん》ともいった。漢音は唐の時代の長安（今の西安）地方で用いられていた標準的な発音を写したものである。漢音は遣唐使・留学生・音博士などによって奈良時代から平安時代初期に伝えられた。「行」をカウ、「日」をジツとする類である。官府や学者は漢音を、仏家は呉音を用いることが多かった。

　キキョウの名は、頭に漢音のキが、そのあとのキョウは呉音がまじって出来上がっているとよみとれる。

キキョウがはじめて文献に見えるのは『出雲国風土記』である。神門《かんど》の郡の「およそもろもろの山野にあるところの草木」の一つとして桔梗《ありのひふき》は、白歛《やまかがみ》、藍漆《やまあさ》、商陸《いおすぎ》、竜胆《えやみぐさ》、独活《つちたち》、百合など三六種の植物とともに掲げられている。神門郡以外にも、飯石郡と大原郡にも生育していることが記されている。『出雲国風土記』に記されている草木は、薬用とされるものがほとんどであることは、よく知られているところである。キキョウももちろん薬草であり、薬用については後に述べる。

キキョウの方言は、標準和名に近いキッキョー（福島県）、ケキョー（広島県、愛媛県）があり、古名のアサガオ（山形県）もある。お盆にお供えする花としてボンバナ（盆花）（東北地方など）が広い地域にわたっており、すこし訛ったボンバナコ（盆花コ）・ボバナ（東北地方）がある。花の特徴をとらえたものにチャワンバナ（茶碗花）、ムラサキバナ（紫花）、コブクロバナ（子袋花）という呼び名があり、ヨメトリバナ（嫁取花）という可愛らしいものもある。そのほかカンソー、キギュウ、セーネー、ヒトエグサ（一重草）などがある。

平安期の和歌に少ないキキョウの花

『源氏物語』手習の巻には、「これも、いと、心細き住まひの、つれづれなれど、住みつきたる人々（妹尼たち）は、物清げに、をかしうなして、垣ほに植えたる撫子《なでしこ》も、おもしろく、女郎花《おみなえし》・桔梗《ききょう》など、咲きはじめたるに、色々の狩衣姿《かりぎぬすがた》の男ども、若きあまたして、きみ（中将）も、同じ装束にて、南おもてに呼び据えたれば、うち眺めていたり」とある。小野の山あいにおいて浮舟が心細く、尼君たちと一緒に住んでいる住まいを、垣のように取り囲んで植えられたナデシコ、オミナエシ、キキョウなどが咲きはじめている様子が、人の動きとともに描写されている。

『枕草子』の「草の花は、撫子」の段では、「草の花は、撫子。唐のはさらなり。大和のもいとめでたし。女郎花《おみなえし》、桔梗《ききょう》、朝顔、刈萱《かるかや》、菊、壺すみれ。」とある。清少納言流に草花を七種かかげているのであるが、ここではキキョウとアサガオとは明確に区別している。したがって『万葉集』で歌われた朝貌《あさがお》は、この時代にはっきりと桔梗《ききょう》と、現在の私たちがいう朝顔とに区別されていたことが示されている。

キキョウは秋草の代表的なものとされているわりには、和歌に詠まれることが少ない。和歌では、漢名の桔梗をそのままキチコウと読んでいる。そのため大和言葉でうたう和歌には、詠みづらかったのであろうか。キキョウの花は日本列島に人が住み着く以前から咲いていたのだから、たとえば『万葉集』の「あさがほ」のように、あるいはアリノヒフキといったもの以外の、別の呼び方があったのだろうか。

和歌に詠まれているキキョウの歌は、古典の歌はことごとくといっていいほど物名歌《もののなうた》となっている。キチコウの呼び名から、「近《ちこ》う」が掛けられたものとなっている。『日本大歳時記』（講談社、一九九六年）の孫引きだが、連歌の本『温故日録』（杉村友春著、一六七六年）にも、「古今・拾遺など物名《もののな》に詠めるなり。物名のほか、いまだ見ず」とされている。

次に掲げる『古今和歌集』の紀友則の歌は、上の句に「あきちかう野はなりにけり」とあり、野は秋近くなったなあ、という意味であるが、ここに題である「きちこう」が詠み込まれているのだ。『拾遺和歌集』のよみ人しらずの歌では、上の句に「あだ人のまがきちかうな花植えそ」とあり、風流な人が籬《まがき》近くに花を植えた、という意味であるが、「籬近うな」つまり「まがキチカウな」で桔梗《きちこう》を歌の中に詠みこんだのだ。

きちかうの花　　紀友則

秋ちかう野はなりにけり　白露のおける草葉も色かはりゆく（『古今和歌集』巻第十・物名四四〇）

きちかう
あだ人のまがきちかうな花植えそ匂ひもあへず折りつくしけり（『拾遺和歌集』巻七・物名三六三）
きちかう
秋のつきちかうてらすと見えつるは露にうつろふ光なりけり（『古今和歌六帖』巻六・三七七〇）
きちかうをよめる　　前中納言匡房
月草の色なるぞ珍しきちかうてみればころもうつりぬ（『続後拾遺和歌集』巻七・物名）
ききやう
あやまたぬ花の都ををのれからうき京なりと思ひけるかな（『散木奇歌集』巻一〇雑部・隠題）

キキョウは秋の七草の一つとされよく知られている花ではあるが、数多くの類歌を収録している『夫木和歌抄』も、「桔梗」を題としてとりあげていないことは、やはり物名歌として詠まれた歌ばかりであるため、和歌として価値を認める歌がなかったのであろう。しかし巻一一秋部二には「槿花《あさがほ》」の題があり、一九首の歌が採録されている。歌の内容には、木槿《むくげ》の花ではなく、牽牛花（こんにちの朝顔のこと）と思われるものや、『万葉集』と同じくキキョウと思われるものが、混じっている。キキョウを詠ったと思われる歌を掲げておく。

かすがのの野辺のあさがほおもかげにみえつついもはわすれかねつも　　凡河内躬恒
こひしくばあしたのはらをいでてみん又あさがほの花は咲くやと　　清原深養父

江戸期に多数の品種が出現

貝原益軒は『花譜』巻之下で、「桔梗　二月に根をうふ。紫白二色あり。みどりにて紫色なるものよし。

八重もあり。古歌に、きちきうとかくし題にてよめり。一重草ともよめり。根は薬とす。一株に多くうへたるがよし」と記している。一重草について『藻塩草』（月村齋宗碩著、成立年不詳）巻第八の草部は、「一重草、異名也。七月の花也。このはをもうらにうたはや一重草ははうすやうの露はをけ共」と記している。

江戸時代初期、京都の富裕な町衆出身の画家俵屋宗達（生没年不詳）は、「武蔵野の草々」を屏風絵として描いているが、そこにあるキキョウは紫のほかに白花、桃色の花がみられ、一重と八重の花形がみられる。その絵には、ナデシコの花には紅と白の品種がみられるけれど、他の草花には変わり花は描かれていない。元和・寛永（一六一五～一六四四）の戦国時代が終わり、ようやく江戸時代の平和が訪れはじめたころ、キキョウの花のいろいろな品種が作られていたことがわかる。

元禄時代（一六八八～一七〇四）は江戸幕藩体制の安定期で、町人の台頭、学問文化の興隆など清新な気風がみなぎった時代で、庶民が楽しむ園芸も盛んになった。元禄一〇年（一六九七）に刊行された江戸染井の植木屋である伊藤三之丞の『花《か》壇《だん》地《ち》錦抄《きんしょう》』巻四・五は、草花夏之部で「桔梗るい」の項を設け、花はいずれも夏の末から初秋のものと記している。山野に咲くキキョウとは、まったく別物とも思われるような姿のものが栽培されていたのである。

扇子《あふき》桔梗　花はるりこんで、草立《くさたち》ひらたく、花もひらたく、その形は扇のようである。また草立の丸いものの花は七葩八葩《ななはなびらはちはなびら》にも咲く。近年珍しいものである。

仙台《せんだい》　白き花に紫のさしまぜとび入りあり
牡丹《ぼたん》　花形よし二重三重ニかさねてうすねすミ色
二重《ふたえ》仙台　白紫さきわけふたへ
るり八重《やへ》　こいむらさきせんやう也

白二重　　しろしふたへ
紫《むらさき》　二重　　むらさきふたへ
かき色　　うすかきのやうにミゆる自然にふたへもさく
澤きけう　　秋初中末　きけうといへとも花形各別也るり色成ちいさき花葉の間ニひしとさく

という九つの品種を掲げている。

花の大きさ九センチの怪物キキョウ

この『花壇地錦抄』には絵がないので三之丞が写生し、その子である伊藤伊兵衛政武が元禄一二年（一六九九）に『草花絵前集』として出版している。この書は『花壇地錦抄』の植物が正しく同定できる貴重な書とされている。同書には、牡丹桔梗《ぼたんききょう》が描かれ、解説には花びらは三重、四重ともなり、花も出来のよいものは曲尺《かねじゃく》で三寸（約九センチ）余りと記してある。なお曲尺とは金属製のものさしで、この長さが大工がつかう長さの基準とされており、一尺は約三〇・三〇三センチにあたる。

花の大きさが九センチもある巨大なキキョウは、現在ではほとんど見ることができない。まさに怪物的なキキョウの花といっていいだろう。

宝永七年（一七一〇）の『増補地錦抄』巻之五は、説明文はないものの、図画としてぼたんききょう（牡丹桔梗）と扇子ききょうという二種を載せている。

享保四年（一七一九）刊の『広益地錦抄』巻之二草花の部は、つぎの四種を掲げている。

南京《なんきん》きゝやう　　夏末　花形草立つねのきゝやう也白地にるりのこん色のとび入さらさかのこいろいろにまぢり花半分つゝ白となり色にさきわけもさく

白八重きゝやう　夏末　花の色しろく五六重ほとなり大りん花形よしつねのきゝやうハすへて二重
也是ハ五六重かさねたれハめつらしきとてやえといふ
紫《むらさき》　千重《せんえ》きゝやう　花の色るり色八九重より十重ほとまてかさねたれはせんえといふ
浅黄《あさぎ》扇子　夏末　花形おふきをひらきたるかたちにて花ひら数多ク出人りんつねのきゝやうの様な
る丸さきにもひらく花のいろあさきより少しろくうるミたり

元禄八年の九種類から一三年後には新しく二種、さらに二四年のちには新しい品種が四種も増加していたことが示されており、当時の植木屋において品種改良が盛んにおこなわれたことがこれで分かる。そして同書は、鑑賞用のものばかりでなく、巻之五薬草五七種において、キキョウは「花壇に植える物、花にいろいろ八重ひとへ、紫、白色あり。薬種には、うす紫花咲くひとへなる根也」と、薬用とすることについても触れているのである。

『増補地錦抄』巻之五に描かれた牡丹桔梗（右）と扇子桔梗（下の図は別種）

最後の品種の浅黄扇子という名のキキョウは、茎が帯となった変わりものである。茎が帯になる現象は、いろいろな植物にみかけることができるが、桜井元は『やぶれがさ　草木抄』（誠文堂新光社、一九六九）のなかで、「先年、小田原の農家で帯化のキキョウばかり栽培している話をきいた」と述べており、変わりものを栽培してよろこぶ人もいることがわかる。

岩崎灌園の『本草通串証図《ほんぞうつうかんしょうず》』（前田利保著、一八

五三年）も、桔梗《ききょう》の変わり物の珍品を集めて図にし、簡単な出所を書き加えている。それによると、

紫桔梗（諸国山野ニ生ズル者）
白花（諸国花戸ニアリ）
重弁桔梗（諸国花戸ニアリ）
青花髪巻弁桔梗（武江花戸ニアリ）
兎耳桔梗（花戸稀ニ培養スルモノ）
紫花紋桔梗（諸国花戸ニアルモノ）
白紋桔梗（諸国花戸ニアリ）
淡紅縮葉桔梗（花戸稀ニ培養スルモノ）
矮性滲花桔梗（花戸培養スルモノ）
五月雨桔梗（越中立山に産スルモノ）
蔓性桔梗（武江花戸ニアルモノ）

と、一一種もの珍しい品種を掲げている。

現在に残るキキョウの変種など

江戸時代に数多くうまれたキキョウの品種を、現在ではほとんど見ることはできない。明治維新の激動によって、キキョウの栽培を支持してきた多くの武士階級はほろび、庶民もその渦のなかに巻き込まれたからである。現在でも残っていると思われる変種と品種の主なものはつぎのようである。

二重咲種は花弁が二重になったもので、白花の二重桔梗、白に紫青色の斑のある二色《にしき》二重桔梗、青紫色

キキョウ科でキキョウ属以外の植物だがキキョウの名をもつサワギキョウ（左）とチシマギキョウ（右）（『内外植物原色大図鑑』）

白花種のキキョウ。ふつうの民家で栽培されているのをあちこちで見かける。

の紫二重桔梗がある。マリエッシーは草丈が三〇センチと小型であるが、茎は太く丈夫で、花は鐘形にならず椀形で、花の色に青紫色と白色の二種がある。紋桔梗は、花は鐘形ではなく完全に平らに開き、花色に青紫色、白色、淡紅色などがある。渦桔梗は、高さ一〇センチあまりの矮性で、葉面ははなはだしく縮緬《ちりめん》状にねじれ、節間がつまり、花は小型で茎の頂につき、帯紅淡紫色、花弁は五裂し葉脈がある。

　現在栽培され出荷されている園芸品種にはつぎのようなものがある。

五月雨《さみだれ》キキョウは、極早生《ごくわせ》で花は鐘形をしている。花の色に紫色と白色の二つの種類があり、切り花としてむかしからよく知られた品種である。

　紫峰《しほう》は、五月雨桔梗の交配種で、茎はふとく、花は大輪の杯状で、紫色をしている。早生種である。

　伊達紫《だてむらさき》は、切り花にも適する早生種で、花は濃紫色をしており、鐘状の大輪である。草姿がよい。

　ミゼット・ブルーは、草丈が一五〜二〇センチと低い矮性の種類である。花は濃青紫色をしており、鐘形の大輪である。性質は丈夫で、よく枝分かれし、鉢植え用とされる。

シェル・ピンクは、鮮明な桃色の花をつける外国種でうつくしい。

アポイ・ギキョウは、草丈三〜五センチという超矮性の種類であるが、花はこの草丈ほどの大輪なので、栽培者には人気がある。

このようにキキョウの栽培種には、改良がすすみ、本来の姿とはまったく異なったものも見られるのである。

また草本植物のなかには、キキョウの名がついているけれども、キキョウ属のキキョウの本当の仲間、近縁種でないものも多い。

湿地に野生するサワギキョウ（沢桔梗）はキキョウ科だが、ミゾカクシ属の多年草である。チシマギキョウ（千島桔梗）は北地、高山に生え美しい碧青色の花をつける多年草だが、ホタルブクロ属の多年草である。ツルギギョウ（蔓桔梗）は、暖地の山地に自生するツルギギョウ属の植物である。トルコギキョウは、リンドウ科トルコギキョウ属の一年草で、キキョウ科の植物ではない。

キキョウは秋早くに咲き終わる

キキョウの花は、『万葉集』で秋の野の花の七草の一つとされているところから、最近の人は秋の花と思っている人が多いようである。実際には自然のままで六月に咲き始める五月雨《さみだれ》と呼ばれる早生種が見られるように、初夏から咲きはじめる夏の花であり、秋といっても初秋であって、しかも近世の旧暦を用いての初秋である。秋も早い時期に咲きおわる花である。

キキョウの花は、ハギやオミナエシ、ヒガンバナなどとともに秋の花の開花前線をつくって、北から南へと下がってくる。春の花の開花前線は一般にサクラやウメ、ネコヤナギ、レンゲソウ、タンポポなどは、南の地方が早く、北の方が遅くなって咲くが、秋咲く花は、北が早く南の地方がおそくなるのである。キキョウは、東北地方や中部地方の山地では、七月初旬ごろには咲いているといわれる。私も七月上旬に静岡県三保の松原近くのホテルの庭の露地で、白花のキキョウが咲いているのを見かけた。

正岡子規は『病床六尺』（八月一九日付け）の「おくられしものくさぐさ」で、

　草花の盆栽一つはふもとより
秋くさの、七くさ八くさ、一はちに、あつめてうえぬ、きちかうは、まづさきいでつ、をみなへしいまだ

と、八月中旬にはキキョウが咲き始めたことを記している。なお、オミナエシの花は未だ咲き始めていない。

人家の庭に栽培されていたキキョウ。枚方市周辺の里山でキキョウはほとんど見られない。「私の若い時分は川土手で草刈りするくらい生えていた」と70歳位の方が話してくれた。

さらに子規には、故郷の松山での保養からふたたび東京に戻るときに詠んだ句に「せわしなや桔梗に来り菊に去る」というのがある。八月、松山に帰ったとき咲いたキキョウを見たのであるが、一〇月にはもう東京へと帰るという、二か月ほどの忙しさを詠んだものである。私の子供のころにはよく「土用半ばに秋風が吹く」と言われたが、まだ暑い最中の初秋ではあるが、季節の移り変わりをそれ

となく知らせてくれる秋の季節の代表としてキキョウをも挙げることができよう。

お盆の行事は近年の東京では七月に行われているが、それ以外は八月一三〜一五日である。ちょうどキキョウが咲く頃なので、祭られる先祖にお供えする盆花の代表的なものとして、オミナエシ、オニユリなどともに各地でつかわれる。盆花はお盆の前日の一二日に、子供たちが山へ採りに出掛けるのが、ほぼ全国的にならわしとなっていた。キキョウはお墓にも、室内の仏前にもよく供えられる花である。

きちこうも見ゆる花屋が持仏堂　蕪村

仏性は白き桔梗にこそあらめ　夏目漱石

筆者も中学生のときまでは、生家のある岡山県北部の美作台地の浅い里山に盆花を採りにいった。オミナエシ、オトコエシ、ミゾハギなどがおもな野の花で、キキョウがあれば大した獲物だった。痩せた美作台地では、キキョウはあまり生育していなかった。生家の墓のある墓地では見つからなかったが、墓地によっては植えたものなのか、自然生えなのかわからないが、墓の前にキキョウがお盆ごろに咲いているのを時折見かける。夏に咲くキキョウは、また盆花の一つでもある。

お盆の行事の一つに盆踊りがあるが、岩手県上閉伊郡の盆踊歌（鹿子舞）の一節に、

向かい小山の桔梗小花
つぼんで開いた
ぽんと開いた
ぼんと開いた

と、キキョウの花が開く様子を歌ったものがある。

技術進歩で本来の秋にキキョウ花出荷

キキョウは美しい気品のある姿が愛されて、野生種であれ栽培種であれ、いずれを問わず庭先に植えたり、鉢植えとして鑑賞されている。生け花の材料としてもよく用いられ、季節的な花材として珍重されている。

しかし現在ではキキョウの花が花屋で売られているのは、初夏の五月からはじまり六月下旬には花屋から姿を消すほどである。需要に応じて促成栽培したものは四月中旬から出荷される。これは需要が早く早くとせきたてるため、促成栽培の技術が発達し、品種的にも改良され、より早生で、草丈のながいものが生まれ、どの花も咲く時期を早め早めに栽培するようになったためである。はじめは、早い時期に出荷したものが値段が高く売れたからであり、それが定着するとさらに早くと、せかされる結果が自然の生態とはかけ離れたものとなっていったのである。したがって、自然のまま生育しているキキョウの開花期には、花屋には切花が顔をみせないという現象が生じている。

その始まりについて柳宗民は『柳宗民の雑草ノート』（毎日新聞社、二〇〇二年）で、「かなり以前、初夏に咲く早咲き種が見いだされ、ちょうど梅雨時から咲き始めるので「五月雨《さみだれ》桔梗」と名付けて売り出された。これが人気を得て、その後栽培される桔梗のほとんどは、この早咲き種になってしまった」と記している。

ところが、早咲きばかりでは、お華の先生が秋の生け花の教材としてキキョウを使うときに、花屋では時季外れとなって売っていない。時季には時季の花をつかって生けることが必要なため、もとの季節に咲く種類が求められるようになった。それで栽培種にも遅咲きのものへの改良が手掛けられているという。

柳宗民は前掲の本で「八月末に車で信州へ出掛けた帰りに、八ケ岳山麓にあるM種苗会社の農場に立ち寄った時のこと。農場の一隅に、ちょうど咲きはじめた桔梗がある。近くから野生の桔梗を採ってきて植えてあるのかと、農場の人に尋ねてみた」。そうしたら、お華の先生に改良して遅咲きのキキョウを作ってほしいと頼まれたのだ、との答えがかえってきた。そして最近、同社から「晩生桔梗」の名で種子が売り出されたようだ、と種苗会社の成果を記している。

現在では柳の述べるとおり、秋に生け花の季材とするための要求に応えて、栽培するキキョウの株を冷蔵保存し、九月以降、需要に応じて計画的に出荷する抑制栽培がおこなわれるようになっている。

詩歌のなかのキキョウ

花の時季が大切なものは、お華もそうだが俳諧の世界でも同様である。俳諧では初秋の季題となり、古い俳諧の季題では七月とされている。季題としては桔梗、きちかう、ありのひふきぐさ、一重草、梗草《かうさう》などと詠まれる。

花桔梗名のみの色を咲きにけり　樗良
きりきりしゃんとしてさく桔梗かな　一茶
草知らず咲て目立つる桔梗哉　杉風
修行者《すぎょうざ》の径にめずる桔梗哉　蕪村
南無薬師薬の事もきく桔梗　太祇
きちかうや紫帽子あねいもと　森鷗外
紫のふっとふくらむ桔梗かな　正岡子規
この原の桔梗の色や霧の中　水原秋桜子

挿《さ》し添へし桔梗の濃さよ山は霧　　中村汀女

桔梗《きちこう》やまた雨かへす峠口　　飯田蛇笏

キキョウは杉風の句のように、花が咲くまでは、他の草の緑にいり交じって、探そうと思ってもなかなか困難であるが、青紫色の俗に桔梗色といわれる花が開くと目立つのである。そのことを江戸時代の俳諧師たちはよく知っていた。許六が芭蕉の意思をついで編んだ俳文集『風俗文選』におさめられた「百花ノ譜」は、つぎのようにいう。

桔梗は。その色に目をとられたり。
野草の中に。おもひかけず咲出たるは。
田家の草の戸に。よき娘を見たる心地ぞする。

説明するまでもなく、田舎《いなか》育ちのけがれを知らない初々しい乙女にみたてたもので、キキョウが山野にしげる草の中に個性豊かに咲いた状態をあますところなく表現した文章である。

和歌の世界でも、『古今和歌集』や『新古今和歌集』からの呪縛がとれた近代和歌は、キキョウの花の姿の優しさ、美しい紫の色をそのまま心の印象として素直に詠んでいる。

紫の玉の散らくと見し花は吾日本なる桔梗の花　　伊藤左千夫

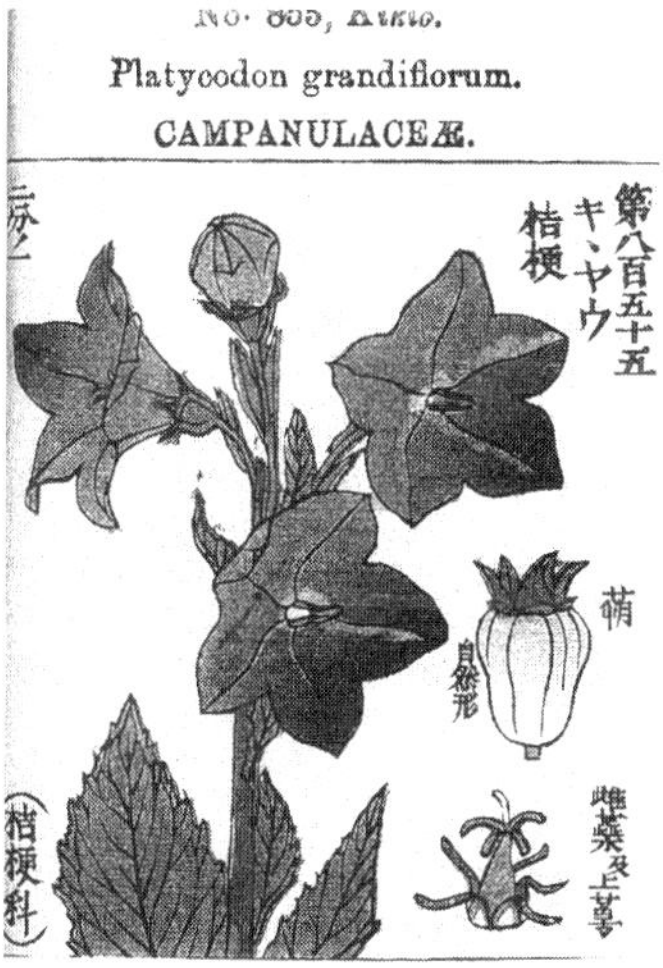

キキョウの花の色は桔梗色といわれ、染色や色彩での名称とされている（『有用植物図説』（明治 22 年刊）

いづれにもまじる色あり白桔梗むしろ紫こむらさきなれ　服部躬治
さらさらと桔梗の上を走る雨九月の山に降りみふらずみ　岡稲里
桔梗を活けたる水を換へまくは肌は涼しき暁《あけ》にしあるべし　長塚節
桔梗のつぼみふくれて見る間に咲かんばかりの紫の濃さ　若山喜志子
桔梗の花の蕾のしろたへにかすかに夜の風立つらしも　岡部文夫
たはむれて指につまめば音たてて桔梗の蕾割れにけるかも　結城哀草果
むらさきの桔梗のつぼみ割りたれば蕊《しべ》あらはれてにくからなくに　斎藤茂吉

近代の詩人もキキョウを詩にしており、児玉花外の「馬上哀吟」、西脇順三郎の「旅人かへらず」、蔵原伸二郎の「遠い友よ」、立原道造の「甘たるく感傷的な歌」などがある。

風　景　　北川冬彦

山腹の赭土の崖下には、襤褸にくるめて嬰児が捨ててあった。
人の鼻翼を狭めるいやな匂ひが漂っていた。
すぐ近くの泥地でその母親なのだろう。
ぶくぶく膨れ上がった背中を棒杭に引っ掛けていた。
桔梗の花が池の裾で揺いでいた。

桔　梗　　北川冬彦

赭土の崖下に桔梗の花が咲いている。
それは、遺棄された嬰児の唇である。
唇の型の記憶を掌に彼女はトロッコを押している。

夕闇の中をよろめきながら。

桔梗《ききょう》ということばは、桔梗色の略、襲《かさね》の色目の名前、紋所の名前とされている。桔梗色というのは、染色の名ではうすい藍色、はなだ色を指しており、色彩としては桔梗の花のような色合いをいい、青紫色のことで、青と紫との中間色とされている。

桔梗色の使われた用例として、島崎藤村の「千曲川のスケッチ」の三「祭の前夜」に、「遠い山山まで桔梗色に顕はれた」と、宮沢賢治の「銀河鉄道の夜」九にある「美しい美しい桔梗いろのがらんとした空の下を」がよく採用される。

民謡では、岩手県の外山《そとやま》節に「わたしゃ外山の　野に咲く桔梗《ききょう》　ほらば掘らんせ　今のうち」との一節がある。外山節は現在では代表的な座敷唄になっているが、もとは盛岡市の西北にあたる岩手郡の外山牧場で働いていた人が、明治の終わりごろから歌い出したものである。

新潟県北魚沼郡堀之内町で毎年八月一三夜から一六日まで鎮守の八幡社で踊られる盆踊り唄の大《だい》の阪《さか》踊《おどり》には、「召せや召せ　桔梗の腰　桔梗はよいもの　しゃんとして」と、その一節で唄われる。長野県木曽地方の草刈唄では、「草を刈るなら桔梗ばなのこせ　桔梗はおなごの縁の花」と、若い女性との縁《ゆかり》のある花だと唄う。

明智光秀の桔梗紋

キキョウの花はすっきりとして、形の良い花なので源平の戦いのときから作られたといわれる武士の紋所として見逃されていない。徳川家康が江戸城に移ってきたとき、太田道灌が長禄元年（一四五七）に築城したものがまだ残っており、その屋根瓦に桔梗の紋があった。その後に建てた内桜田門を、桔梗門とよ

端正で凛としたキキョウの花のかたち
(『内外植物原色大図鑑』昭和 10 年刊)

ぶようになったという。

桔梗紋《ききょうもん》は、描かれる花弁の単複によって二つに分けられる。単弁のものをふつうとするから、複弁のものにかぎって二重桔梗とか八重桔梗という。また写実的なものを成花《なりばな》桔梗ともいう。一輪をふつうとするが、三輪、五輪、七輪を用いるものがある。裏面を表したものを裏桔梗、割ってあるのを割桔梗といい、そのほか巴桔梗、剣桔梗、五角桔梗、抱き桔梗、竜胆桔梗《りんどうききょう》などがある。またとくに淡青色を施したものがあり、これを水色桔梗という。

この水色桔梗が、明智光秀の家紋である。本能寺の変のとき、屋外に乱立する桔梗の旗をみて、森蘭丸が織田信長に光秀謀《む》反《ほん》を知らせ、「ぜひに及ばず」と信長が漏らしたという伝えはよく知られたところである。

明智氏は土岐《とき》氏の出身で、桔梗紋は清和源氏・土岐氏の代表的な家紋である。時代は不明だがある戦で、キキョウの花を兜《かぶと》にはさんで戦ったところ勝利を得たので、これを家紋にしたと伝えられている。『太平記』にも、土岐氏が桔梗紋を用いた話がのっているという。土岐氏は美濃国に土着していたので、桔梗紋は美濃国にもっとも広く分布している。

土岐氏の桔梗紋について民俗学者柳田国男は、「美濃には土岐の一族のごとく、桔梗を紋所とする者が繁栄していた。この花の蕾《つぼみ》を精霊の宿りと考えて、手にもって祭をする風習は、ひろくこの周囲におこなわれていたから、この家もまた特別にこの花を重んじたことが察せられる」と、「信濃桜の話」(『柳田国男全集』現代日本文学全集一二、筑摩書房、一九五五年)の中で述べている。

光秀の居城があった京都府亀岡市郊外の宮前町にある谷性寺《こくしょうじ》は、一名桔梗寺とよばれ、また別名を光秀寺といわれる。明智光秀の首塚とされる碑が寺にあり、檀家の多くも桔梗紋をもつといわれる。昭和三〇年(一九五五)ごろにはすでに、寺の境内は桔梗で埋め尽くされていたという。谷性寺に隣接して「ききょうの里」がオープンされたと、平成一六年(二〇〇四)九月四日の『朝日新聞』夕刊は報じた。

「ききょうの里」は、地元のロータリークラブや寺の檀家などによる「作る会」がオープンさせたもので、約四〇〇〇平方メートルに、一万五〇〇〇株、五万本が生育している。完成までには、苦労もあった。提案者の一人の木戸邦孝(郷土料理店を営む、当時五六歳)は、ロータリークラブで歴史を生かした観光振興を考え、思いついたのが桔梗園である。仲間と地元の人を説得してまわった。「だれが世話すんねん」という声を背に、なんとか休耕田を借り、店が終わってから土をいじった。街灯はないので懐中電灯をたよりに作業していると、「遅くまで気の毒に」と、近所の人たちが手伝いにきてくれた。この土地を思う人たちの誠実さが、いま、光秀ゆかりの花を大きく咲かせたと、同紙は記している。

また亀岡市の北に位置している福知山市の御霊神社は明智光秀の霊を祀り、桔梗紋を神紋としている。神社の地元の福知山音頭の一節に「お前見たかやお城の庭を、今が桔梗の花ざかり」というのがある。亀岡といい福知山といい、丹波では明智の桔梗紋がいまなお生きつづけているのである。

京都の寺のキキョウ

京都紫野にある大徳寺の塔頭《たっちゅう》の一つ芳春院には、庭一面にキキョウが咲き乱れている。この寺は加賀百万石の領主となった前田利家とその妻松子が祭られている。というより利家の妻の松子が、当時の大徳寺の春屋宗園の禅室において指導をうけていたので、のちに大徳寺に一寺を建立し、春屋の法嗣を開山としたのである。芳春院とは、松子の法諡《ほうし》（死後に贈られた仏法上の名前のこと）である。

京都に住んでおられたエッセイスト・岡部伊都子は、その著『花の寺』（淡交新社、一九六九年）において、この寺のキキョウを次のように記している。

> 緑にみちびかれ、ひと目みて想わず緑に坐ってしまう。
>
> 庭一面、桔梗の花である。
>
> 白と紫。すっすっとのびた緑の茎の先に、点々と咲いた星形の桔梗の花が、いっせいに侵入者の私をみつけてたちあがったような気配がする。小さな花の面がリンとして、こちらにふりむけられている。凛々しく、清楚な花だから、こんなにたくさんそよいでいても、いささかの騒々しさもない。それが涼しい。

こんな小さな桔梗が原が、加賀百万石の風格を示す芳春院の方丈にむかって、堂々と存在していようとはじつは考えたこともなかった。桔梗の寺だときいてもやはり、庭らしい庭のつくりの庭を想像していた。そして桔梗が、ところどころに、点景として咲いているのだろうぐらいに、思っていた。ほとんど、空地のような平地の庭に、野っぱらの一部を切りとってきたような、野生の桔梗が咲き乱れているのだ。

「桔梗はな、つくったらあかん。のびすぎよるからな。野生でないとあかんのや」ざっくばらんな院主さんの言葉に、わざわざ野育ちにされた桔梗の貴さを感じる。こんな庭があれば、朝な夕な、その花の裾に触れて、庭を歩いてたのしむのだろう。

苔と桔梗の庭として知る人ぞ知る京都・盧山寺のキキョウ。紫式部の邸宅址である。

芳春院の庭に、野生のまま生えているキキョウの姿を、ほうふつとさせる文章である。それにこの本の写真が、見事に野生の桔梗が原を写しだしていた。

このエッセイを読んで、筆者もこの庭のキキョウを見たいものだとある秋の日、大徳寺へとでかけた。大仙院の西側にある美しい石畳の道をあるいて、横町の奥といった感じの門の前に立った。門の戸はぴったりと閉じられていた。しばらく待っても、誰ひとりとして出てくる気配もないし、また門をくぐっていく人もいない。

なすすべもなく佇んでいると、石畳の路の傍にある小さなお堂を拝みにきた人がいた。筆者が門の中に入りたそうに見えたのか、その人は近寄ってきて、「この寺は特別の許可をもらった人を入れるだけで、それ以外の人はだめ」と教えてくれた。何らの手配もしていなかった筆者は、すごすごと引き返したというおそまつである。

関東地方にある咲かずキキョウの伝説

桔梗笠《ききょうがさ》という笠がある。かぶる笠の一種で、先がとがっていて、その形が伏せたキキョウの花に似ているところからいう。『山之井』（季吟著、一六四八年）には、「桔梗笠といふあれば、花の顔隠せとも、人目忍ぶの草隠れなる心をも言ひなし、かめにいけては亀甲と言ひ、首途《かどで》を祝ふ挨拶に帰京なども言へり。また、桔梗皿をも、つらねなす」と記されている。

桔梗皿《ききょうさら》とは、桔梗の花のような形に作った皿のことである。狂歌に「菊盆に槿《むくげ》のちょく桔梗皿みな花やかの道具どもかな」とある。陶磁器には、桔梗色に染めて作った桔梗手という茶碗などがある。また花瓶で口元が桔梗の花のような形をしているものを、桔梗口という。

桔梗について『日本俗信辞典』（鈴木棠三著、角川書店、一九八二年）は、

屋敷内には桔梗を植えてはいけない（秋田）

桔梗を家に植えるのは不吉の前兆（愛知）

桔梗を植えると家が三代続かない（兵庫県加東郡福田村）

として忌む植物となっていることを記している。そして千葉県我孫子《あびこ》市日秀では、キキョウを忌みきらい、村のうちには一本のキキョウもなく、キキョウの紋をつけた嫁や婿は離縁にさえなったといわれると述べている。

キキョウの伝説では、関東地方に「桔梗はあれど花は咲かず」というところがあり、その地方では現在でもキキョウの紋や、文様を忌む風習がある。桔梗塚の伝説と云われるものである。

平安時代の中期、摂政藤原忠平に仕え、検非違使《けびいし》となることを求めていた平将門は、その想いが叶えられず憤慨し関東に赴いた。のち反乱をおこしたが、朝廷軍の俵藤太秀郷に滅ぼされた。その端緒をつくっ

たのが、とりわけ将門の恩寵が深かった桔梗《ききょう》の前である。桔梗の前は、将門の敵である秀郷に内通したとして、自分も悲劇的な最期を遂げ、その屍を埋めたと伝えられる土地は、桔梗の前の怨念により、あるいは将門の怨念の亡霊の祟りで、キキョウが生えても花を咲かすことができないと伝えられているのだ。

咲かずキキョウの伝説の地は梶原正昭・矢代和夫著『将門伝説』（新読書社、一九六六年）によれば、茨城県北相馬郡取手町（現取手市）大字米の井にある桔梗塚、同郡藤代町岡の朝日御殿、同郡守谷町東方の桔梗原、筑波山麓の真壁郡大国玉村大字公帝の将門塚ちかくにある桔梗の前の宮、群馬県山田郡毛里田村只上の桔梗の前の出生地と伝えられる所、埼玉県秩父郡吉田村の城峯山、同郡大滝村などである。前掲の茨城県取手町大字米の井の桔梗塚は、「桔梗あれど花咲かず」の俚謡が歌われはじめた土地といわれる。毛里田村では、桔梗の花が咲くことがあれば災害の前兆だといって、村人はキキョウをはなはだしく忌むという。埼玉県秩父でも、キキョウは禁忌の花となっている。

なぜキキョウにかぎって、呪詛《じゅそ》の伝説がうまれたのかについての十分な回答は、まだ与えられていないと、『将門伝説』はいう。しかし、として、桔梗伝説の地のほとんどが、古い戦場の跡であり、戦没者の墳墓を多くもっている場合が多いこと、また「桔梗の前」以下の落人たちの自刃で川が血で赤く染まったという伝承などから、桔梗伝説はもともと血潮と縁の深い刑場や古戦場から生まれたものであったらしい、と結論づけている。

前に掲げた北川冬彦の詩「風景」と「桔梗」も現代の、口で話すことも出ない嬰児《えいじ》の陰惨《いんさん》な遺棄《いき》、あるいは親による子供虐待死の一部分を詩人の直感で描いたものといえよう。また『平凡社大百科事典』は、民間宗教者たちが非業な死をとげた怨霊《おんりょう》と、はかなさを象徴するキキョウの花とを結びつけ、この伝説を語り歩いたものらしい、とその伝説の伝播の仕方をのべている。

『延喜式』が薬草とするキキョウ

キキョウは薬草の一つであり『延喜式』巻第三七の典薬寮には、「諸国進年料雑薬」として各国から貢納される薬草が記されている。キキョウも各種の薬草とともに記されているので、それを掲げるが、他の薬草は省略して全体の薬草数を記す。

山城国は三二種で桔梗三〇斤、
摂津国は四四種で桔梗二三斤六両、
伊勢国は五〇種で桔梗九斤四両、
三河国は二一種で桔梗三八斤、
駿河国は一七種で桔梗二〇斤、
下総国は三六種で桔梗五斤、
近江国は七三種で桔梗三五斤、
越前国は一八種で桔梗六斤、
美作国は四一種で桔梗八斤、
備中国は四二種で桔梗二八斤、
安芸国は三二種で桔梗二一斤、
伊豫国は三二種で桔梗一〇斤、
大和国は三八種で桔梗二一斤、
伊賀国は二三種で桔梗三〇斤、
尾張国は四六種で桔梗六六斤、
遠江国は一三種で桔梗二二斤、
武蔵国は二八種で桔梗四斤一二両、
常陸国は二五種で桔梗六〇斤、
美濃国は六二種で桔梗三〇斤、
播磨国は五三種で桔梗三〇斤、
備前国は四〇種で桔梗五〇斤、
備後国は二八種で桔梗三五斤、
讃岐国は四七種で桔梗一二斤、

以上で国の数は合計二三か国であり、貢納された桔梗は五五九斤六両である。一斤は六〇〇グラムで、一両はその一六分の一なので三七・五グラムである。したがって合計約三三五キロの重量となる。
貢納した国を現在の府県でいうと、京都府、奈良県、大阪府、兵庫県、三重県、愛知県、静岡県、東京都、埼玉県、千葉県、茨城県、滋賀県、岐阜県、福井県、岡山県、広島県、香川県、愛媛県の一八都府県にまたがっているのである。福井県を除く一七都府県はいずれも、太平洋側の地域であり、桔梗は全国に分布しているが、雪国地方からの貢納はなかった。ここでおもしろいのは、『風土記』において桔梗が生育していると文書で報告している出雲国（島根県）から、薬用のキキョウを貢納していないことである。

キキョウの薬用とされる部分は根で、桔梗根《ききょうこん》とよばれる。根を六～七月、または秋に地上部が枯れたころ掘りあげ、水洗いしたのち、うすく皮を剥いで陰干しする。これを生干《なまぼし》という。乾きが悪いので皮を剥ぎ、根を割って晒して日干ししたのを晒桔梗《さらしききょう》という。理想的には生干がよい。市販品は多く晒してあるから白色できれい。時に悪質な業者が、高価な朝鮮人参のまがい物とする。

『延喜式』において桔梗が貢納された国々
桔梗を薬として貢納した諸国は、越前国を除いて太平洋側の国々である。

成分はトリテルペノイドサポニンのプラチコジンA、C、D、D_2、D_3、ポリガラシンD、D_2、のほか、フイトエチロール、α―スピナスハロール、α―スピナステリルグルコサイドなどが含まれている。

キキョウを煎じた煎剤には、サポニンの局所刺激による去痰作用がある。サポニン類には顕著な溶血作用があるが、毒性は経口服用時にはきわめて弱い。鎮静、鎮痛、解熱作用のほか、抗炎症、鎮咳、抗コリン、血圧降下作用が認められ、去痰、鎮咳薬として痰、咳、気管支炎、咽喉痛などに用いられる。民間では、乾かした根を刻み、一日四～五グラムに甘草《かんぞう》を少し混ぜて煎じ、痰・咳の薬とする。

民間療法に、キキョウの根を煎じてのむと喘息《ぜんそく》に効く（群馬県など）、咳止めになる（岩手県など）、肺病によい（香川県など）、婦人病によい（高知県）、喉の腫れに効く（富山県）、睾丸炎に効く（岩手県）、とされている。また岡山県苫田郡のように、キキョウはあらゆる病気に効くが、キキョウにかぎらず一般に紫色や青色の花は何でも薬になるといわれているところもある。

キキョウは食べられる草

キキョウは、食べられる草でもある。食用とする部分は若芽と根であるが、徒長した茎でも先端の柔らかな部分は食べられる。四～五月ごろの若芽を摘みとり、寒い地方では六月ごろまでである。根は一年中採取できる。

キキョウを食用とするため採取にでかけると、環境のよいところでは寄り集まって生えているので採り易いが、慣れないうちは若芽を見つけるのに苦労する。芽を折ると白い乳汁がでるが、無害である。くせらしいくせはなく、山菜としては万人むきである。むかしから、漢方薬として重用されているので、薬草としての薬理効果も期待できそう。

若芽を塩を入れた熱湯で茹で、しばらく水にさらして芥子和え、酢味噌和え、胡桃和え、マヨネーズ和え、切り和え、ピーナツ和え、バター炒め、煮びたし、ひや汁、磯巻、卵とじ、汁ものの実、すまし汁、煮付けなどにする。また花は姿のまま、下面に衣をつけて揚げると、紫色が冴えて美しい。また一度塩漬けにしてから、味噌漬け、粕漬け、芥子漬けなどにする。保存方法は、塩漬け、卯の花漬けで、根も同じようにするか、乾燥させる。

キキョウは、むかしは、かてもの（糧物）として重要な位置をしめていたといわれる。糧物《かてもの》とは、凶作のため飢饉となることがたびたびあったが、そのことを見越して特に貯えておく食物のことをこう云った。太くて白い根も食用とすることができ、朝鮮半島では根を漬物や山菜として食べる。アクが強いので、根の外側の皮をとりさってから食べる。ふつうは流水中に数日浸し、外皮が軟化するのを待って、イモを洗うようにかきまぜると皮はとれる。乾くと白色になる。

広島県芸北の山間では、山からキキョウの根をとってきてよく洗い、ひげ根をとって、色の出た梅漬の中に入れておく。咳《せき》の薬とされるので、咳が出るときにはこの梅酢漬の根を取り出して食べるが、あまりおいしいものではないという。

地方の俗謡に歌われるキキョウ

新潟県中蒲原郡の盆踊り歌には、キキョウの花から歌い出されるものがある。

桔梗の、ヤーコレ、でのご経、マーターー、土手からおりる。
かます頭巾《ずきん》が、あがのかは、のぼる。
殿さどこへいぎやる、この高水に。
ぶんだ河原《かわら》へ寄り木をつみに、寄り木無いとて、からぶねで来やるな。（以下略）

同県北蒲原郡の獅子舞歌では、農家の前で歌う歌のなかに、「あさくさの、桔梗小花をかりこんで、この厩《うまや》に花でかかやく。勇み獅子の子」と草刈りのとき、キキョウの花を一緒に刈り込んで帰り、それを厩に入れるので、花が咲き輝いていると歌う。

福島県安達郡においては村の社での祭典の際、三匹の獅子が「三匹獅子歌」を歌いながら、舞をするが、その中の一節に「朝草にききやう、かるかやかりこめて、これのうまやは、はなでかがやくかがやく」と新潟県中蒲原郡とおなじ趣旨の歌がある。

岩手県胆沢郡の草刈歌でも、「朝草に、桔梗と黄金刈り交ぜた。旦那様馬屋が黄金で輝くや」と歌われ、同県江刺郡の獅子踊の歌もほぼ同じ歌詞であるが、終わりの方が「これのお馬屋花で輝く」と少し違っている。同県上閉伊郡の盆踊歌（鹿子舞）の一節には、「桔梗かるかや刈りまぜて、盆の御棚をかざれば、花でかがやく、花でかがやく」と歌う。

山形県飽海《あくみ》郡では、獅子踊歌の一節でキキョウと馬屋が歌われる。この獅子踊歌は、旧藩時代のころ、うら盆の時、獅子踊りといって踊り子七人（男子）が獅子の面に幕をつけたものをかぶり、腹に太鼓をつけて踊るときに歌われる。言い伝えによれば、最上義光全盛のころ、豊年の際に萩野村の奥小倉山において、猪七匹が出て踊ったことがあるという。のち戸澤公の時にいたって、豊年の際、同じところにまた猪が出て踊っているのを、村人が見て、これに習って踊り始めたものだとされている。歌の一節に「参り来て、これのうまやを見よもせば、桔梗刈萱かりまぜて、これのうまやは花で輝く。ウ、エ」とある。

徳島県那賀郡の茶摘み歌は、「朝咲く花は朝顔で、昼咲く花は日車で、日が傾きて桔梗の花」と、一日のうちに咲く花を歌にしているが、日が傾いても目立つ花は桔梗だと歌うのである。

参考文献

〈古典及びその解説書〉

佐々木信綱編『新訂新訓万葉集　上巻・下巻』岩波文庫　岩波書店　一九二七
倉野憲司校注『古事記』岩波文庫　岩波書店　一九六三
久保田淳・平田喜信校注『後拾遺和歌集』新日本古典文学大系8　岩波書店　一九九四
浅野建二『近世諸国民謡集　山家鳥虫歌』岩波文庫　岩波書店　一九八四
佐々木信綱校訂『新訂　梁塵秘抄』岩波文庫　岩波書店　一九三三
永積安明校訂『十訓抄』岩波文庫　岩波書店　一九四二
浅野建二校注『新訂閑吟集』岩波文庫　岩波書店　一九八九
池田亀鑑校訂『枕草子』岩波文庫　岩波書店　一九六二
山岸徳平校訂注『源氏物語（一）』岩波文庫　岩波書店　一九六五
山岸徳平校訂注『源氏物語（二）』岩波文庫　岩波書店　一九六五
山岸徳平校訂注『源氏物語（三）』岩波文庫　岩波書店　一九六五
山岸徳平校訂注『源氏物語（四）』岩波文庫　岩波書店　一九六六
山岸徳平校訂注『源氏物語（五）』岩波文庫　岩波書店　一九六六
山岸徳平校訂注『源氏物語（六）』岩波文庫　岩波書店　一九六七
萩原恭男校注『芭蕉おくのほそ道　付曾良旅日記　奥細道菅菰抄』岩波文庫　岩波書店　一九七九
西下経一校注『更級日記』岩波文庫　岩波書店　一九三〇

今西祐一郎校注『蜻蛉日記』岩波文庫　岩波書店　一九九六
宇治谷孟『全現代語訳　日本書紀　上・下』講談社学術文庫　講談社　一九八八
川口久雄『和漢朗詠集　全訳注』講談社学術文庫　講談社　一九八二
森本元子全訳注『十六夜日記・夜の鶴』講談社学術文庫　講談社　一九七九
大島建彦校注『宇治拾遺物語』新潮日本古典集成　新潮社　一九八五
人見必大著・島田勇雄訳注『本朝食鑑　1』東洋文庫　平凡社　一九七六
阿部秋生・秋山虔・今井源衛校注・訳『源氏物語　五』日本古典文学全集　小学館　一九七五
国史大系編集会編『延暦交替式・貞観交替式・延喜交替式・弘仁式・延喜式』新訂増補国史大系第二六巻　吉川弘文館　一九六五
黒坂勝美・国史大系編修会編『古今著聞集・愚管抄』新訂増補国史大系第十九巻　吉川弘文館　一九六四
土橋寛・池田弥三郎編『鑑賞　日本古典文学　第四巻　歌謡Ⅰ』角川書店　一九七五
新間進一・志田延義編『鑑賞　日本古典文学　第五巻　歌謡Ⅱ』角川書店　一九七七
益軒全集『花譜・菜譜』益軒全集巻之一　益軒全集刊行部　一九一〇
伊藤博『万葉集全注　巻第一』有斐閣　一九八三
稲岡耕二『万葉集全注　巻第二』有斐閣　一九八五
西宮一民『万葉集全注　巻第三』有斐閣　一九八四
木下正俊『万葉集全注　巻第四』有斐閣　一九八三
井村哲夫『万葉集全注　巻第五』有斐閣　一九八四
吉井巌『万葉集全注　巻第六』有斐閣　一九八四
渡瀬昌忠『万葉集全注　巻第七』有斐閣　一九八五
井手至『万葉集全注　巻第八』有斐閣　一九九三
本居宣長『玉勝間』岩波文庫　岩波書店　一九三四
金井清一『万葉集全注　巻第九』有斐閣　一九九三

阿蘇瑞枝『万葉集全注　巻第十』有斐閣　一九八九
木下正俊『万葉集全注　巻第二十』有斐閣　一九八八
神沢杜口『翁草』　随筆百花苑　第十巻　中央公論社　一九八四
鈴木棠三訳『醒睡笑』東洋文庫　平凡社　一九六四
朝倉治彦編・校訂『遊歴雑記初編　1』東洋文庫　平凡社　一九八九
朝倉治彦編・校訂『遊歴雑記初編　2』東洋文庫　平凡社　一九八九
高力猿猴庵『矢立墨』森銑三・野間光辰・中村幸彦・朝倉治彦編『随筆百花苑』第一一巻　中央公論社　一九八三
蜂屋茂橘編『椎の実筆』森銑三・野間光辰・中村幸彦・朝倉治彦編『随筆百花苑』第一一巻　中央公論社　一九八三
操巵子『諸国年中行事』（享保二年版）早川純三郎編『民間風俗年中行事』国書刊行会　一九一六
山崎美成『民間時令』（文政五年稿）早川純三郎編『民間風俗年中行事』国書刊行会　一九一六
玉田永教『年中故事』（寛政一二年刊）早川純三郎編『民間風俗年中行事』国書刊行会　一九一六
藤田徳太郎校注『校注　松の葉』岩波文庫　岩波書店　一九三一
守屋美津雄訳注・布目潮風／中村裕一補訂『荆楚歳時記』東洋文庫　平凡社　一九八八

〈農書〉
古島敏雄校注『百姓伝記　上・下』岩波文庫　岩波書店　一九七七
大蔵永常著・土屋喬雄校訂『広益国産考』岩波文庫　岩波書店　一九四六
宮崎安貞編録・土屋喬雄校訂『農業全書』岩波文庫　岩波書店　一九三六

〈地方史誌〉
岡山県史編纂委員会編『岡山県史　第十五巻　民俗Ⅰ』岡山県　一九八三
松本利平編『広島県治山事業五十年史』広島県森林協会　一九六一

〈民俗〉
八木洋行「東海道の名物」『民俗文化』第一五号　近畿大学民俗学研究所　二〇〇三
野本寛一『生態民俗学序説』白水社　一九八七
野本寛一『共生のフォークロア――民俗の環境思想』青土社　一九九四
野本寛一『人と自然と――四万十川民俗史誌』雄山閣出版　一九九九
野本寛一『山地母源論I――日向山峡のムラから』「野本寛一著作集I」岩田書院　二〇〇四
桜井満『花の民俗学』雄山閣出版　一九八五
桜井満「秋の七種の花――万葉植物民俗記」『植物と文化』季刊第一七号　八坂書房　一九七六
篠田統『風俗古今東西――民衆生活ノート』社会思想社　一九七九
宇都宮貞子『草木ノート』読売新聞社　一九七〇
宇都宮貞子『山村の四季』創文社　一九七一
谷川健一責任編集『動植物のフォークロアII』三一書房　一九九三
石上堅『日本民俗語大辞典』桜楓社　一九八三
民俗学研究所編著『改定　綜合日本民俗語彙』第一巻　平凡社　一九五五
柳田国男『定本柳田国男集』第二十二巻　筑摩書房　一九七〇
浅倉治彦・柏川修一編『守貞謾稿』第一巻　東京堂出版　一九九二
近畿大学文芸学部編・発行『本川根町　千頭の民俗』一九九八
鈴木棠三『日本俗信辞典』角川書店　一九八二
柳田国男編『歳時習俗語彙』国書刊行会　一九七五

〈植物の文化史誌〉
本田正次・松田修『花と木の文化――桜』家の光協会　一九八二
長田武正『野草の自然誌――植物分類へのみちしるべ』講談社学術文庫　講談社　二〇〇三

藤田徳太郎校注『松の葉』岩波文庫　岩波書店　一九三一
前川文夫「史前帰化植物について」『植物分類・地理』第一三巻　植物分類地理学会　一九四三
牧野富太郎『植物一家言』北隆館　一九五六
大橋英一著・発行『未知への挑戦』一九九一
井野良夫『植物の生活誌』平凡社　一九八〇
小林忠雄・半田賢龍『花の文化誌』雄山閣出版　一九九九
栗田勇『花を旅する』岩波新書　二〇〇一
中野進『花と日本人』花伝社　二〇〇〇
釜江正巳『花の歳時記』花伝社　二〇〇〇
斎藤正二『植物と日本文化』八坂書房　二〇〇二
前川文夫『植物の進化を探る』岩波新書　岩波書店　一九六九
前川文夫『日本の植物と自然』八坂書房　一九九八
前川文夫『植物の名前の話』八坂書房　一九九四
岩槻邦男『根も葉もある植物談義』平凡社　一九九八
桜井元『やぶれがさ草木抄』誠文堂新光社　一九六九
稲垣栄洋著・三上修絵『身近な雑草のゆかいな生き方』草思社　二〇〇三
大場秀章監修『おもしろくてためになる植物の雑学事典』日本実業出版社　二〇〇一
草野双人『雑草にも名前がある』文春新書　文藝春秋社　二〇〇四
飯泉優『草木帖——植物たちとの交遊録』山と渓谷社　二〇〇二
五十嵐謙吉『新歳時の博物誌　I』[新年—初夏]平凡社ライブラリー　平凡社　一九九八
五十嵐謙吉『新歳時の博物誌　II』[夏—冬]平凡社ライブラリー　平凡社　一九九八
湯浅浩史『植物ごよみ』朝日選書　朝日新聞社　二〇〇四
湯浅浩史『植物と行事——その由来を推理する』朝日選書　朝日新聞社　一九九三

小野蘭山『本草綱目啓蒙　1』東洋文庫　平凡社　一九九一
小野蘭山『本草綱目啓蒙　2』東洋文庫　平凡社　一九九一
沼田真「ススキ」堀田満編『植物の生活誌』平凡社　一九八〇
井野良夫「クズ」堀田満編『植物の生活誌』平凡社　一九八〇
牧野富太郎著・小山鉄夫監修『植物一家言――草と木は天の恵み』北隆館　二〇〇〇
小川由一『紀伊植物誌　1』紀伊植物誌刊行会　一九七二
貝原益軒『花譜』『益軒全集』巻一　益軒全集刊行部　一九一〇
伊藤伊兵衛三之丞『花壇地錦抄』八坂書房　一九八三
浅山英一『花ごよみ　秋の花』創元社　一九八一
柳宗民『柳宗民の雑草ノート』毎日新聞社　二〇〇二

〈辞典・図鑑・歳時記類〉

牧野富太郎『牧野新日本植物図鑑』北隆館　一九六二
山田卓三監修『花歳時記大百科』北隆館　一九九三
三橋博監修『原色牧野和漢薬草大図鑑』北隆館　一九八八
山田卓三監修『野草大百科』北隆館　一九九二
林弥栄『有用樹木図説（林木編）』誠文堂新光社　一九六九
上原敬二『樹木大図説　Ⅰ・Ⅱ・Ⅲ』有明書房　一九六一
相賀徹夫編著『園芸植物大事典　1・2・3』小学館　一九八九
日本国語大辞典刊行会編『日本国語大辞典』第一巻〜第二〇巻　小学館　一九七八（第四刷）
『森林・林業百科事典』日本林業技術協会　二〇〇一
京都大学文学部国語学国文学研究室編纂『古活字版藻塩草・改編和歌藻しお草』臨川書店　一九七九
八坂書房編・発行『日本植物方言集成』二〇〇一

島地謙・伊東隆夫編『日本の遺跡出土製品総覧』雄山閣出版　一九八八
神宮司庁蔵版『古事類苑』天部・歳時部　吉川弘文館　一九八一
神宮司庁蔵版『古事類苑』遊戯部　吉川弘文館　一九八三
神宮司庁蔵版『古事類苑』飲食部　吉川弘文館　一九八四
神宮司庁蔵版『古事類苑』植物部一　吉川弘文館　一九八五
神宮司庁蔵版『古事類苑』植物部二・金石部　吉川弘文館　一九八五
大岡信監修・にほんうたことば表現辞典刊行会編『日本うたことば表現辞典』①②植物編（上・下巻）遊子館　一九九九
伊藤博・中西進・橋本達雄・三谷栄一・渡瀬昌忠編『万葉集事典』有精堂出版　一九七五
平田喜信・身崎寿『和歌植物表現事典』東京堂出版　一九九四
池田亀鑑編著『源氏物語事典』東京堂出版　一九六〇
麓次郎『四季の花事典』八坂書房　一九八五
屋代弘賢編『古今要覧稿 第五巻』原書房　一九八二
屋代弘賢編『古今要覧稿 第六巻』原書房　一九八二
物集高見『廣文庫』全二十冊　廣文庫刊行会　一九一七～一九一八
水原秋桜子・加藤楸邨・山本憲吉監修『カラー図説　日本大歳時記　座右版』講談社　一九八三
水原秋桜子・加藤楸邨・山本憲吉監修『常用版　日本大歳時記』講談社　一九九六
角川書店編・発行『図説　俳句大歳時記　夏』一九七三
角川書店編・発行『図説　俳句大歳時記　秋』一九七三
大島建彦・大森志郎・後藤淑・斎藤正二・村武精一・吉田光邦編『日本を知る事典』社会思想社　一九七一

〈食物文化〉
作者不詳・平野雅章訳『料理物語』教育社新書〈原本現代訳〉教育社　一九八八
博望子原著・原田信男訳『料理山海郷』教育社新書〈原本現代訳〉教育社　一九八八

清水大典『山菜全科　採取と料理』家の光協会　一九六七
日本の食生活全集○○編集部編『○○』の食事』農山漁村文化協会　一九八四〜一九九二
注・都道府県別に別巻となっており、繁雑を避けるため○○の部分の下記の各巻の府県名を省略した。鹿児島、熊本、宮崎、大分、福岡、山口、広島、島根、岡山、兵庫、大阪、京都、滋賀、福井、石川、愛知、長野、千葉、茨城、宮城、秋田の諸府県分
永山久夫『日本古代食事典』東洋書林　一九九八

〈国語教科書〉
①海後宗臣編纂、日本教科書大系『近代編　第四巻　国語（一）』講談社　一九六四に収録されたもの
師範学校編纂・文部省刊（明治七年八月改正）『小学読本　巻一』
文部省明治八年三月編纂『小学読本　巻之一』
文部省編・発行（明治二〇年）『尋常小学読本　巻之七』
②海後宗臣編纂、日本教科書大系『近代編　第五巻　国語（二）』講談社　一九六四に収録されたもの
文部省編・発行（明治二一年）『高等小学読本　巻之三』
新保磐次著・金港堂（明治二〇年）発行『日本読本　第二』
学海指針社編・集英堂（明治二六年）発行『帝国読本　巻之四』
③海後宗臣編纂、日本教科書大系『近代編　第六巻　国語（三）』講談社　一九六四に収録されたもの
文部省著作・発行（明治三六年）『尋常小学読本　五』
④海後宗臣編纂、日本教科書大系『近代編　第七巻　国語（四）』講談社　一九六三に収録されたもの
文部省著作・発行（明治四三年）『尋常小学読本　巻八』
⑤海後宗臣編纂、日本教科書大系『近代編　第八巻　国語（五）』講談社　一九六四に収録されたもの
文部省著作・発行（昭和一三年）『小学国語読本　巻十二』
文部省著作・発行（昭和一七年）『初等国語　四』

⑥海後宗臣編纂、日本教科書大系『近代編　第九巻　国語（六）』講談社　一九六四に収録されたもの
文部省著作・発行（昭和二二年）『国語　第五学年　中』
⑦海後宗臣編纂、日本教科書大系『近代編　第二十五巻　唱歌』講談社　一九六四に収録されたもの
文部省音楽取調掛編・発行（明治一四年）『小学　唱歌集　初編』
文部省音楽取調掛編・発行（明治一七年）『小学　唱歌集　第三編』
文部省編・発行（一九三二）『新訂　尋常小学唱歌　第五学年用』
教育音楽講習会編・東京開成館発行（明治三九年）『新編　教育唱歌集　第八集』

〈その他〉
須藤功「茅屋根」『山林』一九八三年一〇月号
河原孝行「レッドリストの生き物たち　9フジバカマ」『林業技術』第七三八号　日本林業技術協会　二〇〇三
須藤護「南部牛のふるさと」『あるくみるきく』一七八号　近畿日本ツーリスト　一九八一
樋口清之『誇るべき日本人』ノンポシェット　祥伝社　一九九三
三浦理編・発行『太田南畝集』有朋堂文庫　一九一三
一志茂樹・向山雅重監修『信州の伝説』第一法規出版　一九七〇
山本健吉編『日本の名随筆　一九　秋』作品社　一九八四
伊藤松宇校訂『風俗文選』岩波文庫　岩波書店　一九二八
国木田独歩『武蔵野』岩波文庫　岩波書店　一九三九
谷川俊太郎編『中勘助詩集』岩波文庫　岩波書店　一九九一
徳富蘆花『自然と人生』岩波文庫　岩波書店　一九三三
柴田宵曲『古句を観る』岩波文庫　岩波書店　一九八四
著者代表高村光太郎『昭和詩集』昭和文学全集四七　角川書店　一九五四
高浜虚子編『武蔵野探勝』有峰書店新社　一九六九

鶯亭金升『明治のおもかげ』岩波文庫　岩波書店　二〇〇〇
武藤禎夫校注『安永期　小咄本集　近世笑話集（中）』岩波文庫　岩波書店　一九八七
雲英末雄『俳家奇人談・続俳家奇人談』岩波文庫　岩波書店　一九八七
中央公論社編・発行『新装　日本の詩歌 26』二〇〇三
諸戸北郎著・刊『実用砂防工学』一九四九
山村静「すすき」『春の夜の夢』皆美社　一九八〇
正岡子規『墨汁一滴』岩波文庫　岩波書店　一九二七
正岡子規『病床六尺』岩波文庫　岩波書店　一九二七
古市夏生・鈴木健一校訂『新訂　江戸名所花暦』ちくま学芸文庫　筑摩書房　二〇〇一
岡部伊都子著『花の寺』淡交新社　一九六三
杉本尚次『日本民家の旅』ＮＨＫブックス　日本放送出版協会　一九八三
島根県木炭史編集委員会編『島根の木炭産業史』島根県木炭協会　一九八二
上海科学技術出版社・小学館編、現代翻訳通訳センター訳『中薬大辞典』小学館発行　一九八五
細川護貞監修『花と暮らす・花と遊ぶ　秋・花づくし』講談社　一九九二

あとがき

秋の七草とは、秋という季節に鑑賞される七種類の野山に咲く花々を一括して称するものである。秋にその花が美しくなる植物は数多いが、その中で『万葉集』山上憶良が七種に限定し、それについて感慨を歌にした。その秋の七草全般と、七草個々の文化史をまとめ上げることができた。秋の七草は、一括して七草とまとめられてはいるが、七種の植物が一まとめにして用いられることは滅多になかった。個々の植物が、それぞれに、それぞれの用途ごとに用いられてきたのである。それが日本文化の懐の深さだといっていいだろう。

本書は「秋の七草」とよばれる七種類の、主として花を鑑賞する植物と日本人との関わりを記したものである。いま秋の七草について考えてみると、七種の植物はいずれも古来から日本人の生活と深い関わりをもっていた。

ハギは日本人の食糧として大きな比重をもっている稲の実るころに花をひらく。そしてその生育地は稲田にごくごく接した里山であった。古代の稲田は、山と山が接した谷間に存在するいわゆる山田で、秋に実った稲を食べに出る鹿、猪、猿、狸などの野獣の被害を防ぐため、稲田の近くに番小屋をつくって寝泊まりしていた。そこに泊まると、周囲から萩の花の匂いがむせ返るようにただよってきたのである。人びとは、萩の花を鑑賞するため、野生だけでは物足りなくなり家に持ち帰り、栽培するようになり、さらに日々の生活との関わりを深めていったのである。

ススキ（オバナ）もまた里山の日本人が常に手をいれる地域に生育する野生植物とはいいながら、ほとんど半栽培状態となっていた植物である。利用価値の高い植物で、人びとの衣食住生活のなかで、住居に関わる部分に、とくに雨露をしのぐ屋根葺きに使われてきたのである。そして、その花穂の風情が愛《め》でられていた。

クズも里山に繁茂するつる性植物で、これも利用価値がきわめて高い植物である。衣料の原料として、牛馬の飼料として、はたまた根から採取した澱粉は食料に、あるいは医薬品として使われてきたのである。その花は万人が美しいと認めるほどのものではないが、素朴さが愛されてきた。

ナデシコ、オミナエシ、フジバカマ、キキョウも、いずれも里山や河川敷という、人手が常に入る明い、やや乾燥した土地を好む植物である。花の美しさがそれぞれ愛され、今日までつづいてきたのである。

秋の七草と云われる七種の植物の生育地は、いずれも日本人が日常的に植生に手を加えている場所であった。里山や人里ちかくの河川敷に、日本人が常に手を加え続けてきた時代には、秋の七草は時期が到来すると、いつでも手に入れることができる雑草的な存在であった。

ところが近年、里山も河川敷も忘れられた存在となり、手入れがされなくなると、たちまちのうちに秋の七草（クズは例外的存在だが……）は、野生状態で生育する姿はほとんど見られなくなってきた。改めて、里山の存在価値というものが浮かび上がってくるのである。

里山や河川敷の姿がこのまま推移すると繁殖力の旺盛なクズを除く「秋の七草」のうちの六種とも絶滅危惧種としてリストアップされかねない。もっともフジバカマは現時点でも絶滅寸前だが……。豊かな自然、多種多様な草木が生育するわが国であるが、むかしから人びとに親しまれた「秋の七草」が失われることの文化的損失はきわめて大きいと考えられる。いまでもまだ間に合うと思うので、なんとか手が打てないものだろうか。

秋の七草は開花が同一時期でないこともあって、一括して神祭りなどの行事に用いられることもなかった。まだまだ調べ残していることはあるだろうが、とりあえずこれで一くぎりをつけることにした。本書をもととして、秋の七草についてさらに研究が進められることを期待したい。

本書の出版にあたっては、数多くの文献の著者の先生方、法政大学出版局の松永辰郎氏、近畿大学中央図書館の熊井あづさ氏、同徳山京子氏をはじめとする同図書館関係者の方々に篤く御礼申し上げます。

平成二〇年四月一日

有 岡 利 幸

著者略歴

有岡利幸（ありおか　としゆき）

1937年，岡山県に生まれる．1956年から1993年まで大阪営林局で国有林における森林の育成・経営計画業務などに従事．1993～2003年3月まで近畿大学総務部総務課に勤務．2003年より（財）水利科学研究所客員研究員．1993年第38回林業技術賞受賞．
著書：『森と人間の生活――箕面山野の歴史』（清文社，1986年），『ケヤキ林の育成法』（大阪営林局森林施業研究会，1992年），『松と日本人』（人文書院，1993年，第47回毎日出版文化賞受賞），『松――日本の心と風景』（人文書院，1994年），『広葉樹林施業』（分担執筆，（財）全国林業普及協会，1994年），『松茸』（法政大学出版局，1997年），『梅Ⅰ・Ⅱ』（同前，1999年），『梅干』（同前，2001年），『里山Ⅰ・Ⅱ』（同前，2004年），『資料　日本植物文化誌』（八坂書房，2005年），『桜Ⅰ・Ⅱ』（法政大学出版局，2007年），『春の七草』（同前，近刊）

ものと人間の文化史　145・**秋の七草**

2008年10月10日　　初版第1刷発行

著　者　©有　岡　利　幸
発行所　財団法人 法政大学出版局
〒102-0073　東京都千代田区九段北3-2-7
電話03(5214)5540　振替00160-6-95814
印刷・平文社／製本・誠製本

Printed in Japan

ISBN978-4-588-21451-6

❦ ものと人間の文化史

★第9回梓会出版文化賞受賞

人間が〈もの〉とのかかわりを通じて営々と築いてきた暮らしの足跡を具体的に辿りつつ文化・文明の基礎を問いなおす。手づくりの〈もの〉の記憶が失われ、〈もの〉離れが進行する危機の時代におくる豊穣な百科叢書。

1 船　須藤利一編

海国日本では古来、漁業・水運・交易はもとより、大陸文化も船によって運ばれた。本書は造船技術、航海の模様の推移を中心に、漂流、船霊信仰、伝説の数々を語る。四六判３６８頁 '68

2 狩猟　直良信夫

人類の歴史は狩猟から始まった。本書は、わが国の遺跡に出土する獣骨、猟具の実証的考察をおこないながら、狩猟をつうじて発展した人間の知恵と生活の軌跡を辿る。四六判２７２頁 '68

3 からくり　立川昭二

〈からくり〉は自動機械であり、驚嘆すべき庶民の技術的創意がこめられている。本書は、日本と西洋のからくりを発掘・復元・遍歴し、埋もれた技術の水脈をさぐる。四六判４１０頁 '69

4 化粧　久下司

美を求める人間の心が生みだした化粧―その手法と道具に語らせた人間の欲望と本性、そして社会関係。歴史を遡り、全国を踏査して書かれた比類ない美と醜の文化史。四六判３６８頁 '70

5 番匠　大河直躬

番匠はわが国中世の建築工匠。地方・在地を舞台に開花した彼らの造型・装飾・工法等の諸技術、さらに信仰と生活等、職人以前の独自で多彩な工匠的世界を描き出す。四六判２８８頁 '71

6 結び　額田巌

〈結び〉の発達は人間の叡知の結晶である。本書はその諸形態および技法を作業・装飾・象徴の三つの系譜に辿り、〈結び〉のすべてを民俗学的・人類学的に考察する。四六判２６４頁 '72

7 塩　平島裕正

人類史に貴重な役割を果たしてきた塩をめぐって、発見から伝承・製造技術の発展過程にいたる総体を歴史的に描き出すとともに、その多彩な効用と味覚の秘密を解く。四六判２７２頁 '73

8 はきもの　潮田鉄雄

田下駄・かんじき・わらじなど、日本人の生活の礎となってきた伝統的はきものの成り立ちと変遷を、二〇年余の実地調査と細密な観察・描写によって辿る庶民生活史。四六判２８０頁 '73

9 城　井上宗和

古代城塞・城柵から近世代名の居城として集大成されるまでの日本の城の変遷を辿り、文化の各領野で果たしてきたその役割を再検討。あわせて世界城郭史に位置づける。四六判３１０頁 '73

10 竹　室井綽

食生活、建築、民芸、造園、信仰等々にわたって、竹と人間との交流史は驚くほど深く永い。その多岐にわたる発展の過程を個々に辿り、竹の特異な性格を浮彫にする。四六判３２４頁 '73

11 海藻　宮下章

古来日本人にとって生活必需品とされてきた海藻をめぐって、その採取・加工法の変遷、商品としての流通史および神事・祭事での役割に至るまでを歴史的に考証する。四六判３３０頁 '74

12 **絵馬** 岩井宏實

古くは祭礼における神への献馬にはじまり、民間信仰と絵画のみごとな結晶として民衆の手で描かれ祀り伝えられてきた各地の絵馬を豊富な写真と史料によってたどる。 四六判302頁 '74

13 **機械** 吉田光邦

畜力・水力・風力などの自然のエネルギーを利用し、幾多の改良を経て形成された初期の機械の歩みを検証し、日本文化の形成における科学・技術の役割を再検討する。 四六判242頁 '74

14 **狩猟伝承** 千葉徳爾

狩猟には古来、感謝と慰霊の祭祀がともない、人獣交渉の豊かで意味深い歴史があった。狩猟用具、巻物、儀式具、またけものたちの生態を通して語る狩猟文化の世界。 四六判346頁 '75

15 **石垣** 田淵実夫

採石から運搬、加工、石積みに至るまで、石垣の造成をめぐって積み重ねられてきた石工たちの苦闘の足跡を掘り起こし、その独自な技術の形成過程と伝承を集成する。 四六判224頁 '75

16 **松** 高嶋雄三郎

日本人の精神史に深く根をおろした松の伝承に光を当て、食用、薬用等の実用の松、祭祀・観賞用の松、さらに文学・芸能・美術に表現された松のシンボリズムを説く。 四六判342頁 '75

17 **釣針** 直良信夫

人と魚との出会いから現在に至るまで、釣針がたどった一万有余年の変遷を、世界各地の遺跡出土物を通して実証しつつ、漁撈によって生きた人々の生活と文化を探る。 四六判278頁 '76

18 **鋸** 吉川金次

鋸鍛冶の家に生まれ、鋸の研究を生涯の課題とする著者が、出土遺品や文献・絵画により各時代の鋸を復元・実験し、庶民の手仕事にみられる驚くべき合理性を実証する。 四六判360頁 '76

19 **農具** 飯沼二郎／堀尾尚志

鍬と犂の交代・進化の歩みとして発達したわが国農耕文化の発展経過を世界史的視野において再検討しつつ、無名の農民たちによる驚くべき創意のかずかずを記録する。 四六判220頁 '76

20 **包み** 額田巖

結びとともに文化の起源にかかわる〈包み〉の系譜を人類史的視野において捉え、衣・食・住をはじめ社会・経済史、信仰、祭事などにおけるその実際と役割とを描く。 四六判354頁 '77

21 **蓮** 阪本祐二

仏教における蓮の象徴的位置の成立と深化、美術・文芸等に見る人間とのかかわりを歴史的に考察。また大賀蓮はじめ多様な品種とその来歴を紹介しつつその美を語る。 四六判306頁 '77

22 **ものさし** 小泉袈裟勝

ものをつくる人間にとって最も基本的な道具であり、数千年にわたって社会生活を律してきたその変遷を実証的に追求し、歴史の中で果たしてきた役割を浮彫りにする。 四六判314頁 '77

23-Ⅰ **将棋Ⅰ** 増川宏一

その起源を古代インドに、我国への伝播の道すじを海のシルクロードに探り、また伝来後一千年におよぶ日本将棋の変化と発展を盤、駒、ルール等にわたって跡づける。 四六判280頁 '77

35 **鮫** 矢野憲一

神話の時代から今日まで、津々浦々につたわるサメの伝承とサメをめぐる海の民俗を集成し、神饌、食用、薬用等に活用されてきたサメと人間のかかわりの変遷を描く。四六判292頁 '79

36 **枡** 小泉袈裟勝

米の経済の枢要をなす器として千年余にわたり日本人の生活の中に生きてきた枡の変遷をたどり、記録・伝承をもとにこの独特な計量器が果たした役割を再検討する。四六判322頁 '80

37 **経木** 田中信清

食品の包装材料として近年まで身近に存在した経木の起源を、こけら経や塔婆、木簡、屋根板等に遡って明らかにし、その製造・流通に携った人々の労苦の足跡を辿る。四六判288頁 '80

38 **色** 染と色彩 前田雨城

わが国古代の染色技術の復元と文献解読をもとに日本色彩史を体系づけ、赤・白・青・黒等におけるわが国独自の色彩感覚を探りつつ日本文化における色の構造を解明。四六判320頁 '80

39 **狐** 陰陽五行と稲荷信仰 吉野裕子

その伝承と文献を渉猟しつつ、中国古代哲学=陰陽五行の原理の応用という独自の視点から、謎とされてきた稲荷信仰と狐との密接な結びつきを明快に解き明かす。四六判232頁 '80

40-Ⅰ **賭博Ⅰ** 増川宏一

時代、地域、階層を超えて連綿と行なわれてきた賭博。――その起源を古代の神判、スポーツ、遊戯等の中に探り、抑圧と許容の歴史を物語る。全Ⅲ分冊の〈総説篇〉。四六判298頁 '80

40-Ⅱ **賭博Ⅱ** 増川宏一

古代インド文学の世界からラスベガスまで、賭博の形態・用具・方法の時代的特質を明らかにし、夥しい禁令に賭博の不滅のエネルギーを見る。全Ⅲ分冊の〈外国篇〉。四六判456頁 '82

40-Ⅲ **賭博Ⅲ** 増川宏一

聞香、闘茶、笠附等、わが国独特の賭博を中心にその具体例を網羅し、方法の変遷に賭博の時代性を探りつつ禁令の改廃に時代の賭博観を追う。全Ⅲ分冊の〈日本篇〉。四六判388頁 '83

41-Ⅰ **地方仏Ⅰ** むしゃこうじ・みのる

古代から中世にかけて全国各地で作られた無銘の仏像を訪ね、素朴で多様なノミの跡に民衆の祈りと地域の願望を探る。宗教の伝播、文化の創造を考える異色の紀行。四六判256頁 '80

41-Ⅱ **地方仏Ⅱ** むしゃこうじ・みのる

紀州や飛驒を中心に草の根の仏たちを訪ねて、その相好と像容の魅力を探り、技法を比較考証して仏像彫刻史に位置づけつつ、中世地域社会の形成と信仰の実態に迫る。四六判260頁 '97

42 **南部絵暦** 岡田芳朗

田山・盛岡地方で「盲暦」として古くから親しまれてきた独得の絵解き暦を詳しく紹介しつつその全体像を復元する。その無類の生活暦は、南部農民の哀歓をつたえる。四六判288頁 '80

43 **野菜** 在来品種の系譜 青葉高

蕪、大根、茄子等の日本在来野菜をめぐって、その渡来・伝播経路、品種分布と栽培のいきさつを各地の伝承や古記録をもとに辿り、畑作文化の源流とその風土を描く。四六判368頁 '81

44 つぶて　中沢厚

弥生投弾、古代・中世の石戦と印地の様相、投石具の発達を展望しつつ、願かけの小石、正月つぶて、石こづみ等の習俗を辿り、石塊に託した民衆の願いや怒りを探る。　四六判３３８頁　'81

45 壁　山田幸一

弥生時代から明治期に至るわが国の壁の変遷を壁塗＝左官工事の側面から辿り直し、その技術的復元・考証を通じて建築史・文化史における壁の役割を浮き彫りにする。　四六判２９６頁　'81

46 簞笥（たんす）　小泉和子

近世における簞笥の出現＝箱から抽斗への転換に着目し、以降近現代に至るその変遷を社会・経済・技術の側面からあとづける。著者自身による簞笥製作の記録を付す。　四六判３７８頁　'82

47 木の実　松山利夫

山村の重要な食糧資源であった木の実をめぐる各地の記録・伝承を集成し、その採集・加工における幾多の試みを実地に検証しつつ、稲作農耕以前の食生活文化を復元。　四六判３８４頁　'82

48 秤（はかり）　小泉袈裟勝

秤の起源を東西に探るとともに、わが国律令制下における中国制度の導入、近世商品経済の発展に伴う秤座の出現、明治期近代化政策による洋式秤受容等の経緯を描く。　四六判３２６頁　'82

49 鶏（にわとり）　山口健児

神話・伝説をはじめ遠い歴史の中の鶏を古今東西の伝承・文献に探り、特に我国の信仰・絵画・文学等に遺された鶏の足跡を追って、鶏をめぐる民俗の記憶を蘇らせる。　四六判３４６頁　'83

50 燈用植物　深津正

人類が燈火を得るために用いてきた多種多様な植物との出会いと個々の植物の来歴、特性及びはたらきを詳しく検証しつつ「あかり」の原点を問いなおす異色の植物誌。　四六判４４２頁　'83

51 斧・鑿・鉋（おの・のみ・かんな）　吉川金次

古墳出土品や文献・絵画をもとに、古代から現代までの斧・鑿・鉋を復元・実験し、労働体験によって生まれた民衆の知恵と道具の変遷を蘇らせる異色の日本木工具史。　四六判３０４頁　'84

52 垣根　額田巌

大和・山辺の道に神々と垣との関わりを探り、各地に垣の伝承を訪ねて、寺院の垣、民家の垣、露地の垣など、風土と生活に培われた生垣の独特のはたらきと美を描く。　四六判２３４頁　'84

53-Ⅰ 森林Ⅰ　四手井綱英

森林生態学の立場から、森林のなりたちとその生活史を辿りつつ、産業の発展と消費社会の拡大により刻々と変貌する森林の現状を語り、未来への再生のみちをさぐる。　四六判３０６頁　'85

53-Ⅱ 森林Ⅱ　四手井綱英

森林と人間との多様なかかわりを包括的に語り、人と自然が共生するための森や里山をいかにして創出するか、森林再生への具体的な方策を提示する21世紀への提言。　四六判３０８頁　'98

53-Ⅲ 森林Ⅲ　四手井綱英

地球規模で進行しつつある森林破壊の現状を実地に踏査し、森と人が共存する日本人の伝統的自然観を未来へ伝えるために、いま何が必要なのかを具体的に提言する。　四六判３０４頁　'00

54 海老（えび） 酒向昇

人類との出会いからエビの科学、漁法、さらには調理法を語り、めでたい姿態と色彩にまつわる多彩なエビの民俗を、地名や人名、詩歌・文学、絵画や芸能の中に探る。 四六判428頁 '85

55-Ⅰ 藁（わら）Ⅰ 宮崎清

稲作農耕とともに二千年余の歴史をもち、日本人の全生活領域に生きてきた藁の文化を日本文化の原型として捉え、風土に根ざしたそのゆたかな遺産を詳細に検討する。 四六判400頁 '85

55-Ⅱ 藁（わら）Ⅱ 宮崎清

床・畳から壁・屋根にいたる住居における藁の製作・使用のメカニズムを明らかにし、日本人の生活空間における藁の役割を見なおすとともに、藁の文化の復権を説く。 四六判400頁 '85

56 鮎 松井魁

清楚な姿態と独特な味覚によって、日本人の目と舌を魅了しつづけてきたアユ――その形態と分布、生態、漁法等を詳述し、古今のアユ料理や文芸にみるアユにおよぶ。 四六判296頁 '86

57 ひも 額田巌

物と物、人と物とを結びつける不思議な力を秘めた「ひも」の謎を追って、民俗学的視点から多角的なアプローチを試みる。『結び』、『包み』につづく三部作の完結篇。 四六判250頁 '86

58 石垣普請 北垣聰一郎

近世石垣の技術者集団「穴太」の足跡を辿り、各地城郭の石垣遺構の実地調査と資料・文献をもとに石垣普請の歴史的系譜を復元しつつ石工たちの技術伝承を集成する。 四六判438頁 '87

59 碁 増川宏一

その起源を古代の盤上遊戯に探ると共に、定着以来二千年の歴史を時代の状況や遊び手の社会環境との関わりにおいて跡づける。逸話や伝説を排して綴る初の囲碁全史。 四六判366頁 '87

60 日和山（ひよりやま） 南波松太郎

千石船の時代、航海の安全のために観天望気した日和山――多くは忘れられ、あるいは失われた船舶・航海史の貴重な遺跡を追って、全国津々浦々におよんだ調査紀行。 四六判382頁 '88

61 篩（ふるい） 三輪茂雄

臼とともに人類の生産活動に不可欠な道具であった篩、箕(み)、笊(ざる)の多彩な変遷を豊富な図解入りでたどり、現代技術の先端に再生するまでの歩みをえがく。 四六判334頁 '89

62 鮑（あわび） 矢野憲一

縄文時代以来、貝肉の美味と貝殻の美しさによって日本人を魅了し続けてきたアワビ――その生態と養殖、神饌としての歴史、漁法、螺鈿の技法からアワビ料理に及ぶ。 四六判344頁 '89

63 絵師 むしゃこうじ・みのる

日本古代の渡来画工から江戸前期の菱川師宣まで、時代の代表的絵師の列伝で辿る絵画制作の文化史。前近代社会における絵画の意味や芸術創造の社会的条件を考える。 四六判230頁 '90

64 蛙（かえる） 碓井益雄

動物学の立場からその特異な生態を描き出すとともに、和漢洋の文献資料を駆使して故事・習俗・神事・民話・文芸・美術工芸にわたる蛙の多彩な活躍ぶりを活写する。 四六判382頁 '89

65-Ⅰ 藍（あい）Ⅰ 風土が生んだ色 竹内淳子

全国各地の〈藍の里〉を訪ねて、藍栽培から染色・加工のすべてにわたり、藍とともに生きた人々の伝承を克明に描き、風土と人間が生んだ〈日本の色〉の秘密を探る。四六判416頁 '91

65-Ⅱ 藍（あい）Ⅱ 暮らしが育てた色 竹内淳子

日本の風土に生まれ、伝統に育てられた藍が、今なお暮らしの中で生き生きと活躍しているさまを、手わざに生きる人々との出会いを通じて描く。藍の里紀行の続篇。四六判406頁 '99

66 橋 小山田了三

丸木橋・舟橋・吊橋から板橋・アーチ型石橋まで、人々に親しまれてきた各地の橋を訪ねて、その来歴と築橋の技術伝承を辿り、土木文化の伝播・交流の足跡をえがく。四六判312頁 '91

67 箱 宮内悊

日本の伝統的な箱（櫃）と西欧のチェストを比較文化史の視点から考察し、居住・収納・運搬・装飾の各分野における箱の重要な役割とその多彩な文化を浮彫りにする。四六判390頁 '91

68-Ⅰ 絹Ⅰ 伊藤智夫

養蚕の起源を神話や説話に探り、伝来の時期とルートを跡づけ、記紀・万葉の時代から近世に至るまで、それぞれの時代・社会・階層が生み出した絹の文化を描き出す。四六判304頁 '92

68-Ⅱ 絹Ⅱ 伊藤智夫

生糸と絹織物の生産と輸出が、わが国の近代化にはたした役割を描くと共に、養蚕の道具、信仰や庶民生活にわたる養蚕と絹の民俗、さらには蚕の種類と生態におよぶ。四六判294頁 '92

69 鯛（たい） 鈴木克美

古来「魚の王」とされてきた鯛をめぐって、その生態・味覚から漁法、祭り、工芸、文芸にわたる多彩な伝承文化を語りつつ、鯛と日本人とのかかわりの原点をさぐる。四六判418頁 '92

70 さいころ 増川宏一

古代神話の世界から近現代の博徒の動向まで、さいころの役割を各時代・社会に位置づけ、木の実や貝殻のさいころから投げ棒型や立方体のさいころへの変遷をたどる。四六判374頁 '92

71 木炭 樋口清之

炭の起源から炭焼、流通、経済、文化にわたる木炭の歩みを歴史・考古・民俗の知見を総合して描き出し、独自で多彩な文化を育んできた木炭の尽きせぬ魅力を語る。四六判296頁 '93

72 鍋・釜（なべ・かま） 朝岡康二

日本をはじめ韓国、中国、インドネシアなど東アジアの各地を歩きながら鍋・釜の製作と使用の現場に立ち会い、調理をめぐる庶民生活の変遷とその交流の足跡を探る。四六判326頁 '93

73 海女（あま） 田辺悟

その漁の実際と社会組織、風習、信仰、民具などを克明に描くとともに海女の起源・分布・交流を探り、わが国漁撈文化の古層としての海女の生活と文化をあとづける。四六判294頁 '93

74 蛸（たこ） 刀禰勇太郎

蛸をめぐる信仰や多彩な民間伝承を紹介するとともに、その生態・分布・捕獲法・繁殖と保護・調理法などを集成し、日本人と蛸との知られざるかかわりの歴史を探る。四六判370頁 '94

75 曲物（まげもの） 岩井宏實
桶・樽出現以前から伝承され、古来最も簡便・重宝な木製容器として愛用された曲物の加工技術と機能・利用形態の変遷をさぐり、手づくりの「木の文化」を見なおす。四六判318頁 '94

76-Ⅰ 和船Ⅰ 石井謙治
江戸時代の海運を担った千石船（弁才船）について、その構造と技術、帆走性能を綿密に調査し、通説の誤りを正すとともに、海難と信仰、船絵馬等の考察にもおよぶ。四六判436頁 '95

76-Ⅱ 和船Ⅱ 石井謙治
造船史から見た著名な船を紹介し、遣唐使船や遣欧使節船、幕末の洋式船における外国技術の導入について論じつつ、船の名称と船型を海船・川船にわたって解説する。四六判316頁 '95

77-Ⅰ 反射炉Ⅰ 金子功
日本初の佐賀鍋島藩の反射炉と精練方＝理化学研究所、島津藩の反射炉と集成館＝近代工場群を軸に、日本の産業革命の時代における人と技術を現地に訪ねて発掘する。四六判244頁 '95

77-Ⅱ 反射炉Ⅱ 金子功
伊豆韮山の反射炉をはじめ、全国各地の反射炉建設にかかわった有名無名の人々の足跡をたどり、開国か攘夷かに揺れる幕末の政治と社会の悲喜劇をも生き生きと描く。四六判226頁 '95

78-Ⅰ 草木布（そうもくふ）Ⅰ 竹内淳子
風土に育まれた布を求めて全国各地を歩き、木綿普及以前に山野の草木を利用して豊かな衣生活文化を築き上げてきた庶民の知られざる知恵のかずかずを実地にさぐる。四六判282頁 '95

78-Ⅱ 草木布（そうもくふ）Ⅱ 竹内淳子
アサ、クズ、シナ、コウゾ、カラムシ、フジなどの草木の繊維から、どのようにして糸を採り、布を織っていたのか――聞書きをもとに忘れられた技術と文化を発掘する。四六判282頁 '95

79-Ⅰ すごろくⅠ 増川宏一
古代エジプトのセネト、ヨーロッパのバクギャモン、中近東のナルド、中国の双陸などの系譜に日本の盤雙六を位置づけ、遊戯・賭博としてのその数奇なる運命を辿る。四六判312頁 '95

79-Ⅱ すごろくⅡ 増川宏一
ヨーロッパの鵞鳥のゲームから日本中世の浄土双六、近世の華麗な絵双六、さらには近現代の少年誌の附録まで、絵双六の変遷を追って時代の社会・文化を読みとる。四六判390頁 '95

80 パン 安達巖
古代オリエントに起ったパン食文化が中国・朝鮮を経て弥生時代の日本に伝えられたことを史料と伝承をもとに解明し、わが国パン食文化二〇〇〇年の足跡を描き出す。四六判260頁 '96

81 枕（まくら） 矢野憲一
神さまの枕・大嘗祭の枕から枕絵の世界まで、人生の三分の一を共に過す枕をめぐって、その材質の変遷を辿り、伝説と怪談、俗信と民俗、エピソードを興味深く語る。四六判252頁 '96

82-Ⅰ 桶・樽（おけ・たる）Ⅰ 石村真一
日本、中国、朝鮮、ヨーロッパにわたる厖大な資料を集成してその豊かな文化の系譜を探り、東西の木工技術史を比較しつつ世界史的視野から桶・樽の文化を描き出す。四六判388頁 '97

82-Ⅱ 桶・樽（おけ・たる）Ⅱ　石村真一
多数の調査資料と絵画・民俗資料をもとにその製作技術を復元し、東西の木工技術を比較考証しつつ、技術文化史の視点から桶・樽製作の実態とその変遷を跡づける。　四六判372頁　'97

82-Ⅲ 桶・樽（おけ・たる）Ⅲ　石村真一
樹木と人間とのかかわり、製作者と消費者とのかかわりを通じて桶樽と生活文化の変遷を考察し、木材資源の有効利用という視点から桶樽の文化史的役割を浮彫にする。　四六判352頁　'97

83-Ⅰ 貝Ⅰ　白井祥平
世界各地の現地調査と文献資料を駆使して、古来至高の財宝とされてきた宝貝のルーツとその変遷を探り、貝と人間とのかかわりの歴史を「貝貨」の文化史として描く。　四六判386頁　'97

83-Ⅱ 貝Ⅱ　白井祥平
サザエ、アワビ、イモガイなど古来人類とかかわりの深い貝をめぐって、その生態・分布・地方名、装身具や貝貨としての利用法などを豊富なエピソードを交えて語る。　四六判328頁　'97

83-Ⅲ 貝Ⅲ　白井祥平
シンジュガイ、ハマグリ、アカガイ、シャコガイなどをめぐって世界各地の民族誌を渉猟し、それらが人類文化に残した足跡を辿る。参考文献一覧／総索引を付す。　四六判392頁　'97

84 松茸（まつたけ）　有岡利幸
秋の味覚として古来珍重されてきた松茸の由来を求めて、稲作文化と里山（松林）の生態系から説きおこし、日本人の伝統的生活文化の中に松茸流行の秘密をさぐる。　四六判296頁　'97

85 野鍛冶（のかじ）　朝岡康二
鉄製農具の製作・修理・再生を担ってきた農鍛冶の歴史的役割を探り、近代化の大波の中で変貌する職人技術の実態をアジア各地のフィールドワークを通して描き出す。　四六判280頁　'98

86 稲　品種改良の系譜　菅　洋
作物としての稲の誕生、稲の渡来と伝播の経緯から説きおこし、明治以降主として庄内地方の民間育種家の手によって飛躍的発展をとげたわが国品種改良の歩みを描く。　四六判332頁　'98

87 橘（たちばな）　吉武利文
永遠のかぐわしい果実として日本の神話・伝説に特別の位置を占めて語り継がれてきた橘をめぐって、その育まれた風土とかずかずの伝承の中に日本文化の特質を探る。　四六判286頁　'98

88 杖（つえ）　矢野憲一
神の依代としての杖や仏教の錫杖に杖と信仰とのかかわりを探り、人類が突きつつ歩んだその歴史と民俗を興味ぶかく語る。多彩な材質と用途を網羅した杖の博物誌。　四六判314頁　'98

89 もち（糯・餅）　渡部忠世／深澤小百合
モチイネの栽培・育種から食品加工、民俗、儀礼にわたってそのルーツと伝承の足跡をたどり、アジア稲作文化という広範な視野からこの特異な食文化の謎を解明する。　四六判330頁　'98

90 さつまいも　坂井健吉
その栽培の起源と伝播経路を跡づけるとともに、わが国伝来後四百年の経緯を詳細にたどり、世界に冠たる育種と栽培・利用法を築いた人々の知られざる足跡をえがく。　四六判328頁　'99

91 珊瑚（さんご） 鈴木克美
海岸の自然保護に重要な役割を果たす岩石サンゴから宝飾品として知られる宝石サンゴまで、人間生活と深くかかわってきたサンゴの多彩な姿を人類文化史として描く。 四六判３７０頁 '99

92-Ⅰ 梅Ⅰ 有岡利幸
万葉集、源氏物語、五山文学などの古典や天神信仰に表れた梅の足跡を克明に辿りつつ日本人の精神史に刻印された梅を浮彫にし、梅と日本人の二〇〇〇年史を描く。 四六判２７４頁 '99

92-Ⅱ 梅Ⅱ 有岡利幸
その植生と栽培、伝承、梅の名所や鑑賞法の変遷から戦前の国定教科書に表れた梅まで、梅と日本人との多彩なかかわりを探り、桜との対比において梅の文化史を描く。 四六判３３８頁 '99

93 木綿口伝（もめんくでん） 第2版 福井貞子
老女たちからの聞書を経糸とし、厖大な遺品・資料を緯糸として、母から娘へと幾代にも伝えられた手づくりの木綿文化を掘り起し、近代の木綿の盛衰を描く。増補版 四六判３３６頁 '00

94 合せもの 増川宏一
「合せる」には古来、一致させるの他に、競う、闘う、比べる等の意味があった。貝合せや絵合せ等の遊戯・賭博を中心に、広範な人間の営みを「合せる」行為に辿る。 四六判３００頁 '00

95 野良着（のらぎ） 福井貞子
明治初期から昭和四〇年までの野良着を収集・分類・整理し、それらの用途と年代、形態、材質、重量、呼称などを精査して、働く庶民の創意にみちた生活史を描く。 四六判２９２頁 '00

96 食具（しょくぐ） 山内昶
東西の食文化に関する資料を渉猟し、食法の違いを人間の自然に対するかかわり方の違いとして捉えつつ、食具を人間と自然をつなぐ基本的な媒介物として位置づける。 四六判２９２頁 '00

97 鰹節（かつおぶし） 宮下章
黒潮からの贈り物・カツオの漁法から鰹節の製法や食法、商品としての流通までを歴史的に展望するとともに、沖縄やモルジブ諸島の調査をもとにそのルーツを探る。 四六判３８２頁 '00

98 丸木舟（まるきぶね） 出口晶子
先史時代から現代の高度文明社会まで、もっとも長期にわたり使われてきた刳り舟に焦点を当て、その技術伝承を辿りつつ、森や水辺の文化の広がりと動態をえがく。 四六判３２４頁 '01

99 梅干（うめぼし） 有岡利幸
日本人の食生活に不可欠の自然食品・梅干をつくりだした先人たちの知恵に学ぶとともに、健康増進に驚くべき薬効を発揮する、その知られざるパワーの秘密を探る。 四六判３００頁 '01

100 瓦（かわら） 森郁夫
仏教文化と共に中国・朝鮮から伝来し、一四〇〇年にわたり日本の建築を飾ってきた瓦をめぐって、発掘資料をもとにその製造技術、形態、文様などの変遷をたどる。 四六判３２０頁 '01

101 植物民俗 長澤武
衣食住から子供の遊びまで、幾世代にも伝承された植物をめぐる暮らしの知恵を克明に記録し、高度経済成長期以前の農山村の豊かな生活文化を愛惜をこめて描き出す。 四六判３４８頁 '01

102 **箸**（はし）　向井由紀子／橋本慶子

そのルーツを中国、朝鮮半島に探るとともに、日本人の食生活に不可欠の食具となり、日本文化のシンボルとされるまでに洗練された箸の文化の変遷を総合的に描く。　四六判３３４頁　'01

103 **採集**　ブナ林の恵み　赤羽正春

縄文時代から今日に至る採集・狩猟民の暮らしを復元し、動物の生態系と採集生活の関連を明らかにしつつ、民俗学と考古学の両面から山に生かされた人々の姿を描く。　四六判２９８頁　'01

104 **下駄**　神のはきもの　秋田裕毅

古墳や井戸等から出土する下駄に着目し、下駄が地上と地下の他界を結ぶ聖なるはきものであったという大胆な仮説を提出、日本の神々の忘れられた側面を浮彫にする。　四六判３０４頁　'02

105 **絣**（かすり）　福井貞子

膨大な絣遺品を収集・分類し、絣産地を実地に調査して絣の技法と文様の変遷を地域別・時代別に跡づけ、明治・大正・昭和の手づくりの染織文化の盛衰を描き出す。　四六判３１０頁　'02

106 **網**（あみ）　田辺悟

漁網を中心に、網に関する基本資料を網羅して網の変遷と網をめぐる民俗を体系的に描き出し、網の文化を集成する。「網に関する小事典」「網のある博物館」を付す。　四六判３１６頁　'02

107 **蜘蛛**（くも）　斎藤慎一郎

「土蜘蛛」の呼称で畏怖される一方「クモ合戦」など子供の遊びとしても親しまれてきたクモと人間との長い交渉の歴史をその深層に遡って追究した異色のクモ文化論。　四六判３２０頁　'02

108 **襖**（ふすま）　むしゃこうじ・みのる

襖の起源と変遷を建築史・絵画史の中に探りつつその用と美を浮彫にし、衝立・障子・屏風等と共に日本建築の空間構成に不可欠の建具となるまでの経緯を描き出す。　四六判２７０頁　'02

109 **漁撈伝承**（ぎょろうでんしょう）　川島秀一

漁師たちからの聞き書きをもとに、寄り物、船霊、大漁旗など、漁撈にまつわる〈もの〉の伝承を集成し、海の道によって運ばれた習俗や信仰の民俗地図を描き出す。　四六判３３４頁　'03

110 **チェス**　増川宏一

世界中に数億人の愛好者を持つチェスの起源と文化を、欧米における膨大な研究の蓄積を渉猟しつつ探り、日本への伝来の経緯から美術工芸品としてのチェスにおよぶ。　四六判２９８頁　'03

111 **海苔**（のり）　宮下章

海苔の歴史は厳しい自然とのたたかいの歴史だった——採取から養殖、加工、流通、消費に至る先人たちの苦難の歩みを史料と実地調査によって浮彫にする食物文化史。　四六判１７２頁　'03

112 **屋根**　檜皮葺と杮葺　原田多加司

屋根葺師一〇代の著者が、自らの体験と職人の本懐を語り、連綿として受け継がれてきた伝統の手わざを体系的にたどりつつ伝統技術の保存と継承の必要性を訴える。　四六判３４０頁　'03

113 **水族館**　鈴木克美

初期水族館の歩みを創始者たちの足跡を通して辿りなおし、水族館をめぐる社会の発展と風俗の変遷を描き出すとともにその未来像をさぐる初の〈日本水族館史〉の試み。　四六判２９０頁　'03

114 **古着**（ふるぎ）　朝岡康二
仕立てと着方、管理と保存、再生と再利用等にわたり衣生活の変容を近代の日常生活の変化として捉え直し、衣服をめぐるリサイクル文化が形成される経緯を描き出す。　四六判２９２頁 '03

115 **柿渋**（かきしぶ）　今井敬潤
染料・塗料をはじめ生活百般の必需品であった柿渋の伝承を記録し、文献資料をもとにその製造技術と利用の実態を明らかにして、忘れられた豊かな生活技術を見直す。　四六判２９４頁 '03

116-Ｉ **道Ｉ**　武部健一
道の歴史を先史時代から説き起こし、古代律令制国家の要請によって駅路が設けられ、しだいに幹線道路として整えられてゆく経緯を技術史・社会史の両面からえがく。　四六判２４８頁 '03

116-Ⅱ **道Ⅱ**　武部健一
中世の鎌倉街道、近世の五街道、近代の開拓道路から現代の高速道路網までを通観し、道路を拓いた人々の手によって今日の交通ネットワークが形成された歴史を語る。　四六判２８０頁 '03

117 **かまど**　狩野敏次
日常の煮炊きの道具であるとともに祭りと信仰に重要な位置を占めてきたカマドをめぐる忘れられた伝承を掘り起こし、民俗空間の壮大なコスモロジーを浮彫りにする。　四六判２９２頁 '04

118-Ｉ **里山Ｉ**　有岡利幸
縄文時代から近世までの里山の変遷を人々の暮らしと植生の変化の両面から跡づけ、その源流を記紀万葉に描かれた里山の景観や大和・三輪山の古記録・伝承等に探る。　四六判２７６頁 '04

118-Ⅱ **里山Ⅱ**　有岡利幸
明治の地租改正による山林の混乱、相次ぐ戦争による山野の荒廃、エネルギー革命、高度成長による大規模開発など、近代化の荒波に翻弄される里山の見直しを説く。　四六判２７４頁 '04

119 **有用植物**　菅　洋
人間生活に不可欠のものとして利用されてきた身近な植物たちの来歴と栽培・育種・品種改良・伝播の経緯を平易に語り、植物と共に歩んだ文明の足跡を浮彫にする。　四六判３２４頁 '04

120-Ｉ **捕鯨Ｉ**　山下渉登
世界の海で展開された鯨と人間との格闘の歴史を振り返り、「大航海時代」の副産物として開始された捕鯨業の誕生以来四〇〇年にわたる盛衰の社会的背景をさぐる。　四六判３１４頁 '04

120-Ⅱ **捕鯨Ⅱ**　山下渉登
近代捕鯨の登場により鯨資源の激減を招き、捕鯨の規制・管理のための国際条約締結に至る経緯をたどり、グローバルな課題としての自然環境問題を浮き彫りにする。　四六判３１２頁 '04

121 **紅花**（べにばな）　竹内淳子
栽培、加工、流通、利用の実際を現地に探訪して紅花とかかわってきた人々からの聞き書きを集成し、忘れられた〈紅花文化〉を復元しつつその豊かな味わいを見直す。　四六判３４６頁 '04

122-Ｉ **もののけＩ**　山内昶
日本の妖怪変化、未開社会の〈マナ〉、西欧の悪魔やデーモンを比較考察し、名づけ得ぬ未知の対象を指す万能のゼロ記号〈もの〉をめぐる人類文化史を跡づける博物誌。　四六判３２０頁 '04

122-Ⅱ ものの　けⅡ　山内昶
日本の鬼、古代ギリシアのダイモン、中世の異端狩り・魔女狩り等々をめぐり、自然＝カオスと文化＝コスモスの対立の中で〈野生の思考〉が果たしてきた役割をさぐる。四六判２８０頁 '04

123 染織（そめおり）　福井貞子
自らの体験と厖大な残存資料をもとに、糸づくりから織り、染めにわたる手づくりの豊かな生活文化を見直す。創意にみちた手わざのかずかずを復元する庶民生活誌。四六判２９４頁 '05

124-Ⅰ 動物民俗Ⅰ　長澤武
神として崇められたクマやシカをはじめ、人間にとって不可欠の鳥獣や魚、さらには人間を脅かす動物など、多種多様な動物たちと交流してきた人々の暮らしの民俗誌。四六判２６４頁 '05

124-Ⅱ 動物民俗Ⅱ　長澤武
動物の捕獲法をめぐる各地の伝承を紹介するとともに、全国で語り継がれてきた多彩な動物民話・昔話を渉猟し、暮らしの中で培われた動物フォークロアの世界を描く。四六判２６６頁 '05

125 粉（こな）　三輪茂雄
粉体の研究をライフワークとする著者が、粉食の発見からナノテクノロジーまで、人類文明の歩みを〈粉〉の視点から捉え直した壮大なスケールの〈文明の粉体史観〉　四六判３０２頁 '05

126 亀（かめ）　矢野憲一
浦島伝説や「兎と亀」の昔話によって親しまれてきた亀のイメージの起源を探り、古代の亀卜の方法から、亀にまつわる信仰と迷信、鼈甲細工やスッポン料理におよぶ。四六判３３０頁 '05

127 カツオ漁　川島秀一
一本釣り、カツオ漁場、船上の生活、船霊信仰、祭りと禁忌など、カツオ漁にまつわる漁師たちの伝承を集成し、黒潮に沿って伝えられた漁民たちの文化を掘り起こす。四六判３７０頁 '05

128 裂織（さきおり）　佐藤利夫
木綿の風合いと強靭さを生かした裂織の技と美をすぐれたリサイクル文化として見なおす。東西文化の中継地・佐渡の古老たちからの聞書をもとに歴史と民俗をえがく。四六判３０８頁 '05

129 イチョウ　今野敏雄
「生きた化石」として珍重されてきたイチョウの生い立ちと人々の生活文化とのかかわりの歴史をたどり、この最古の樹木に秘められたパワーを最新の中国文献にさぐる。四六判３１２頁〔品　切〕 '05

130 広告　八巻俊雄
のれん、看板、引札からインターネット広告までを通観し、いつの時代にも広告が人々の暮らしと密接にかかわって独自の文化を形成してきた経緯を描く広告の文化史。四六判２７６頁 '06

131-Ⅰ 漆（うるし）Ⅰ　四柳嘉章
全国各地で発掘された考古資料を対象に科学的解析を行ない、縄文時代から現代に至る漆の技術と文化を跡づける試み。漆が日本人の生活と精神に与えた影響を探る。四六判２７４頁 '06

131-Ⅱ 漆（うるし）Ⅱ　四柳嘉章
遺跡や寺院等に遺る漆器を分析し体系づけるとともに、絵巻物や文学作品の考証を通じて、職人や産地の形成、漆工芸の地場産業としての発展の経緯などを考察する。四六判２１６頁 '06

132 まな板　石村眞一
日本、アジア、ヨーロッパ各地のフィールド調査と考古・文献・絵画・写真資料をもとにまな板の素材・構造・使用法を分類し、多様な食文化とのかかわりをさぐる。　四六判372頁　'06

133-I 鮭・鱒（さけ・ます）I　赤羽正春
鮭・鱒をめぐる民俗研究の前史から現在までを概観するとともに、原初的な漁法から商業的漁法にわたる多彩な漁法と用具、漁場と社会組織の関係などを明らかにする。　四六判292頁　'06

133-II 鮭・鱒（さけ・ます）II　赤羽正春
鮭漁をめぐる行事、鮭捕り衆の生活等を聞き取りによって再現し、人工孵化事業の発展とそれを担った先人たちの業績を明らかにするとともに、鮭・鱒の料理におよぶ。　四六判352頁　'06

134 遊戯　その歴史と研究の歩み　増川宏一
古代から現代まで、日本と世界の遊戯の歴史を概説し、内外の研究者との交流の中で得られた最新の知見をもとに、研究の出発点と目的を論じ、現状と未来を展望する。　四六判296頁　'06

135 石干見（いしひみ）　田和正孝編
沿岸部に石垣を築き、潮汐作用を利用して漁獲する原初的漁法を日・韓・台に残る遺構と伝承の調査・分析をもとに復元し、東アジアの伝統的漁撈文化を浮彫りにする。　四六判332頁　'07

136 看板　岩井宏實
江戸時代から明治・大正・昭和初期までの看板の歴史を生活文化史の視点から考察し、多種多様な生業の起源と変遷を多数の図版をもとに紹介する〈図説商売往来〉。　四六判266頁　'07

137-I 桜I　有岡利幸
そのルーツと生態から説きおこし、和歌や物語に描かれた古代社会の桜観から「花は桜木、人は武士」の江戸の花見の流行まで、日本人と桜のかかわりの歴史をさぐる。　四六判382頁　'07

137-II 桜II　有岡利幸
明治以後、軍国主義と愛国心のシンボルとして政治的に利用されてきた桜の近代史を辿るとともに、日本人の生活と共に歩んだ「咲く花、散る花」の栄枯盛衰を描く。　四六判400頁　'07

138 麴（こうじ）　一島英治
日本の気候風土の中で稲作と共に育まれた麴菌のすぐれたはたらきの秘密を探り、醸造化学に携わった人々の足跡をたどりつつ醱酵食品と日本人の食生活文化を考える。　四六判244頁　'07

139 河岸（かし）　川名登
近世初頭、河川水運の隆盛と共に物流のターミナルとして賑わい、船旅や遊廓などをもたらした河岸（川の港）の盛衰を河岸に生きる人々の暮らしの変遷としてえがく。　四六判300頁　'07

140 神饌（しんせん）　岩井宏實／日和祐樹
土地に古くから伝わる食物を神に捧げる神饌儀礼に祭りの本義を探り、近畿地方主要神社の伝統的儀礼をつぶさに調査して、豊富な写真と共にその実際を明らかにする。　四六判374頁　'07

141 駕籠（かご）　櫻井芳昭
その様式、利用の実態、地域ごとの特色、車の利用を抑制する交通政策との関連から駕籠かきたちの風俗までを明らかにし、日本交通史の知られざる側面に光を当てる。　四六判294頁　'07

142 追込漁（おいこみりょう）　川島秀一
沖縄の島々をはじめ、日本各地で今なお行なわれている沿岸漁撈を実地に精査し、魚の生態と自然条件を知り尽した漁師たちの知恵と技を見直しつつ漁業の原点を探る。四六判３６８頁 '08

143 人魚（にんぎょ）　田辺悟
ロマンとファンタジーに彩られて世界各地に伝承される人魚の実像をもとめて東西の人魚誌を渉猟し、フィールド調査と膨大な資料をもとに集成したマーメイド百科。四六判３４２頁 '08

144 熊（くま）　赤羽正春
狩人たちからの聞き書きをもとに、かつては神として崇められた熊と人間との精神史的な関係をさぐり、熊を通して人間の生存可能性にもおよぶユニークな動物文化史。四六判３８４頁 '08

145 秋の七草　有岡利幸
『万葉集』で山上憶良がうたいあげて以来、千数百年にわたり秋を代表する植物として日本人にめでられてきた七種の草花の知られざる伝承を掘り起こす植物文化誌。四六判３０６頁 '08